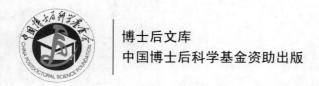

博士后文库
中国博士后科学基金资助出版

纳帕海典型高寒湿地系统
格局、过程及效应

李 杰 胡金明等 著

科 学 出 版 社

北 京

内 容 简 介

国际重要湿地——纳帕海位于云南省香格里拉市,是我国典型的高寒湿地。本书以纳帕海湿地景观、水文、土壤、植被及土壤种子库为侧重点,从多个时空尺度探讨湿地各要素的变化机制及要素间的相互作用与效应,并探讨各类人为干扰影响下的湿地要素响应,从而深入地认识以纳帕海为代表的典型高寒湿地系统的格局与过程、功能与结构、机制与效应。本书是作者及其团队成员近 10 年的研究成果集成,较为系统,能够为我国高寒湿地研究提供一定的借鉴。

本书为自然地理学研究著作,研究对象为高寒湿地。谨为有自然地理学、生态学相关专业背景,或从事自然保护、林业等相关工作的读者提供部分研究思路和工作示例。

图书在版编目(CIP)数据

纳帕海典型高寒湿地系统格局、过程及效应 / 李杰等著.—北京:科学出版社,2018.1

(博士后文库)

ISBN 978-7-03-054708-8

Ⅰ. ①纳⋯ Ⅱ. ①李⋯ Ⅲ. ①寒冷地区–沼泽化地–自然保护区–研究–香格里拉县 Ⅳ. ①S759.992.744

中国版本图书馆CIP数据核字(2017)第244263号

责任编辑:张会格 岳漫宇 / 责任校对:郑金红
责任印制:肖 兴 / 封面设计:刘新新

科 学 出 版 社 出版

北京东黄城根北街 16 号
邮政编码:100717
http://www.sciencep.com

中国科学院印刷厂 印刷

科学出版社发行 各地新华书店经销

*

2018 年 1 月第 一 版 开本:720×1000 1/16
2018 年 1 月第一次印刷 印张:17
字数:343 000
定价:128.00 元
(如有印装质量问题,我社负责调换)

《博士后文库》编委会名单

《纳帕海典型高寒湿地系统格局、过程及效应》著者名单

李　杰(云南财经大学　城市与环境学院)

胡金明(云南大学　国际河流与生态安全研究院)

董云霞(广西交通科学研究院有限公司)

贾海锋(云南省环境科学研究院　中国昆明高原湖泊国际研究中心)

罗怀秀(云南省林业调查规划院　云南省自然保护区研究监测中心)

袁　寒(红河学院　生命科学与技术学院)

朱春灵(昆明滇池水务股份有限公司)

《博士后文库》序言

1985 年，在李政道先生的倡议和邓小平同志的亲自关怀下，我国建立了博士后制度，同时设立了博士后科学基金。30 多年来，在党和国家的高度重视下，在社会各方面的关心和支持下，博士后制度为我国培养了一大批青年高层次创新人才。在这一过程中，博士后科学基金发挥了不可替代的独特作用。

博士后科学基金是中国特色博士后制度的重要组成部分，专门用于资助博士后研究人员开展创新探索。博士后科学基金的资助，对正处于独立科研生涯起步阶段的博士后研究人员来说，适逢其时，有利于培养他们独立的科研人格、在选题方面的竞争意识以及负责的精神，是他们独立从事科研工作的"第一桶金"。尽管博士后科学基金资助金额不大，但对博士后青年创新人才的培养和激励作用不可估量。四两拨千斤，博士后科学基金有效地推动了博士后研究人员迅速成长为高水平的研究人才，"小基金发挥了大作用"。

在博士后科学基金的资助下，博士后研究人员的优秀学术成果不断涌现。2013年，为提高博士后科学基金的资助效益，中国博士后科学基金会联合科学出版社开展了博士后优秀学术专著出版资助工作，通过专家评审遴选出优秀的博士后学术著作，收入《博士后文库》，由博士后科学基金资助、科学出版社出版。我们希望，借此打造专属于博士后学术创新的旗舰图书品牌，激励博士后研究人员潜心科研，扎实治学，提升博士后优秀学术成果的社会影响力。

2015 年，国务院办公厅印发了《关于改革完善博士后制度的意见》（国办发〔2015〕87 号），将"实施自然科学、人文社会科学优秀博士后论著出版支持计划"作为"十三五"期间博士后工作的重要内容和提升博士后研究人员培养质量的重要手段，这更加凸显了出版资助工作的意义。我相信，我们提供的这个出版资助平台将对博士后研究人员激发创新智慧、凝聚创新力量发挥独特的作用，促使博士后研究人员的创新成果更好地服务于创新驱动发展战略和创新型国家的建设。

祝愿广大博士后研究人员在博士后科学基金的资助下早日成长为栋梁之才，为实现中华民族伟大复兴的中国梦做出更大的贡献。

中国博士后科学基金会理事长

序

　　高寒湿地基础研究，因其地理条件特殊、研究条件缺乏和当地经济发展落后等因素，相比我国东部湿地开展较晚，但因其独有的地理特征和生态系统功能，而具有较高的研究价值。例如，分布在我国青藏高原及其南缘横断山脉的高寒湿地，具有独特的气候和地理特征，从而成为生物多样性的研究热点，或物种迁徙通道的重要生境。同时，高寒湿地往往地处大江大河上游，具有重要的水安全和生态安全价值。

　　湿地介于水生系统与陆生系统之间，易受环境要素变化影响，生态较为脆弱。而且，湿地在支撑人类文明和发展的同时，也因过度的人类活动和开发导致系统消亡。湿地国际指出，20世纪由于农业发展而导致的湿地面积丧失达到世界范围内湿地总面积的50%以上。近年来，随着国家发展战略指向我国西部不发达地区，越来越多的生态脆弱区进入了决策者的视野，成为科学发展兼顾生态保护与生态文明建设的重要区域。高寒湿地也因其重要的气候变化指示功能和较为脆弱的生态，而成为在发展中的优先保护地区，如三江源湿地等。

　　目前，气候变化与人类活动的共同作用，使部分高寒湿地系统稳定性降低，尤其是湿地水文要素在部分极端气候和人为工程措施的影响下，波动显著，进而对湿地土壤及生物群落产生较大的影响，部分地区甚至出现湿地系统结构性改变，造成湿地系统向陆生系统加速演替。

　　纳帕海湿地是横断山脉中部、三江并流区的典型高寒湿地，也是濒危物种黑颈鹤（*Grus nigricollis*）的主要越冬生境，具有重要的保护价值。又因其地处云南省香格里拉市区附近，以旅游和放牧为主的人为干扰强烈，对湿地影响巨大。因此该湿地是高寒湿地系统研究及受人类活动影响严重的典型区域，具有代表性。

　　该书是一部全面探讨高寒湿地——纳帕海不同尺度格局、过程及生态效应的专著，因其研究区具有典型的高寒湿地特征，所以该书所提出的部分观点和对湿地的认识，以及该书所使用的部分研究方法也可以为其他相关高寒湿地研究提供参考和借鉴。

刘兴土

2017年6月15日

前　　言

我国高海拔地区因温度低、蒸发量少，广泛发育了湖穴、沼泽和湿草甸等高寒湿地类型。这类湿地不仅资源丰富、生物多样性高，具有重要的生态功能和研究价值；同时，因其地处我国江河源头或中上游区，也具有重要的生态安全保护意义。高寒湿地气候环境特殊，动植物生长缓慢，生态脆弱，自我修复能力较低，较易受环境改变而产生生态功能降低等退化现象。然而，受高海拔地区基础研究薄弱、环境信息缺乏、保护工作开展较晚等因素影响，对高寒湿地的系统性认知不够深入，难以应对人类活动不断加强而带来的湿地环境、生态改变，从而难以支撑针对此类湿地的保护与管理工作。因此，从不同层次、不同尺度分析其格局变化，以核心要素作为切入点分析湿地关键的生态过程及效应，从而认识高寒湿地系统的结构与功能，能够有效应对干扰对高寒湿地系统带来的影响，提高保护效率。

纳帕海高寒湿地地处横断山脉中部、三江并流自然保护区，平均海拔 3264m，具有显著的高原气候特征，长冬无夏，春秋短，年均气温 5.4℃。同时，纳帕海湿地也是世界上唯一生长、繁衍在高原的鹤——黑颈鹤（*Grus nigricollis*）中部种群（濒危种群）主要的越冬地。据统计，来此越冬的黑颈鹤数量占中部种群的 84%，而且除黑颈鹤以外，还有 43 种受保护鸟类在纳帕海湿地越冬，且种群数量巨大，仅雁鸭类就有近万只。这种鸟类越冬的盛况证明了该湿地是重要的水禽越冬地和候鸟迁徙途中的补给站，具有重要的保护意义和生态服务价值。也正因为此，纳帕海湿地在 2004 年被列入《国际重要湿地公约》（*The Ramsar Convention*），成为国际重要湿地。

纳帕海湿地为高山峡谷区断陷盆地内湖—沼—草甸复合型湿地。季风气候影响下的湿地明水面季节性分异主导着湿地景观周期性的波动过程，在干、湿季形成差异显著的景观镶嵌体。其中，湿地明水面景观波动可达 12km^2 以上（纳帕海保护区总面积为 31.25km^2）。在水文因素的主导下，湿地景观因地形的细微差异而呈现多样性：湿地内有明水、河湖滩涂、塔头、漂筏、洼地、泥沼、湿草甸、自然河道等多种类型。而且，各景观类型的水文特征差异不仅决定了土壤水分、理化性质差异，还决定了地表植被形态和群落结构差异，从而支撑了整个湿地复合体的生物多样性。因此，在纳帕海湿地开展高寒湿地研究极具典型性和代表性。

2001 年，中甸县更名为香格里拉县，2014 年香格里拉县撤县建市。14 年间，伴随着旅游业的巨大发展，香格里拉市城市建设也得到了极大的发展，城市范围迅速扩张，并且仍有进一步扩展的急切需求。而纳帕海湿地距离香格里拉市中心仅 8km，几乎成为香格里拉市的城市湿地。硬化河道、旅游、过度放牧等主要的人类活动对湿地的影响日益增强，已产生了较为显著的湿地退化现象。有关部门虽在近年开展了部分治理工程与生态补偿项目，但人为干扰对湿地生态系统的影响过程和机制仍未得到深入认识，需要系统地梳理湿地主控因素的干扰——响应机制，以期为该类型湿地的保护、恢复与管理提供支撑。

　　本书以纳帕海湿地景观、水文、土壤、植被及土壤种子库为侧重点从多个时空尺度探讨湿地各要素的变化机制及要素间的相互作用与效应，探讨各类人为干扰影响下的湿地要素响应，从而深入认识以纳帕海为代表的典型高寒湿地系统的格局与过程、功能与结构、机制与效应。

　　本书是在国家自然科学基金"滇西北高原典型退化湿地纳帕海植物群落和土壤主要生源要素时空分异耦合研究"（40961003）和"纳帕海湿地黑颈鹤生境利用对人为干扰的响应机制"（41601060）的主要研究成果基础上完成的，并获得2017年度中国博士后科学基金优秀学术专著出版资助。在云南大学胡金明教授的指导下，由李杰、董云霞、贾海锋、罗怀秀、袁寒和朱春灵共同完成。各章编写人员如下，第1章：李杰、胡金明、董云霞、贾海锋、罗怀秀、袁寒、朱春灵；第2章：李杰、胡金明、董云霞；第3章：李杰、胡金明、朱春灵；第4章：董云霞、胡金明、袁寒；第5章：贾海锋、胡金明、李杰、罗怀秀；第6章：罗怀秀、胡金明、贾海锋、李杰；第7章：胡金明、袁寒、董云霞、李杰。

　　在本书完成之际，我们向在本研究中给予指导和大力支持的西南林业大学田昆教授和刘强博士；中国科学院昆明植物研究所陈丽助理研究员；香格里拉市纳帕海湿地管理局赵建林高级工程师、周达光高级工程师和赵旭燕主任等工作人员；云南纳帕海省级自然保护区管理所余红忠所长（原）、绍友所长（原）、陈志明所长和格茸副所长等工作人员；香格里拉市建塘镇五村春宗社的七里独杰表示衷心感谢！由于作者知识水平有限，以及湿地生态系统的格局与过程存在复杂性，书中难免有不足之处，恳请读者批评指正。

著　者

2017 年 3 月

目　　录

1 引　言

1.1 研　究　进　展

1.1.1 多尺度湿地景观格局研究进展

尺度(scale)是指在研究某一物体或现象时所采用的空间或时间单位，同时又可指某一现象或过程在空间和时间上涉及的范围和发生的频率(Turner，1989；Forman and Godron，1986)。尺度作用与尺度理论不仅是景观生态学，也可以说是整个陆地表层系统研究的核心基础之一(Risser et al.，1984；Risser，1987；Forman，1995；邬建国，2007；肖笃宁和李秀珍，2003)。不同时空尺度上存在不同的生态过程，对不同生态过程的认知和了解是对某一对象区域深入研究的必要过程。

随着等级理论(hierarchy theory)在生态学领域中逐渐发展形成(O'Neill et al.，1991；O'Neill，1999；Wu，1999；申卫军等，2003)，当针对某一对象或区域进行研究时，应把所研究的对象或区域纳入相应的等级系统中，它使我们在关注一个特定尺度上的事件的同时，认识到仍有与之相关的其他尺度对此事件产生作用(Urban et al.，1987)。因此，当对某一对象进行深入研究时，不仅仅要考虑在此对象所对应的时空尺度上进行生态过程的分析；还要考虑针对此对象上下两个等级的时空尺度进行生态过程的推演，如低级单元之间的相互作用产生高级单元的动态，而高级单元对低级单元具有制约作用(Kotliar and Wiens，1990)。

不同尺度上，空间异质性表现出不同的格局，因而从不同尺度上观测或分析空间异质性时结果是不同的(张娜，2006)。傅伯杰等(2003)通过生态系统尺度、坡面尺度、集水区尺度、小流域尺度和区域尺度分别来分析土地利用结构与生态过程研究的现状和特征，指出：坡面尺度、小流域尺度是连接生态系统和区域的桥梁，生态过程的多时空尺度研究是深入认识某一特定区域生态变化的基本方法。

湿地是介于水生景观与陆生景观之间的过渡景观类型，具有交错地带特点(邓伟和胡金明，2003)，因此对尺度效应的响应更为敏感。不同尺度下湿地在景观镶嵌体中的格局与功能，以及其在各尺度下与其他景观能、质交互和自身内部的水文、生态过程不尽相同，具有复杂性，是学科研究的难点。随着地理信息系统(GIS)及遥感技术(RS)在地学与生态学中的广泛应用(Boyle et al.，2004；Pichon et al.，2008；Cohen and Lara，2003；Webster et al.，2000；Corbane et al.，2008)，湿地景观格局在年际尺度上的变化过程研究因数据较易获取和方法较为简便而取得了较大发展(白军红等，2005)。同时，湿地景观变化与环境效应之间的相关关系研究逐渐成为研究热点，以及政府部门决策协调湿地保护与区域经济可持续发展的依据。近年来，国家自然科学基金委员会、中国科学院、国家林业局、环境保护部等组织和支持了该方面的科研课题。肖笃宁和李秀珍（1997）、肖笃宁等（2001）系统研究了环渤海三角洲湿地资源、类型、形成与发育、景观结构、生物多样性、湿地土壤养分循环、湿地氮磷去除效应、湿地温室气体排放及区域开发对湿地的影响等内容，加深了对该区湿地的全面认识，为协调区域经济发展和湿地保护之间的关系提供了科学依据。吕宪国（2004）开展的淡水沼泽湿地、高原沼泽湿地、湖泊湿地等典型湿地水陆相互作用过程、资源环境效应及调控研究等，也从湿地本身的性质、特征及其景观功能等方面系统研究了中国典型湿地的功能、价值，以及与区域环境及其经济发展间的关系。李加林等（2003）以景观生态学理论为指导，分析了江苏淤泥质海岸湿地景观格局的主要特点及影响景观格局的自然驱动因子和干扰因素，提出了江苏淤泥质海岸湿地景观生态建设的原则及主要内容。2002 年，中国科学院启动了一批知识创新工程项目，研究焦点集中在区域环境变化及其环境效应方面。其中 50 年来三江平原湿地景观变化及其环境效应研究是四大主题之一（侯伟等，2004）。至此，中国湿地研究从理论探讨逐渐向区域应用方面迈进，顺应了国家需求，而湿地景观变化研究是该方面研究的基础内容，成为众多国内科学家关注的焦点。

随着 2009 年 9 月第六届全国景观生态学学术研讨会在成都的隆重召开，中国的景观生态学拉开了新的篇章。会议以占我国陆地国土总面积 69%的山区为主要讨论对象，聚焦陆地表层过程、山地景观生态及相关问题，分八个主题深入探讨了中国景观生态学的发展方向。其中，第七个主题为：湿地景观与生态服务价值评估。可见在当前的景观生态学研究中，如何将景观生态学的理论与方法应用于中国的湿地，特别是位于高原山地的湿地，是众多科学家关注的焦点和研究的热点。

1.1.2　湿地水文模拟及水文生态效应研究进展

1.1.2.1　湿地水文研究进展

水文过程在湿地的形成、发育、演替直至消亡的全过程中都起着直接而重要的作用。水文过程通过调节湿地植被、营养动力学和碳通量之间的相互作用而影响湿地地形的发育和演化，改变并决定了湿地下垫面性质及特定的生态系统响应（Mitsch and Gosselink，2007）。湿地水文研究是认识其生态系统的过程、结构与功能的主要环节（邓伟和胡金明，2003；Mitsch and Gosselink，2000）。

湿地水文情势研究主要包括湿地降水的时空分异、湿地水文周期、湿地表层水流模式、湿地水温季节性变化、土壤湿度和地下水水位时空分异等内容。几乎每一项研究内容都离不开不同时空尺度下对湿地水循环各环节的观测。但是由于湿地生态系统存在着过渡性特征，湿地(wetland)-高地(upland)之间很难开展长时期的动态监测(Hollis and Thompson，1998)，而且由于湿地表层径流以漫流或片流的形式为主，尤其是无明渠流的情形下，纵向水流和横向扩散流难以直接测定，世界范围内的大部分自然湿地都成为无常规水文监测湿地(ungauged wetlands)(Ozesmi and Bauer，2002)。

通过多种方法，特别是利用遥感水文建立湿地水文模型是对无常规水文监测湿地进行水文模拟的新方法(牛振国等，2009)。Niemuth 等(2010)明确指出了湿地水文波动的主控因子是气候波动。而且由于湿地的过渡性特征，下垫面过于平坦，即使水位稍有抬升也会导致水面大幅增加(Krasnostein and Oldham，2004)。因此，湿地明水面要素伴随着气候波动产生的大幅度波动，恰好可以作为量化湿地水文情势的着手点来开展研究；而水位也是湿地水文情势的重要表征，将二者结合可以开展针对湿地水文情势的初步模拟研究。黄进良(1999)利用 Landsat MSS/TM 影像对洞庭湖湿地面积进行了估算，结合早期资料描述了自 1949 年以来洞庭湖湿地面积的季节与年际变化。Su 等(2000)基于半分布式水文模型——SLURP 对湿地 28 年的水文波动进行模拟。Keith 等(2010)利用遥感数据计算泥沼湿地周围的植被变化，结合长时间序列降水数据分析气候变化对泥沼湿地边界的影响。

Hayash 和 van der Kamp(2000)基于对美国草原湖穴区湿地地形的精确测量，计算出水体体积与水面面积之间的经验关系方程，为此后开展的湿地水文量化模拟奠定了坚实的基础。在此基础上，Huang 等(2011)采用多时相 Landsat 影像和机载 LiDAR(Light Detection and Ranging)影像数据，辅以一定的地面调查和已知信息收集，基于相关经验水文模型和数理统计方法等，在月尺度上反演了案例区水面面积 100 年(1910~2009 年)的长时间序列变化，定量揭示了洼地型湿地洪水的调节能力。龟山哲等(2004)应用 Terra / MODIS 卫星数据估算了洞庭湖蓄水量的变化。

Zhao 等(2011)利用 Landsat 与环境卫星遥感数据，基于混合高斯随机集模型对鄱阳湖的洪泛动态进行模拟，结果表明混合高斯随机集模型可以有效地为湿地洪泛的时空变化提供细节信息。李晓玲等(2010)也利用遥感与 GIS 技术对云贵高原地区的湖泊分布进行了表征。闵文彬等(2008)利用不同水指数计算方法对若尔盖湿地进行了景观判识。可以说湿地地表水体的景观判识在世界范围内得到了蓬勃的发展，通过遥感技术判识湿地水体的新方法也不断涌现。

自 McFeeters(1996)提出归一化差异水指数(NDWI)以来，利用 NDWI 提取水面要素已经成为一种快捷和相对准确的方法，Xu(2006)进一步对 NDWI 进行修正，并认为在使用 Landsat 数据进行提取明水要素时，使用修正过的归一化差异水指数(mNDWI)可以有效地消除建筑用地产生的噪声。Ji 等(2009)也利用多源遥感数据对 NDWI 的多种算法进行了比较和讨论，认为基于绿光和短波红外(1.2~1.8μm 区最佳)的 NDWI 具有相对稳定的阈值，并推荐用这两个波段计算的 NDWI 指数进行地表水体制图和面积变化研究。凌成星等(2010)分别对不同水指数进行了比较,最终证明混合水体指数模型(CIWI)对水体的提取效率最高。Kasischke 等 (2009)测试了 ERS C-band SAR 反向散射对土壤湿度与湿地洪泛区域的关联,发现草本植物区的土壤湿度与 SAR 反向散射呈显著性正相关;当地表水深度大于 6cm 时,它与 SAR 反向散射呈显著性负相关;林下土壤湿度与 SAR 反向散射无明显关联。Lang 和 McCarty(2009)阐述了 LiDAR 技术对湿地水文地貌模拟的支撑作用,并认为这种技术将在湿地水文模拟中发挥巨大的作用。Krasnostein 和 Oldham(2004)基于长期监测资料对湿地生态系统的水文情势建立概念性水文模型,首次将地下水作为一个参量,加入模型当中。Kazezyelmaz-Alhana 和 Medina (2008)通过湿地水文水质综合模型(WETSAND)模拟了(加拿大)桑迪克里克流域恢复湿地的地下、地表水交互机制。描述干燥地区的季节性湿地水文情势具有相当大的难度,因为随着干湿季的交替,湿地水文波动显著,而且此类湿地的水源基本上来自于降水与地下水补给,水文机制十分复杂。Skalbeck 等(2009)利用常规检测方法,对湿地水深、土壤湿地等特征进行检测,结合降水数据推算地下水对湿地水量的贡献。因此,遥感水文模拟方法将在湿地水文研究中发挥越来越大的作用。

1.1.2.2　湿地水文生态效应研究进展

水文因子驱动下的生态效应研究也是湿地水文研究的重要组成部分,同时水文与景观、水文与土壤及水文与生物群落之间的响应机制也是生态学的基本研究内容。定量模拟生态模式与水文机制间的关系是当前生态学、水文学和湿地科学的一个热点研究领域。自 Acreman(2001)提出水文生态学(hydro-ecology)以来,人们对这个新兴学科的认识越来越深刻,周德民等(2003)基于遥感与地理信息系统技术建立了湿地水文生态模型框架,在理论层面奠定了基础。

van der Valk 等(2005)对美国草原湖穴区湿地的水文波动进行定量研究,发现不同类型湿地在不同水文深度情况下可以提供广泛的生境,干湿交替周期 (wet-dry cycle)对生物群落影响深远。McCartney 等(2011)调查了 GaMampa 湿地在干季对河流的水量补给及其对农业灌溉的重要意义,发现湿地作为流域重要的水文单元,能够为周边其他景观提供必要的能量与物质输出。同时,湿地作为流域内重要的污染物降解单元,不同水文情势下的湿地处理污染物能力不同,了解二者的关系可以在管理层面上对湿地进行调控(Lang et al.,2008)。Brooks 等(2009)利用水文、植被信息结合遥感与地理信息系统技术建立了"河流—湿地—河岸带" (SWR)指数,利用景观与生物群落的时空变化来指导流域管理。气候变化影响下的水文情势改变是导致湿地生态系统变化的主要因素之一。McMenamin 等(2008)在对美国黄石国家公园两栖类动物进行的调查中发现,气候变化及湿地水文情势变化是导致两栖类动物数量减少的主要原因。Johnson 等(2010)也对气候变化背景下的草原湿地复杂性指数与景观变化进行了阐述,研究认为,如何在此背景下维持现存的生态系统服务功能将成为未来的一大挑战。

1.1.3　湿地土壤养分研究进展

1.1.3.1　土壤有机碳储量估算

土壤有机碳是地球表层系统中最大且最具有活动性的生态系统碳库之一(潘根兴等，2002)，是陆地生态系统碳平衡的主要因子(Eswaran et al.，1999)、土壤质量的核心，也是营养元素生物地球化学循环的主要组成部分，其质量和数量影响着土壤的物理、化学和生物特征及其过程，影响和控制着植物初级生产量和地球表层系统之间的碳循环(Pan and Cuo，1999)，是土壤质量评价和土地资源可持续利用管理中必须考虑的重要指标。国内外关于土壤有机碳方面已开展了较多的研究工作，并已取得了许多重要成果(Sellers，1997；宋长春等，2004)。

(1)全球尺度土壤有机碳储量估算

早在 20 世纪 60 年代，国际上就有学者对全球土壤有机碳储量进行了估算研究，如 Rubey 根据不同研究者发表的关于美国 9 个土壤剖面的有机碳含量，推算全球土壤有机碳总量为 710Gt[①](汪业勖等，1999)，从最新的全球土壤有机碳储量估算来看，其估算值偏低，这应该与当时的土壤基础调查资料较为贫乏和技术手段限制有关。至 20 世纪 70～90 年代，随着土壤调查剖面实测资料的增多及新技术方法的出现，不同学者估算出来的全球土壤有机碳储量仍然存在较大差异(表 1-1)，如 Bohn(1976)利用土壤分布图及相关土组(soil association)的有机碳含量，估算出全球土壤有机碳库存量为 2946Gt，这可能是当前全球土壤有机碳储量估算的上限值。

表 1-1　20 世纪 70～90 年代全球土壤有机碳储量估算

资料来源	土壤有机碳储量(Gt)
Bohn (1976)	2946
Bolin(1977)	700
Bolin 等(1979)	2070
Bolin 等(1979)	1672
Bohn(1982)	2200
Post 等(1982)	1395(1m 深土层)
Schleisinger(1984)	1515
Buringh(1984)	1477
Batjes(1996)	1462～1548(1m 深土层)

① 1Gt=10^9t

　　一些新的统计模型和方法，如生命地带类型法(Post et al.，1982)、气候参数法(Burker et al.，1989)等被用于全球乃至区域大尺度的土壤有机碳储量估算及其空间分异研究。Post 等(1982)在 Holdridge 生命带模型的基础上，基于可反映全球各主要生命带的 2696 个土壤剖面资料，建立了土壤碳密度与气候、植被分布之间的关系图，根据土壤碳密度及相关面积，估算出全球 1m 深土层的土壤有机碳储量，为 1395Gt；Bohn(1982)根据相对较完整的联合国粮食及农业组织(FAO)土壤图的 187 个剖面土壤碳密度值，重新估算全球土壤有机碳储量为 2200Gt。20 世纪 90 年代，Batjes(1996)运用土壤类型法，将世界土壤图按 0.5 经度×0.5 纬度划分成 259 200 个基本网格单元，再基于每个网格单元的土种分布、土壤容重、土层厚度、有机碳及砾石含量等数据，计算出每个网格单元的平均碳密度，从而估算得出全球 1m 深土层的有机碳储量为 1462～1548Gt。从表 1-1 来看，这一时期学者估算的全球土壤有机碳储量为 700～2946Gt，但从 Batjes(1996)的研究来看，全球土壤有机碳储量在 1550Gt 左右。

　　(2)国家尺度土壤有机碳储量估算

　　20 世纪 90 年代以来，遥感、地理信息系统和全球定位系统技术("3S"技术)的发展和广泛应用，为区域尺度的土壤有机碳储量及其空间分异的研究提供了新的方法和手段(朱连奇等，2006)。很多国家都在区域尺度上开展了这方面的工作，如俄罗斯依据 1：250 万比例尺的土壤分布图建立了俄罗斯的土壤碳数据库，计算并绘制了俄罗斯全国 0～20cm、0～50cm、0～100cm 等不同土壤层厚度的有机碳储量的分布图，估算出俄罗斯全国土壤有机碳储量为 342.1Gt(Rozhkov et al.，1996)。Lacelle(1997)编制了加拿大 1：100 万比例尺的数字化土壤分布图，建立了由 15 000 个土壤斑块组成的描述加拿大土壤景观及土壤有机碳储量的数据库，计算出加拿大在 0～30cm 和 0～100cm 土层中的碳储量分别为 72.8Gt 和 262.3Gt。约旦根据 1：25 万土地利用图和植被图及 1：50 万土壤图，利用 GIS 技术及 GEFSOC 模型测出约旦 2000 年 0～20cm 土壤有机碳储量为 67Tg[①](Eleanor Milne et al.，2006)。

　　我国虽然进行了两次全国性的土壤普查(第一次开始于 1958 年；第二次开始于 1979 年)，获取了大量的土壤剖面实测资料，但对全国土壤有机碳储量的估算研究始于 20 世纪 90 年代中后期。例如，方精云等(1996)、潘根兴(1999)、李克让等(2003)和 Yang 等(2007)基于全国性的土壤普查资料、中国土壤类型图等，分别估算了我国土壤有机碳的总储量，相关估算值仍具明显差异(表 1-2)。这种差异一方面源自资料来源和方法的不同，另一方面是不同学者所采用的国土面积各不相同。潘根兴(1999)估算了我国土壤有机碳储量，指出我国表层土壤有机碳占我国土壤总有机碳的 2/5，占全球土壤表层有机碳储量的 4.4%。李克让等(2003)的

---

　　① 1Tg=10^{12}g

研究表明中国土壤有机碳储量约占全球土壤有机碳总储量的 4%。

表 1-2 不同学者对中国土壤有机碳储量的估算

资料来源	储量(Gt)	面积($10^6 hm^2$)	研究方法(资料)
方精云等(1996)	185.70	944.86	1∶1000 万中国土壤类型图、725 个典型土壤剖面、1978 年的《中国土壤分类暂行草案》
潘根兴(1999)	50.00	915.00	《中国土种志》2500 多个土壤剖面分析资料
王绍强等(2000)	92.42	877.63	1∶100 万中国土壤类型分布图、第二次全国土壤普查所测得的 2473 个典型土壤剖面资料、1988 年修订的《中国土壤分类系统》
倪健(2001)	119.76	959.63	1∶400 万土壤植被图及其他资料、$BIMEO_3$ 模型
李克让等(2003)	82.65	901.14	生物地球化学模型卫星遥感获得的数据
Yang 等(2007)	69.10	—	1∶400 万中国土壤类型分布图、第二次全国土壤普查资料

(3)区域或生态系统土壤有机碳储量估算

20 世纪 90 年代以来,特定区域或生态系统的土壤有机碳库研究也备受学者的关注。Tiltyanova 等(1998)依据 5850 个土壤剖面的腐殖质数据和 2300 个土壤容重数据资料,建立了西伯利亚地区土壤有机碳的数据库,计算出该地区土壤有机碳总储量为 199Gt。Norman 和 Maursetter(2010)将土壤数据与空间信息相耦合,运用生物地球化学模型,计算出美国阿拉斯加州土壤有机碳储量为 48Gt。我国一些学者(金峰等,2001;许信旺等,2007;于建军等,2008)分析了我国部分省份的土壤有机碳储量(表 1-3),从相关省份的土壤有机碳储量估算来看,其差异明显。

表 1-3 我国学者对部分省份土壤有机碳储量估算

资料来源	省份	储量(Gt)	研究方法(资料)
金峰等(2001)	山东	0.62	土壤类型法 全国第二次土壤普查资料、现行的土壤分类系统
甘海华等(2003)	广东	1.75	GIS 技术 全国第二次土壤普查资料、1∶100 万广东省土壤图
王义祥等(2005)	福建	1.58	土壤类型法 全国第二次土壤普查资料
许信旺等(2007)	安徽	0.71	全国第二次土壤普查资料
于建军等(2008)	河南	1.03	土壤类型法 全国第二次土壤普查资料、河南省 1∶20 万土壤数据库

Abha 等(2003)根据印度森林调查利用遥感监测的现存森林面积库存量及森林类型、土壤类型、土壤质地、剖面深度等信息,估算出印度的森林土壤在 0~50cm 和 0~100cm 土层中的有机碳储量分别为 4.13Gt 和 6.81Gt。Kazuhito 等(2004)将日本森林生态系统的土壤分为 15 个土壤单元,利用土壤数据和土地利用数据界定每个土壤单元的范围,每个土壤单元的土壤有机碳密度依据全国土壤普查资料

的 3391 个土壤剖面进行估算,结果表明每个土壤单元的土壤有机碳密度有很大差别,0～100cm 土层的森林生态系统土壤有机碳储量约为(4570±500)Tg。

我国的一些学者也对我国特定地理区域和生态系统的土壤有机碳储量进行了探索。曾永年等(2004)以黄河源区的青海省果洛藏族自治州为研究区,利用第二次全国土壤普查所得的土壤剖面数据、55 个典型土壤剖面信息及 1∶50 万数字化土壤类型图,在 GIS 技术的支持下运用土壤类型法对黄河源区草地土壤碳储量进行了估算,结果显示黄河源区的土壤碳密度较高,土壤有机碳密度平均为 29.97kg/m^2,区域草地土壤有机碳密度及储量呈明显的水平和垂直分异规律。陶贞等(2006)在青藏高原东北隅中国科学院海北高寒草甸生态系统定位站内具有代表性的高寒草甸土壤区,进行高分辨率采样,并测定土壤有机碳含量,结果表明:青藏高原高寒草甸土壤储存了巨大的土壤有机碳(21.52Gt),自然土壤表层(0～10cm)土壤有机碳储量占整个剖面土壤有机碳总储量的 30%左右,其中 0～60cm 层位的高寒草甸的土壤有机碳平均储量达 23.17 万 kg/hm^2,是相应层位的热带森林、灌丛和草地的土壤有机碳储量的 1～5 倍,从而指出,在全球碳预算研究中,青藏高原高寒草甸土壤有机碳库不可忽视。

由于土壤是一个不均匀的三维结构体,在空间上呈现复杂的镶嵌性,且与气候及陆地植被和生物发生复杂的相互作用,土壤碳密度存在极大的空间变异性。不同研究者所采用的土壤分类系统不统一,采样方法有差异,以及资料来源和统计样本容量不同,所得结果必然存在差异,再加上不同尺度上的影响因子及主要控制因子也存在很大差异,由此得出的土壤碳储存能力的分析都会有所差别(李娜等,2009;刘留辉等,2009),特别是国内由于以往的土壤研究资料中所包括的土壤碳属性数据较少,以此为基础的估算值存在极大的不确定性(苏永中和赵哈林,2002)。

1.1.3.2　土壤有机碳分异特征研究

20 世纪 90 年代以来,基于"3S"技术在全球、国家和大区域尺度上的土壤有机碳库估算,或者基于翔实的野外土壤剖面实测数据的特定区域或生态系统尺度的土壤有机碳库研究,揭示了相应空间尺度的土壤有机碳库的空间分异特征,如王绍强等(2000)对中国土壤有机碳库空间分布特征的分析,发现其空间分布总体规律上表现为:东部地区大致呈现随纬度增加而递增的趋势,北部地区呈现随经度减小而递减的趋势,西部地区则呈现随纬度减小而增加的趋势。Yang 等(2007)对中国土壤有机碳空间分布特征的研究表明:土壤有机碳密度从东南到西北递减,最小值出现在西北的沙漠地区;在北部,土壤有机碳密度从干旱带的 1.6～4.5kg/m^2 逐渐增加到半湿润带的 9.9～11.3kg/m^2;在东部,土壤有机碳密度从热带的 7.8～10.5kg/m^2 逐渐增加到寒温带的 12.7～23.2kg/m^2。吴乐知等(2006)以《中国土种志》为基础,分析了中国土壤有机质含量变异性与空间尺度的关系,发现土壤有机质含量最大值一般出现在表层，随深度增加而降低，表层土壤有机质含量的变化最明显，对外界环境条件变化的响应最直接。

1.1.3.3　土壤氮素分异特征研究

氮素是土壤中重要的组成成分，是影响土壤呼吸的重要因子，目前已成为全球变化问题研究的核心内容之一(王琳等，2004)。白军红等(2002)对二百方子洪泛区天然湿地土壤全氮空间分布特征的研究表明，最常遇洪水的洪泛区并不是全氮含量最高的地带，而具有一定的淹水频率的洪泛区才是全氮含量最高的地带，湿地干湿交替周期、地下潜流、植被生长特征及 pH 都是影响湿地土壤全氮空间分布的因子。杨绒等(2007)分析了黄土区不同类型土壤可溶性有机氮的含量。董锡文等(2010)对科尔沁沙地固定沙丘土壤氮素空间分布特征的研究表明，全氮、硝态氮、铵态氮含量均随土层加深而呈现出减少的趋势。

1.1.3.4　湿地土壤碳氮要素分异特征研究
(1)湿地土壤有机碳分异特征研究

湿地土壤有机碳以有机质的形式储存于土壤中，是土壤的重要组成成分和影响土壤物理、化学和生物性状的重要因素(柳红东，2007)，同时有机质也是气候变化的一种敏感指示剂(Xiao，1999)，它能够用来指示对气候变化的响应。近年来，湿地土壤作为温室气体的"汇和源"，有机质的矿化分解因对全球碳素循环和气候变化产生影响而被赋予新的内容。因此，湿地土壤有机质的时空变化研究备受关注(杜冠华等，2009)。白军红等(2003)对霍林河流域向海国家级自然保护区内天然洪泛湿地在距主河道不同距离处分层采集土壤样品，对其有机质含量的空间变化规律进行分析探讨，结果显示，有机质含量在空间上的变化趋势为：随距离河道距离和采样土层深度的增加而降低，表明洪泛作用对洪泛湿地土壤中有机质含量的影响随着距离河道距离和土层深度的增加而降低。白军红等(2002)对二百方子洪泛区天然湿地土壤有机质的空间分布特征进行了研究，结果表明洪泛区有机质垂直变化趋势基本一致，但表层水平分布差异显著，最常遇洪水的洪泛区并不是有机质含量最高的地带，而具有一定的淹水频率的洪泛区是有机质含量最高的地带，这说明湿地土壤有机质含量与湿地的干湿交替周期有关。刘景双等(2003)以三江平原腹地的三条河流流域天然沼泽湿地为研究对象，以湿地开垦后的农田为对照，对沼泽湿地不同层次土壤中有机碳含量的垂直分布特征与 pH、氮素的相关关系进行了研究。结果发现，沼泽湿地土壤有机碳的垂直分布与土壤深度、农业耕作方式和植物群落类型等有关，开垦使天然沼泽湿地 0~45cm 土壤有机碳损失 90%以上，土壤不同层次有机碳含量与 pH 呈显著负相关，与全氮含量呈显著线性正相关。

(2) 湿地土壤有机碳活性组分分异特征研究

溶解有机碳(DOC)作为土壤有机碳的活性组分，对目前温室气体排放有更大的贡献，对气候变化的响应更为敏感(Neff and Hooper，2002)。DOC 主要来自于植物的枯枝落叶等凋零物和根系分泌物、土壤本身有机质、土壤动物及微生物新陈代谢的产物，它对碳、氮、磷生物地球化学循环过程具有重要影响(Kalbitz et al.，2000；Andersson et al.，2000)，因此，研究湿地土壤活性有机碳具有重要意义。影响土壤 DOC 分布的因素有很多，在垂直方向上，目前大多数研究都认为土壤DOC 含量随土层深度增加而不断减小(吴建国和徐德应，2005；杨继松等，2009)，如杨继松等(2009)利用野外原位观测方法，对三江平原不同水分条件下 2 类小叶章湿地土壤微生物量碳和溶解有机碳的分布特征进行了研究，结果表明 2 类有机碳活性组分均具有明显的季节变化特征，且剖面含量随深度的增加呈递减趋势，说明水分条件是影响小叶章湿地土壤微生物量碳和溶解有机碳分布的主要因素；少数研究得出土壤 DOC 含量随土层深度增加表现出先减小后增大趋势，如王连峰等(2002)对庐山地区部分阔叶林土壤 DOC 含量的研究表明，土壤 DOC 含量在0~40cm 土层中呈现减小趋势，在 40~80cm 土层中呈现增大趋势，在底层土壤DOC 也有相对高的含量。万忠梅等(2009)对三江平原 3 种主要天然湿地 0~20cm土壤活性有机碳特征进行了研究，分析了不同湿地的土壤活性有机碳与土壤总有机碳及酶活性间的关系，结果表明不同湿地的土壤活性有机碳组分含量存在较大的差异，土壤活性有机碳、土壤总有机碳及土壤脲酶等的变化趋势具有基本近似的特征，说明沼泽湿地水文条件的变化对土壤碳累积与分解过程产生了较大的影响。赵光影等(2009)以三江平原典型草甸化小叶章湿地为研究对象，模拟 CO_2 浓度升高对湿地土壤活性有机碳的影响，结果表明 CO_2 浓度升高对土壤微生物量碳和溶解有机碳的影响受土壤氮素水平制约，施氮均促进了土壤微生物量碳和溶解有机碳的增加。

(3) 湿地土壤氮素分异特征研究

氮素是湿地的重要组成部分，是湿地富营养化的主要污染因子，也是湿地生态系统中的主要生态因子，其含量直接影响着湿地生态系统功能的发挥，其空间分布在一定程度上反映了湿地环境变化的进程(万晓红等，2008)。白军红等(2004)对向海沼泽湿地土壤氮素在植物生长初期的空间分布格局研究表明，除铵态氮外，其他各形态氮素主要集中分布在表层，呈现出从表层向下逐渐减少的趋势。万晓红等(2008)对白洋淀湖泊湿地氮素的分布特征研究表明，全氮和有机质含量在垂直分布上表现出较好的一致性，均随深度增加而减少；但有机质和全氮分布存在空间差异性。孙志高等(2009)对三江平原典型小叶章湿地土壤中硝态氮和铵态氮空间分布格局的研究表明，湿地土壤中不同土层铵态氮和硝态氮含量变异性差异较大，但均表现为硝态氮>铵态氮；微地貌特征、水分条件和土壤类型是导致其空间异质性的重要因素。

1.1.3.5　我国高寒湿地土壤碳氮要素的研究概况

高寒地区陆地生态系统的土壤碳储量大(Davidson and Janssens，2006)，高寒生态系统土壤碳库动态及其植被层对碳的吸收过程，对气候变化和人类活动影响的响应十分敏感(Yang et al.，2008)，而高寒湿地生态系统(沼泽、湿草甸、湖泊等)更是生态响应的敏感区，同时也是重要的水源涵养地和生态屏障，是高海拔地区生物多样性最集中的地区。我国的高寒湿地主要分布在青藏高原及滇西北高原山地，通常因环境恶劣、通行困难和区域社会经济发展落后等，高寒湿地生态系统的研究较为薄弱。近年来，高寒湿地的研究开始受到科学家的关注，稍早一些的研究都着眼于湿地景观格局与过程变化、湿地生态系统对全球气候的变化和对人类活动驱动的响应等方面(董云霞，2011)。

近年来，随着高寒湿地研究的逐步深入和研究条件的改善等，科学家开始加强对高寒湿地水文、土壤、植被生态过程的探索，在土壤碳、氮要素方面也开展了一些研究，主要集中在青藏高原高寒生态系统的土壤有机碳储量的估算方面，如方精云等(1996)、王根绪等(2002)等对我国青藏高原的土壤有机碳库进行了估算。据调查估计，面积仅占全国陆地面积 20.8%的青藏高原土壤有机碳总量大约为 490.0 亿 t，约占全国有机碳总量的 26.4%。在土壤有机碳空间异质性方面，高俊琴等(2007)运用野外调查采样、室内分析与地理信息系统的空间分析方法，对若尔盖高寒湿地表层土壤有机碳的空间分布特征进行了研究，结果表明若尔盖区域表层土壤有机碳含量最高的地带分布于沼泽集中或密集的地带，这说明水分对有机碳的分布影响很大；从垂直分布来看，很多地方有机碳含量在 10～20cm 深度要大于 0～10cm 深度的有机碳含量，20～30cm 的有机碳含量最少，这与湿地土壤有机碳累积过程中的环境因子变化有关。高俊琴等(2008)沿自然因素和人为因素形成的水分梯度，对若尔盖高寒湿地泥炭土和沼泽土的有机碳和活性有机碳进行了研究，结果表明若尔盖高寒湿地泥炭土的有机碳含量在湿润环境远大于淹水(流水)环境；沼泽土在表层 0～10cm 湿润环境中的有机碳含量远高于淹水环境和过渡地带，而 10～30cm 沿水分梯度差异变小。这表明挖沟排水疏干沼泽使得相当一部分土壤有机碳或者随水流流失，或者释放到大气中，泥炭土的活性有机碳沿水分梯度升高,沼泽土活性有机碳在表层0～10cm沿水分梯度升高，而在10～30cm 差异变小，这一方面说明了两种土壤类型成土过程的不同，另一方面也说明了由自然原因和人为原因造成的差异。

1.1.4　湿地土壤碳、氮组分空间分异研究进展

1.1.4.1　不同尺度土壤养分空间分异特征的研究

近几十年来，国内外有关土壤养分空间分异特征的研究已有许多，且研究尺度范围各不相同。Yost 等(1982)较早地利用地统计学方法在较大尺度上研究土壤

养分的空间分异格局,研究了夏威夷岛土壤养分的空间相关性,结果表明土壤磷、钾、钙和镁的空间相关距离为 32~42km。Cambardella 等(1994)在田间尺度上研究了土壤养分的时空变异性,指出不同的土壤养分其空间分异格局具有明显的差异,且空间相关性程度不同。Megraw 等(1995)在流域尺度上研究了明尼苏达河谷农田土壤磷、钾、锌的空间分异特征,指出传统测土施肥忽视了土壤养分的空间变异特征,并非经济且有利于环境保护的方法。White 等(1997)研究了美国土壤全锌含量的水平空间分异,结果表明全锌的空间相关距离为 480km,并且绘制了全锌的等值线图谱。Mohammadi 和 Motaghian(2011)在流域尺度上研究了伊朗 Zagros 流域表土(0~10cm)团聚体的空间分异格局,并根据土壤容重估算了表土碳储量,指出土地利用是影响土壤团聚体和碳储量的重要因子。

国内对于土壤空间分异的研究起步较晚,且主要集中于土壤养分的空间分异与制图、空间三维、采样和农业管理策略研究。黄元仿等(2004)研究了内蒙古阿拉善左旗干旱荒漠区土壤有机质的空间分异特征,结果表明土壤有机质含量的空间分异与当地地貌特点,以及土壤和植被的地带性分布表现出很好的一致性。赵明松等(2013)在苏中平原南部选取 30km×45km 样地为研究区,采用套合采样法,运用地统计学和 GIS 技术研究了苏中平原表层土壤有机质含量的空间分异特征,探讨了影响区域有机质含量空间分异的影响因素,指出要提高区域土壤肥力和固碳能力需要进行分区管理。宋丰骥等(2011)研究了黄土高原沟壑区土壤养分的空间分异特征及其与地形因子的关系,指出地形因子是影响土壤肥力的重要因素。牟晓杰等(2012)运用地统计学研究了黄河口滨岸潮滩湿地土壤碳、氮的空间分异格局,指出微地貌特征和潮汐微域物理扰动强度是导致空间异质性的重要随机因素。彭景涛等(2012)研究了青海三江源地区退化草地土壤全氮的空间分异特征,指出近 30 年来三江源大部分地区全氮含量出现了不同程度的下降,主要原因是不同地区草地退化程度存在差异。

诸多研究表明,土壤属性空间分异除与母质、气候、地形地貌、时间及人为干扰有关,同时也与采样尺度密不可分,在中小尺度上,土壤养分管理是影响土壤养分空间分异的主要因素;而在大尺度上,气候、地形地貌、土壤类型等区域因素则是控制土壤养分空间分异的主要因子。因此,不同尺度下同一地区其土壤属性空间分异有所不同。为提高研究结果的适用性和可参考性,目前多数研究均明确指出其研究的空间尺度,已解决对应尺度的实际问题。

综上,国内外不同尺度下有关土壤碳、氮空间分异的研究多集中于农田、河口湿地、高寒草甸等,而有关高寒湖沼湿地的相关研究还鲜为报道。

1.1.4.2　基于空间局部插值法的土壤养分空间分异特征的研究

借助辅助信息用以提高区域化变量的预测精度,已成为土壤学相关研究中的共识(Wu et al.,2003),即利用样点数据较多、与区域化变量具较好相关性的辅助信息，对那些样点数据少和未测定的区域化变量进行有效估计，从而达到节约成本和优化插值计算的目的。

近年来，利用空间局部插值法结合相关辅助数据对土壤属性的空间预测技术发展迅速。研究土壤属性空间分异的方法以地统计学方法居多，而在土壤-景观模型中准确地采用 DEM 等辅助数据以提高预测精度是其发展的一个重要方向，并对辅助数据(如遥感影像数据、地形数据及其衍生数据)进行深度挖掘，进而提高对土壤属性的模拟精度，是当前数字土壤研究的重点和热点。近年来，将遥感信息作为辅助数据并采用 GIS 技术进行土壤养分空间分异研究，已成为国内外的一个热点(宋晓梅，2011)。

1.1.4.3　土壤养分空间分异的影响因素研究

土壤养分受母质、地形地貌、气候、水文情势等自然因素和土地利用、耕作制度、放牧、旅游践踏等人为干扰的综合影响，多种因子共同决定着土壤养分含量在空间上的分异和分布格局及土壤养分的形成、分解的转化方向、周转速率(孙文义等，2010)。诸多研究在分析土壤养分的空间分异与影响因素时，首先考虑地形因子，其次是其他土壤属性，很少考虑疏水排干、旅游践踏等干扰。

土壤形成过程中，地形可影响地表物质和能量的再分配，它对土壤形成起到间接作用，海拔、坡度、坡向等地形特征不同，影响了成土母质的水热条件，从而影响到土壤养分的空间分异格局(朱阿兴等，2008)。因此，地形要素是最能反映土壤养分空间分异的环境因素，同时也被广泛应用于土壤属性空间分异预测中。

气候是直接或间接影响土壤形成过程的方向和强度的基本因素，由于气候的影响，土壤分布常具有地带性(区域性)规律。且气候可分为大气候和小气候，大气候对土壤形成的影响相对均匀，可以忽略；小气候对区域土壤形成的影响表现出一定的空间差异，该差异主要受地形地貌影响。因此，如果研究范围较小，通常不考虑大气候的影响，而利用地形地貌特征以体现小气候对土壤发育的影响(朱阿兴等，2008)。

垦殖和疏水排干可改变湿地土壤的水文情势，进而影响土壤养分的空间分异格局。黄靖宇等(2008)通过对三江平原天然沼泽及湿地垦殖后的农田、弃耕还湿地、人工林地等不同利用方式下活性炭、氮组分进行研究，结果表明天然小叶章沼泽湿地垦殖为农田后，表层土壤各活性炭、氮组分显著降低。胡金明等(2012a，2012b)对纳帕海湿地土壤碳、氮组分进行了研究，结果表明垦殖和排水疏干等高强度人为干扰会导致土壤碳、氮组分的损失。

1.1.5　植被数量生态学研究进展

数量生态学起始于 20 世纪 50 年代，尽管在这之前也有一些文章涉及植物群落的定量描述，但主要是一些系数的计算。到 60 年代，各大植物生态学派均接受和应用了数量分析方法，并用数量分析去验证各自的传统研究结果。到 80 年代，数量分析已成为现代植物生态学研究中必不可少的手段。植被数量生态学的快速发展，推动了植被群落与环境因子关系的量化研究，关于植被群落格局与过程的研究是近 20 年来植被生态学发展较快的领域之一(宋永昌，2001)。

国外学者在研究关于植物群落特征与环境之间的关系时，大量地运用了数量生态学研究方法。Aarrestad 等(2011)在研究博茨瓦纳北部草原领域层植被受土壤、树覆盖和大型食草动物的影响沿景观梯度变化，以及 Michele 等(2005)、Nancy 和 Edward(2005)在对城市河岸林木本植物多样性和森林结构的变化趋势及影响因素研究时也大量使用此方法。我国植被数量生态学的研究起步相对较晚(20 世纪 70 年代后期)(王宇超，2012)，但在经历 20 多年发展后，数量生态学已被广泛运用于森林、山地、草地、藻类等各类群落的排序、分类、景观格局分析、植被和环境关系、演替等研究中(张锋，2003；李斌和张金屯，2003；王仁忠，1991)。王翠红和张金屯(2004)对汾河水库 3 条主要水源河着生的硅藻(Bacillariophyceae)进行除趋势典范对应分析(detrended canonical correspond analysis，DCCA)排序表明，化学需氧量(COD)与水体污染状况关系最大；冯云等(2008)运用 DCCA 排序对北京东灵山辽东栎(*Quercus liaotungensis*)不同层植物的分布与环境因子之间的关系进行研究，得出海拔是影响东灵山辽东栎林物种分布的主要环境因子；赵锐锋等(2006)运用主成分分析(principal component analysis，PCA)排序技术和回归分析，定量分析了湿地及周边植物群落在空间上的分布格局，以及群落结构特征和环境梯度之间的关系。本研究因涉及排序和分类研究，因此重点介绍这两类方法的相关研究进展。

排序和分类是研究群落生态关系的重要数量方法(党承林和姜汉侨，1982)。排序是将样方或植物种排列在一定的空间，使得排序轴能反映一定的生态梯度，从而能够解释植被或植物种的分布与环境因子间的关系。排序方法较为丰富，主要包括梯度分析(gradient analysis，GA)、极点排序(polar ordination，PO)、除趋势对应分析(detrended correspondence analysis，DCA)、加权平均排序(weighted average ordination，WAO)、对应分析(correspondence analysis，CA)、典范对应分析(canonical correspondence analysis，CCA)、模糊数学排序(fuzzy set ordination，FSO)、除趋势典范对应分析(detrended canonical correspond analysis，DCCA)、相互平均法(reciprocal averaging，RA)、主成分分析(principal component analysis，PCA)等，这些方法已被广泛应用在植被生态学研究领域(阿娟等，2012；陶晶等，2011)，每种方法都有其优缺点。1980 年，Hill 和 Gauch 提出除趋势对应分析，其分析可克服 CA/RA 弓形效应，提高排序精度，预计在今后的植被研究中，DCA 仍会占有重要地位。1987 年，Braak 又将 CCA 与 DCA 结合起来，产生一种除趋势典范对应分析，不仅克服弓形效应和提高精度，该方法还结合了多个环境因子等诸多优点(邱扬和张金屯，2000)，逐步被大量应用。

植被数量分类是植被分类的分支学科，它使用数学方法来完成分类过程，分类的结果能反映一定的生态规律。目前较常用的分类方法有双向指示种分析法（TWINSPAN）、排序轴分类法、典范指示种分类法、逐步聚类法、模糊 C-均值聚类、多元聚合分类等。其中 TWINSPAN 是衍生于对应分析（CA）的一种分类方法，首先对数据进行 CA/RA 排序，同时得到样方和种类第一排序轴，分别用于样方分类和种类分类，其能同时完成样方分类和种类分类，这种技术目前应用比较广泛（罗怀秀，2014）。

在数量分析方法发展的同时，许多用于多元分析的生态学软件也相继出现。目前比较通用的有 PC-ORD、CEP（康奈尔大学生态学软件）、CANOCO 软件包等。

1.1.6 纳帕海高寒湿地研究进展

对纳帕海高原湖沼湿地最初的考察开始于 20 世纪 60～70 年代，沼泽学开始作为独立的学科并被系统地研究，逐渐发展起来不久，中国科学院长春地理研究所就承担了国家各部委、中国科学院和地方政府组织的湿地综合考察任务。这次考察涉及了包括青藏高原与横断山区在内的国内重要湿地分布区，为滇西北各湿地积累了宝贵的本底资料（赵魁义，1999）。

20 世纪 80 年代初期，中国科学院青藏高原（横断山区）综合科学考察队对包括若尔盖高原在内的横断山区进行了历时 5 年的考察（1981～1985 年）和 3 年多的总结。本次考察在吸取前人成果的基础上，更注重学科的综合性、内容的系统性和区域的完整性，为在此之后该区域开展的科学研究工作奠定了坚实的基础。

赵魁义（1988）对滇西北沼泽湿地植被类型和分布做了调查，根据滇西北气候明显的垂直带谱，归纳出本区域的 7 个垂直地带：河谷亚热带、山坡暖温带、山地温带、山地冷温带、山地亚寒带、山地寒带和山地冰雪带，并总结出本区域的沼泽植物群落基本类型。李恒（1987）对横断山湖泊植被进行了调查，也着重指出了本区域的垂直地带性，并且总结出滇西北亚高山和高山带主要的水生植物群落的组成和结构。以上这些科学家在滇西北做出的工作，直接为后来的湿地生态学方面的研究奠定了植物群落层面的基础。

21 世纪以来，在关于纳帕海湿地的众多研究当中，国家高原湿地研究中心的田昆及其学生对该区域研究的贡献卓著，其研究主要涉及湿地土壤、湿地植物群落及湿地退化驱动力等多方面研究（田昆等，2004，2009；常凤来等，2005）。黄易（2009）以人为干扰下的草甸作为研究对象，研究人为干扰对纳帕海湿地土壤碳氮积累的影响，分析得出，原生沼泽演替为草甸后，土壤容重增加，土壤含水量降低；原生沼泽的 C/N 值较大；纳帕海湿地土壤的有机碳和氮含量在空间分布上是不平衡的。部分学者研究了近年来在纳帕海开展的旅游活动对湿地土壤理化性质的影响（胡金明等，2012a；贾海锋等，2013；贾海锋，2014），结果表明随着旅游活动强度增大，土壤的物理和化学性质发生了明显的变化，主要表现在土壤容重增大，总孔隙度降低，含水率降低，渗透性变差，土壤 pH 升高，有机质含量、全氮含量和 C/N 值均有所降低，土壤质地变差，并且导致了植被覆盖率和多样性的降低。

植物群落方面：肖德荣等（2006）采用"3S"技术与植被调查方法，基于 2000 年 Landsat 7 ETM+遥感影像与植被调查，制作了 2005 年纳帕海湿地植被图，并与李恒 1987 年对横断山湖泊植被调查当中的纳帕海水生植被部分（李恒，1987）和赵魁义（1988）对滇西北植被调查中的纳帕海植被部分（赵魁义，1988）进行比较，得出纳帕海水生植物群落类型、数量改变，原生群落不断减少或消失，耐污、喜富营养类群如水葱群落（Com. *Scirpus tabernaemontani*）、菱草群落（Com. *Zizania caduciflora*）、穗状狐尾藻群落（Com. *Myriophyllum spicatum*）、满江红群落（Com. *Azollaimbricata*）等大量出现。研究表明，纳帕海湿地水生植物群落分布格局及变化是对湿地环境变化的响应，在人为干扰影响下，纳帕海湖岸线内移、水量减少、水质恶化等湿地水文条件的改变，致使湿地生态系统功能不断退化（袁寒，2011；罗怀秀，2014）。罗怀秀等（2013）对纳帕海水生植被进行了调查，发现纳帕海出现水生植物 32 种，隶属 20 科，可分为挺水植物、沉水植物、浮叶植物 3 个植被亚型和 11 个群系；水葱（*Scirpus tabernaemontani*）、水蓼（*Polygonum hydropiper*）、狭叶香蒲（*Tupha angustifolia*）、荇菜（*Nymphoides peltatum*）、狐尾藻（*Myriophyllum spicatum*）等是水生植被的优势种；而具有特别重要意义的物种，如杉叶藻（*Hippuris vulgaris*）、小黑三棱（*Sparganium simplex*）的数量减少或消失，水生植被分布区范围相对较小，其组成结构出现了退化趋势。

此外，田昆等（2004）还对纳帕海生态变化的驱动机制及其中主要的驱动因子——人为干扰做了分析，结果表明，20 世纪 60 年代以来纳帕海积水湿地、原生沼泽面积减小，水位下降；湿地区内部耕地面积增加；水土流失加剧；退化植物物种数量与种类增多；湿地区内部存在过度放牧与无序旅游等现象。

陈奇伯等（2005）对纳帕海周边受破坏的面山植被做了调查研究，以荒草丛、自然恢复灌丛、自然恢复高山松次生林及人工混交林等 4 种生态系统类型为研究对象，视它们为水土保持生态修复过程中的不同阶段，研究不同生态系统的群落结构变化规律，以探讨面山水土保持生态修复措施。毕艳等（2004）、穆静秋（2007）、洪雪花等（2006）对近些年来纳帕海湿地的现状和存在的生态与环境问题做了分析，并提出了一些建议，认为实施生态环境建设，根治水土流失；合理规划，优化结构，科学养殖；开展适度规模的生态旅游才能合理有效地开发湿地、保护湿地。

纳帕海高原湖沼湿地在土壤、植物群落、生态建设、水土流失等方面已有了一定的研究，但是湿地景观方面的研究还比较少（张强等，2007），特别是深入的多尺度景观研究还是空白，景观尺度与植物群落尺度的结合研究也涉及很少。而纳帕海湿地严重的退化形式使得这种深入的研究刻不容缓，所以针对纳帕海湿地的多尺度景观研究势在必行（李杰，2010，2013）。

纳帕海省级自然保护区设立于 1984 年，纳帕海湿地于 2004 年被列入《国际湿地公约》(*The Ramsar Convention*) 名录，是我国被列入该名录的九大高寒湿地之一。保护区内国家Ⅰ、Ⅱ级保护鸟类达 10 余种，还有《中华人民共和国政府和日本国政府保护候鸟及其栖息环境的协定》(简称中日候鸟保护协定) 保护的赤麻鸭、斑头雁等，是这些候鸟迁徙途中极为重要的"驿站"或越冬地，冬季在此越冬/过境迁徙的水禽多达数万只，具有重要的生态价值。因地处西南季风区，流域降水在年内各月分配不均 (Li et al.，2013)，湿季降水占全年的 85.2%，且高度集中在 7~8 月，8~9 月湿地区极端洪泛时有发生，如 2000 年、2002 年和 2010 年均发生大洪水。

大型涉禽在纳帕海湿地越冬或迁徙过境以 10 月下旬至翌年 4 月下旬为主。在此期间，浅水水域、浅水沼泽和湿草甸等作为大型涉禽的觅食、休息和夜宿生境 (赵建林等，2008；贺鹏等，2011；王云等，2011)。例如，以植物性食性为主的黑颈鹤主要选择浅水沼泽及邻近的草甸作为其栖息生境，其夜宿地基本以有水的斑块状沼泽为主 (赵建林等，2008；王凯等，2009；贺鹏等，2011)；以动物性食性为主的黑鹳，其觅食行为主要发生在浅水水域或浅水沼泽区，其休息行为主要发生在草甸、沼泽 (冯理，2008；韩奔等，2009)。因此，浅水水域、浅水沼泽及相邻的湿草甸等湿地景观 (斑块) 是大型越冬涉禽的主要生境。由于纳帕海湿地区涉禽越冬期与干季时间基本一致，流域降水量自 10 月开始大幅下降，多年平均 10 月降水 (44.6 mm) 为 9 月降水 (78.8 mm) 的 56.6%、全年降水 (640.3 mm) 的 6.96%，而多年平均 11 月降水 (10.3 mm) 仅为 10 月降水的 23.1%、全年降水的 1.6%；整个冬季降水 (26.2 mm) 仅为全年降水的 4.1%。受此控制，由 10 月下旬至翌年 4 月，湿地区各类湿地景观 (斑块) 的水文生态情势都会发生变化，如明水水域逐渐变浅/萎缩/分片、浅水沼泽/湿草甸逐渐变浅/变干，湿地景观 (斑块) 间的连通性显著下降，必然对大型越冬水禽 (特别是涉禽) 的生境选择产生影响 (李杰等，2015)。

1.2 纳帕海典型高寒湿地概况

1.2.1 自然概况

纳帕海流域位于云南省香格里拉市金沙江上游地区，地处滇西北横断山脉中段，地理坐标为 99°34′21″~99°51′47″E，27°41′48″~28°0′58″N，海拔 3261~4462m，总面积 59 316hm²。其中主要景观有：林地 39 560hm²，中生草甸 9362hm²，旱地 3687hm²，明水湿地 1221hm² 等。流域为半闭合湖沼湿地流域，流域内所有产汇流均汇集于纳帕海湿地，最后通过湿地西北部的 9 个落水洞进入长达 16km 的地下涵洞，汇入金沙江支流 (李杰等，2010)。

纳帕海高原湖沼湿地，藏名"纳帕错"，意为森林背后的湖，位于大中甸坝西北隅，距香格里拉市 8km，海拔 3266m (段志成，1997)，为我国低纬度高海拔湿地的独特类型(李杰等，2015)，是保护黑颈鹤及其越冬地的省级自然保护区。

1.2.1.1 地质地貌

纳帕海盆地地处青藏高原东南缘横断山脉纵向岭谷区东部断裂十分发育的地带，东北向伸展的奔子兰——中甸大断裂和平行的中甸——金沙江大断裂控制了盆地的陷落(赵魁义，1999)，为横断山脉高山峡谷区断陷盆地中的高原沼泽湿地生长提供了条件。地质构造上属滇西地槽褶皱系，古生界印支槽褶皱带，中甸剑川岩相带，分布有从寒武纪到三叠纪各时代的石灰岩、大量的冰碛物及河流相沉积物，以及第四系冲积、洪积、冰碛、湖积、坡积残积物等。

其地貌形态较为复杂，具有冰川地貌、流水地貌、湖成地貌、喀斯特地貌等地貌类型及其组合特征，四周山岭环绕，从湖盆中心至湖岸边生长着大量的水生和陆生植被，湖滨分布有较大面积的沼泽草甸，周围山上生长着硬叶常绿阔叶林、云冷杉针叶林及灌丛(段志成，1997)。

1.2.1.2 气候

纳帕海流域受西南季风和南支西风急流的交替控制，干湿季分明。6～10月，受西南暖湿气流影响，雨量占全年的80%，形成湿季。11月至翌年5月，受干暖的南支西风急流控制，降水量只占全年的20%。年均降水量658.6mm，年均蒸发量1607.3mm。

由于地处青藏高原的东南延伸部分，而具明显的高原气候特征，太阳辐射强，年日照时数平均2180h，气温年较差小，日较差大，长冬无夏，春秋短，年均温5.4℃，极端最高气温24.5℃，极端最低气温−25.4℃，最热月7月均气温13.2℃，最冷月1月均气温−3.7℃，活动积温1392.8℃。气温年较差平均16℃，气温日较差平均可达20℃，干季时可达30℃(李杰，2013)。

1.2.1.3 水文

纳帕海湿地位于流域末端，是流域内所有来水的汇集地。其中，纳赤河是湿地区最主要的入湿河流，此外湿地区周边也分布了许多山溪和山泉。地下水补给也是纳帕海湿地的主要补给方式之一。分布在湿地区北部的喀斯特落水洞是流域内的主要出水口，因其分布较为分散且通常位于水下，所以很难开展固定的出流水文监测。

干季时，纳帕海湿地降水极少，但湿地明水面能够维持在一个相对稳定的面积，说明干季湿地的入水水量(包括地表径流补给、冰川融水通过山溪补水及泉眼等地下水补给等)与落水洞的下泄流量能够基本持平；雨季时，纳帕海明水面随着降水的增加而增大，又随着降水的减少而萎缩，说明降水对湿地明水面面积的调控起到了主要作用(Li et al.，2013)。

1.2.1.4　土壤

纳帕海的土壤分为湖区草场土壤、集水区土壤两部分：纳帕海湖区、湖滨带的主要土壤类型为沼泽土和泥炭土，属于偏碱性土壤(pH 8.02)，土壤有机质含量平均 85.30g/kg，全氮含量平均 2.71g/kg，水解氮含量平均 324.76mg/kg，速效磷含量 3.7～5.7mg/kg，速效钾含量平均 124.81mg/kg，属于较肥沃的土壤。纳帕海集水区低山山麓地带的土壤类型，由低到高分布有棕壤、暗棕壤、棕色针叶林土，其有机质含量丰富，全量养分含量较高，但有效养分含量特别是速效磷含量较低，土壤呈酸性反应(pH 5～6)，盐基不饱和，阳离子代换量中等偏低(贾海锋等，2013)。

1.2.1.5　植被

纳帕海湿地位于滇西北横断山脉，与青藏高原相连，属于浅水时令湖湿地。湿地边缘植被类型为亚高山草甸，周围群山环抱，面山植被类型为亚高山、高山针叶林，植被资源较为丰富。纳帕海湿地植物群落较为复杂，区系组成上以温带成分为主，包含了世界广布、旧世界热带分布、北温带分布、东亚分布、极高山地理成分和淡水湖泊特有植物群落类型六大地理成分，而且珍稀濒危和特有物种比例高(田昆，2004)。

其中，优势植物群落主要有：水葱-小黑三棱群落 (Com. *Scirpus tabernaemontani-Sparganium simplex*)、杉叶藻-光叶眼子菜群落 (Com. *Hippuris vulgaris-Potamogeton lucens*)、刘氏荸荠群落 (Com. *Heleocharis liouana*)、云雾苔草群落 (Com. *Carex nubigena*)、华扁穗草群落 (Com. *Blysmus sinocompressus*)、云生毛茛群落 (Com. *Ranunculus nephelogenes*)、夏枯草群落 (Com. *Prunella vulgaris*)、锡金早熟禾群落 (Com. *Poa sikkimensis*) 等。

但是随着近年来人为扰动的加剧，纳帕海湿地在逐渐地退化。随着湿地水文情势的改变，一些中旱生的植物群落逐渐在退化区域出现，如灰叶蕨麻群落 (Com. *Potentilla anserina* var. *sericea*)、匙叶千里光群落 (Com. *Senecio spathiphyllus*)、沼生蔊菜群落 (Com. *Rorippa islandica*)、椭圆叶花锚群落 (Com. *Halenia elliptica*) 等。尤其是在湿地南端，更是出现了黄苞大戟群落 (Com. *Euphorbia sikkimensis*)、车前-狼毒群落 (Com. *Plantago asiatica-Stellera chamaejasme*)、大狼毒-狼毒群落 (Com. *Euphorbia jolkinii-Stellera chamaejasme*) 等湿地、草地退化群落(罗怀秀等，2013)。

1.2.1.6　动物资源

纳帕海独特的生态环境和丰富的植物资源为游禽类和涉禽类提供了广阔的觅食场所和隐蔽条件，孕育了丰富的动物资源。动物以东洋界种类(尤其是东洋界西南区的种类)为主，南北动物均在此交汇，垂直分化明显，特有动物种类丰富，有许多横断山区的特有种或更狭窄范围的特有种类，脊椎动物种群小、数量少，濒危种类和保护种类多。其中鸟类占有重要位置，鸟类多样性也极为丰富，越冬水鸟 49 种，分属 6 目 11 科，如 I 级保护动物黑颈鹤(*Grus nigricollis*)、黑鹳(*Ciconia nigra*)、胡兀鹫(*Gypaetus barbatus*)、白尾海雕(*Haliaeetus albicilla*)；II 级保护动物白琵鹭(*Platalea leucorodia*)、赤麻鸭(*Tadorna ferruginea*)等水禽；另外，纳帕海位于越冬候鸟迁徙线路上，是许多珍稀濒危越冬候鸟重要的停歇地和越冬地。纳帕海分布有不能脱离湿地水域生活的游禽和涉禽 31 种，且种群数量大，如广布种中的小䴙䴘(*Podiceps ruficollis*)、斑头雁(*Anser indicus*)、绿头鸭(*Anas platyrhynchos*)，以及古北种中的赤麻鸭(*Tadorna ferruginea*)和针尾鸭(*Anas acuta*)等雁鸭类就有近万只，表明了纳帕海湿地是高原重要的水禽越冬地和候鸟迁徙途中的补给站及重要繁殖地。此外，纳帕海除了上述鸟类之外，湖泊内还有许多高原湖泊鱼类，供水鸟食用(赵建林等，2008；王凯等，2009)。

1.2.2 历史背景与社会经济概况

1.2.2.1 历史背景

据《中甸县志》记载：清道光二十九年至民国三十八年(1849～1949 年)，大中甸共清理落水洞 6 次。清除洞内杂物，掏出淤泥沙石；在距洞口 10～15m 地带竖架 1～2 道木栏，以拦截洪水重来的数字等杂物；掏掘落水洞、开挖排水沟、使枯季涞水水面同洞底落水线相对一致，加快洪期落水速度。

1959 年秋，中甸县政府贯彻中央第二次郑州会议精神，分别与秋分、寒露节令全县种植冬青稞 48 625 亩[①]，共约合 3242hm²。此次事件为纳帕海湿地区农田旱地景观增加最多的时段。

1961 年 7 月，县水利部门第一次勘察落水洞，制定清理方案。大中甸区尼史、解放，以及当地驻军共出动 114 人，清除洞内淤泥沙石 150m³，支砌东靠挡土墙 39m²，在主流洞建拦污栅一架。

1964 年 4～5 月，县人委投资 1.4 万元，社队投劳 1.5 万工，中甸梳理 1 号、5 号、8 号、9 号排水沟，4 个洞口都支砌挡墙，建铁拦污栅。完成土方 0.88 万 m³，支砌石方 250m³，规定从当年起，两年清理一次淤物漂物，四年整修一次洞口。

1976 年，全县投工 154.34 万个，完成农田建设 16 857 亩，约合 1124hm²，新修小型水利 79 件，全长 454km，筑拦河坝 16 道，长 9km，新修马车路、人马驿道 44 条，长 155km。此事件为纳帕海入湿地河流渠道化的开始，湿地周边各村开始有车马路相连。

1980 年，全县开办四个社队采育林场，采伐销售原木 1.2 万 m³。此事件标志

---

① 1 亩≈666.7m²

中甸县森林采伐业的兴起。

1981 年 1 月 16 日，纳帕海被列为省级自然保护点。同年，中甸县森林火灾频繁。

1982 年 4 月 25 日，发生一起山林火灾，烧毁森林约 600hm²。同年，全县处理森林火灾案件 28 起，清查处理乱砍滥伐、盗运木材、毁林开荒案件 28 起；划定水源林、防风林、水土保持林、风景林 38 667hm²。此事件标志中甸县政府对森林保护的开始。

《中甸县志》记录流入纳帕海的河流纳赤河的治理工程：纳赤河(藏语黑水)发源于爬擦垭口东侧，流经堆崩若莱、下给、金母隆、格丁、蜡崩谷、下那、下谷、开松开那、吉底谷，注入纳帕海，河长 35km，常年流量 2.3m³/s。流域上、中游为高山地，下游为草甸盆地。上段汇集支流有三村河、龙潭河，河床比降小。坝区河沙淤积/河床弯曲盘绕，故称为"吉里赤"(藏语肠形河)。纳赤河枯洪二季流量悬殊，枯季流量 0.69m³/s，洪峰流量 18.1m³/s，历来威胁中甸县城和大中甸坝安全。民国时期，任期横流肆意下游流域人烟稀少，土地利用率低。至 1949 年，可利用土地 40 000hm² 左右，仅利用 43 000hm² 左右，其中耕地 510hm² 左右，牧场 29 000hm² 左右。1964 年，中甸县人民委员会制定裁弯取直、清除淤沙、舒畅河道、支砌培高河堤的治理纳赤河规划，后因"文化大革命"，未得实施。1973 年 5 月，中甸县革命委员会动员县级机关、企事业单位职工，大中甸、中心镇干部群众，同迪庆藏族自治州(以下简称迪庆州)机关单位、驻中甸部队官兵联合组织治理纳赤河，完成 5km。1986 年全县筑高 2.5～3m，宽 1.5m 土饼防洪堤，完成土方 16.06 万 m³，保护农田 6500hm² 左右。1987 年，迪庆州水利水电局决定，对纳赤河采取自上而下逐年修筑永久性浆砌块石防洪堤治理办法，至 1990 年完成重要河段 1.1km，混凝土永久性防洪堤平均高 3m 宽 2m，完成土方 3600m³，支砌石方 4800m³，混凝土方 3300m³。流域坝区耕地、牧场、建房利用面积开始增加，耕地利用增至 750hm² 左右。牧场利用率增至 36 000hm² 左右。

清理纳帕海落水洞工程：纳帕海位于大中甸坝西北，汇集大中甸贡比河、及日皮河、旺曲河、纳赤河、达朗河五条河水。径流面积 6 万 hm² 左右，年径流深 290mm，径流量 2.7 亿 m³。枯季湖面收缩，大部分湖面由于退水而转变为草甸；洪水期湖面扩大，湖西部雅拉山脚下 9 个落水洞将湖水吸入山腹，由尼西汤堆、五境吉仁两处吐出汇入金沙江。每逢汛期，泥沙杂物壅塞洞口，周围大片农田，草场常被洪水淹没。

纳帕海湿地 1983 年列为云南省自然保护区。

1990 年后，中甸县人民政府再次把治理纳帕海落水洞工程列入 2000 年脱贫规划项目。

纳帕海高原湖沼湿地 2004 被国际湿地组织列入国际重要湿地。

1.2.2.2　社会经济概况

据香格里拉市人民政府网上公布的数据，2015 年，全市总人口达 31 929 户，147 416 人。人口密度为 11.2 人/km²，仅为全省人口密度的 1/9。其中城镇人口密度 1101.2 人/km²，农村人口密度为 9.2 人/km²。

参 考 文 献

阿娟, 张福顺, 张晓东, 等. 2012. 荒漠植物群落特征及其与气候因子的对应分析. 干旱区资源与环境, 26(1): 174-178.

白军红, 邓伟, 张玉霞, 等. 2002. 洪泛区天然湿地土壤有机质及氮素空间分布特征. 环境科学, 23(2): 77-81.

白军红, 邓伟, 朱颜明, 等. 2003. 霍林河流域湿地土壤碳氮空间分布特征及生态效应. 应用生态学报, 14(9): 1494-1498.

白军红, 欧阳华, 邓伟, 等. 2004. 向海沼泽湿地土壤氮素的空间分布格局. 地理研究, 23(5): 614-622.

白军红, 欧阳华, 杨志峰, 等. 2005. 湿地景观格局变化研究进展. 地理科学进展, 24(4): 36-45.

毕艳, 王金亮, 王平, 等. 2004. 香格里拉高原湿地威胁因子分析. 环境保护, 6: 26-30.

常凤来, 田昆, 莫剑锋, 等. 2005. 不同利用方式对纳帕海高原湿地土壤质量的影响. 湿地科学, 3(2): 132-135.

陈奇伯, 寸玉康, 李明春, 等. 2005. 香格里拉县典型区段水土保持生态修复监测评价. 西南林学院学报, 25(2): 24-30.

党承林, 姜汉侨. 1982. 云南西畴县草果山常绿阔叶林的数量分类研究. 生态学报, 2(9): 111-132.

邓伟, 胡金明. 2003. 地水文学研究进展及科学前沿问题. 湿地科学, 1(1): 12-19.

董锡文, 张晓珂, 姜思维, 等. 2010. 科尔沁沙地固定沙丘土壤氮素空间分布特征研究. 土壤, 42(1): 76-81.

董云霞. 2011. 纳帕海湿地地区土壤碳氮要素分异特征研究. 云南大学硕士学位论文.

杜冠华, 李素艳, 郑景明, 等. 2009. 洞庭湖湿地土壤有机质空间分布及其相关研究. 现代农业科学, 16(2): 21-23.

段志成. 1997. 中甸县志. 昆明: 云南民族出版社.

方精云, 刘国华, 徐嵩龄, 等. 1996. 中国陆地生态系统的碳循环及其全球意义//王庚辰, 温玉璞. 温室气体浓度和排放监测及相关过程. 北京: 中国环境科学出版社: 129-139.

冯理. 2008. 纳帕海黑鹳越冬生态观察. 西南林业大学硕士学位论文.

冯云, 马克明, 张育新, 等. 2008. 辽东栎林不同层植物沿海拔梯度分布的 DCCA 分析. 植物生态学报, 32(3): 568-573.

傅伯杰, 陈利顶, 王军, 等. 2003. 土地利用结构与生态过程. 第四纪研究, 23(3): 247-255.

甘海华, 吴顺辉, 范秀丹, 等. 2003. 广东土壤有机碳储量及空间分布特征. 应用生态学报, 14(9): 1499-1502.

高俊琴, 欧阳华, 张锋, 等. 2007. 若尔盖高寒湿地表层土壤有机碳空间分布特征. 生态环境, 16(6): 1723-1727.

高俊琴, 徐兴良, 张锋, 等. 2008. 水分梯度对若尔盖高寒湿地土壤活性有机碳分布的影响. 水土保持学报, 22(6): 126-131.

龟山哲, 张继群, 王勤学, 等. 2004. 应用 Terra/MODIS 卫星数据估算洞庭湖蓄水量的变化. 地理学报, 56(1): 88-94.

韩奔, 冯理, 韩联宪, 等. 2009. 纳帕海越冬水鸟数量与水域面积的关系. 西南林业大学学报, 29(2): 44-46.

贺鹏, 孔德军, 刘强, 等. 2011. 云南纳帕海越冬黑颈鹤夜栖地特征. 动物学研究, 32(2): 150-156.

洪雪花, 李作生, 杨春伟. 2006. 云南湿地的现状和保护对策. 云南环境科学, 25(增刊): 58-60.

侯伟, 张树文, 张养贞, 等. 2004. 三江平原挠力河流域 50 年代以来湿地退缩过程及驱动力分析. 自然资源学报, 19(6): 725-731.

胡金明, 董云霞, 袁寒, 等.2012a. 纳帕海湿地不同退化状态下土壤氮素的分异特征. 土壤通报, 43(3): 690-695.

胡金明, 董云霞, 袁寒, 等.2012b. 纳帕海湿地不同退化状态下土壤有机碳素的分异特征. 地理研究, 31(1): 53-62.

黄进良.1999. 洞庭湖湿地的面积变化与演替. 地理研究, 18(3): 297-304.

黄靖宇, 宋长春, 宋艳宇, 等. 2008. 湿地垦殖对土壤微生物量及土壤溶解有机碳、氮的影响. 环境科学, 29(5): 1380-1387.

黄易.2009. 纳帕海湿地退化对碳氮积累影响的研究. 安徽农业科学, 37(13): 6095-6097.

黄元仿, 周志宇, 苑小勇, 等. 2004. 干旱荒漠区土壤有机质空间变异特征. 生态学报, 24(12): 2776-2781.

贾海锋, 罗怀秀, 胡金明, 等. 2013. 纳帕海湿地区表土有机碳及其活性组分的空间分异. 山地学报, 32(5): 624-632.

贾海锋.2014. 纳帕海湿地表土碳、氮组分空间分异特征研究. 云南大学硕士学位论文.

金峰, 杨浩, 蔡祖聪, 等.2001. 土壤有机碳密度及储量的统计研究. 土壤学报, 38(4): 522-528.

李斌, 张金屯.2003. 黄土高原地区植被与气候的关系. 生态学报, 23(1): 82-89.

李恒.1987. 横断山区的湖泊植被. 云南植物研究, 9(3): 257-270.

李加林, 张忍顺, 王艳红, 等. 2003. 江苏淤泥质海岸湿地景观格局与景观生态建设. 地理与地理信息科学, 19(5): 87-90.

李杰, 胡金明, 董云霞, 等. 2010. 1994—2006 年滇西北纳帕海流域及其湿地景观变化研究. 山地学报, 28(2): 247-255.

李杰, 胡金明, 张洪, 等. 2015. 无常规水文监测高寒湿地纳帕海水量波动模拟分析. 自然资源学报, 30(2): 340-349.

李杰.2010. 纳帕海湿地多时空尺度景观格局变化及其驱动机制研究. 云南大学硕士学位论文.

李杰.2013. 纳帕海湿地水文情势模拟及关键水文生态效应分析. 云南大学博士学位论文.

李克让, 王绍强, 曹明奎, 等.2003. 中国植被和土壤碳储量. 中国科学, 33(1): 72-80.

李娜, 王根绪, 高永恒, 等.2009. 青藏高原生态系统土壤有机碳研究进展. 土壤, 41(4): 512-519.

李晓玲, 李爱农, 刘国祥, 等. 2010. 云贵高原湖泊分布空间格局. 长江流域资源与环境, 19(Z1): 91-96.

凌成星, 张怀清, 林辉, 等. 2010. 利用混合水体指数模型 (CIWI) 提取滨海湿地水体信息. 长江流域资源与环境, 19(2): 152-157.

刘景双, 杨继松, 于君宝, 等. 2003. 三江平原沼泽湿地土壤有机碳的垂直分布特征研究. 水土保持学报, 17(3): 5-8.

刘留辉, 刑世和, 高承芳, 等.2009. 国内外土壤碳储量研究进展和存在问题及展望. 土壤通报, 40(3): 697-701.

柳红东.2007. 玛纳斯河流域棉田土壤有机碳含量时空变化的分析. 石河子大学硕士学位论文.

吕宪国.2004. 湿地生态系统保护与管理. 北京: 化学工业出版社.

罗怀秀, 贾海锋, 胡金明, 等. 2013. 纳帕海湿地草本植物群落演替与水文情势关系. 山地学报, 32(5): 615-623.

罗怀秀.2014. 高原湿地纳帕海植物群落演替及其生态效应. 云南大学硕士学位论文.

闵文彬, 彭国照, 罗磊, 等.2008. 若尔盖湿地 TM 影像判识特征. 气象科技, 36(1): 136-142.

牟晓杰, 孙志高, 刘兴土, 等. 2012. 黄河口滨岸潮滩湿地土壤碳、氮的空间分异特征. 地理科学, 32(12): 1521-1529.

穆静秋.2007. 纳帕海湿地生态环境保护的问题与对策. 林业调查规划, 32(4): 114-117.

倪健.2001. 中国陆地生态系统碳储量研究. 气候变化, 49: 339-358.

牛振国, 宫鹏, 程晓, 等.2009. 中国湿地初步遥感制图及相关地理特征分析. 中国科学 D 辑, 39(2): 188-203.

潘根兴, 李恋卿, 张旭辉, 等. 2002. 土壤有机碳库与全球变化研究的若干前沿问题——兼开展中国水稻土有机碳固定研究的建议. 南京农业大学学报, 25(3): 100-109.

潘根兴.1999. 中国土壤有机碳和无机碳库量研究. 科技通报, 15(5): 330-332.

彭景涛, 李国胜, 傅瓦利, 等. 2012. 青海三江源地区退化草地土壤全氮的时空分异特征. 环境科学, 33(7): 2490-2496.

邱扬, 张金屯. 2000. DCA 排序轴分类及其在关帝山八水沟植物群落生态梯度分析中的应用. 生态学报, 20(2): 199-206.

申卫军, 邬建国, 林永标, 等. 2003. 空间粒度变化对景观格局分析的影响. 生态学报, 23(11): 2506-2519.

宋长春, 王毅勇, 阎百兴, 等. 2004. 沼泽湿地开垦后土壤水热条件变化与碳、氮动态. 环境科学, 25(3): 168-172.

宋丰骥, 常庆瑞, 钟德燕, 等. 2011. 黄土高原沟壑区土壤养分空间变异及其与地形因子的相关性. 西北农林科技大学学报(自然科学版), 39(12): 166-172.

宋晓梅. 2011. 基于数字地形分析的土壤养分状况研究. 西南大学硕士学位论文.

宋永昌. 2001. 植被生态学. 上海: 华东师范大学出版社.

苏永中, 赵哈林. 2002. 土壤有机碳储量、影响因素及其环境效应的研究进展. 中国沙漠, 22(3): 220-228.

孙文义, 郭胜利, 宋小燕, 等. 2010. 地形和土地利用对黄土丘陵沟壑区表层土壤有机碳空间分布影响. 自然资源学报, 25(3): 443-453.

孙志高, 刘景双, 陈小兵, 等. 2009. 三江平原典型小叶章湿地土壤中硝态氮和铵态氮的空间分布格局. 水土保持通报, 29(3): 66-72.

陶晶, 臧润国, 余昌元, 等. 2011. 云南哈巴雪山植物群落和植物多样性海拔梯度分布格局. 林业科学, 47(7): 1-6.

陶贞, 沈承德, 高全洲, 等. 2006. 高寒草甸土壤有机碳储量及其垂直分布特征. 地理学报, 61(7): 720-728.

田昆, 常凤来, 陆梅, 等. 2004. 人为活动对云南纳帕海湿地土壤碳氮变化的影响. 土壤学报, 41(5): 681-686.

田昆. 2004. 云南高原纳帕海湿地土壤退化过程及驱动机制. 中国科学院东北地理与农业生态研究所博士学位论文.

万晓红, 周怀东, 刘玲花, 等. 2008. 白洋淀湖泊湿地中氮素分布的初步研究. 水土保持学报, 22(2): 166-170.

万忠梅, 宋长春, 杨桂生, 等. 2009. 三江平原湿地土壤活性有机碳组分特征及其与土壤酶活性的关系. 环境科学学报, 29(2): 406-412.

汪业勖, 赵士洞, 牛栋, 等. 1999. 陆地土壤碳循环的研究动态. 生态学杂志, 18(5): 29-35.

王根绪, 程国栋, 沈永平, 等. 2002. 青藏高原草地土壤有机碳库及其全球意义. 冰川冻土, 24(6): 694-698.

王庚辰, 温玉璞. 1996. 温室气体浓度和排放检测及相关过程. 北京: 中国环境科学出版社: 129-139.

王凯, 杨晓君, 赵健林, 等. 2009. 云南纳帕海越冬黑颈鹤日间行为模式与年龄和集群的关系. 动物学研究, 30(1): 74-82.

王连峰, 潘根兴, 石盛莉, 等. 2002. 酸沉降影响下庐山森林生态系统土壤溶液溶解有机碳分布. 植物营养与肥料学报, 8(1): 29-34.

王琳, 欧阳华, 周才平, 等. 2004. 贡嘎山东坡土壤有机质及氮素分布特征. 地理学报, 59(6): 1012-1019.

王绍强, 周成虎, 李克让, 等. 2000. 中国土壤有机碳库及空间分布特征分析. 地理学报, 55(5): 533-544.

王义祥, 翁伯琦. 2005. 福建省土壤有机碳密度和储量的估算. 福建农业科学, 21(1): 42-45.

王宇超. 2012. 秦岭大熊猫主要栖息地植物群落特征及与生境关系对应分析. 西北农林科技大学博士学位论文.

王云, 李麒麟, 关磊, 等. 2011. 纳帕海环湖公路交通噪声对鸟类的影响. 动物学杂志, 46(6): 65-72.

邬建国. 2007. 景观生态学——格局、过程、尺度与等级. 北京: 高等教育出版社.

吴建国, 徐德应. 2005. 六盘山林区几种土地利用方式对土壤中可溶性有机碳浓度影响的初步研究. 植物生态学报, 29(6): 945-953.

吴乐知, 蔡祖聪. 2006. 中国土壤有机质含量变异性与空间尺度的关系. 地球科学进展, 21(9): 965-972.

肖德荣, 田昆, 袁华, 等. 2006. 高原湿地纳帕海水生植物群落分布格局及变化. 生态学报, 26(11): 3624-3630.

肖笃宁, 李晓文, 王连平, 等. 2001. 辽东湾滨海湿地资源景观演变与可持续利用. 资源环境, 23(2): 31-36.

肖笃宁, 李秀珍. 1997. 当代景观生态学的进展和展望. 地理科学, 17(4): 356-363.

肖笃宁, 李秀珍. 2003. 景观生态学的学科前沿与发展战略. 生态学报, 23(8): 1616-1621.

许信旺, 潘根兴, 曹志红, 等. 2007. 安徽省土壤有机碳空间差异及影响因素. 地理研究, 26(6): 1077-1086.

杨继松, 刘景双. 2009. 小叶章湿地土壤微生物生物量碳和可溶性有机碳的分布特征. 生态学杂志, 28(8): 1544-1549.

杨绒, 严德翼, 周建斌, 等. 2007. 黄土区不同类型土壤可溶性有机氮的含量及特性. 生态学报, 27(4): 1397-1403.

于建军, 杨锋, 吴克宁, 等. 2008. 河南省土壤有机碳储量及空间分布. 应用生态学报, 19(5): 1058-1063.

袁寒. 2011. 滇西北高原湿地纳帕海退化区土壤种子库与地面植被关系. 云南大学硕士学位论文.

曾永年, 冯兆东, 曹广超, 等. 2004. 黄河源区高寒草地土壤有机碳储量及分布特征. 地理学报, 59(4): 497-504.

张峰, 张金屯. 2003. 历山自然保护区猪尾沟森林群落植被格局及环境解释. 生态学报, 23(3): 421-427.

张昆, 田昆, 吕宪国, 等. 2009. 旅游干扰对纳帕海湖滨草甸湿地土壤水文调蓄功能的影响. 水科学进展, 26(6): 800-805.

张娜. 2006. 生态学中的尺度问题: 内涵与分析方法. 生态学报, 26(6): 2340-2355.

张强, 马友鑫, 刘文俊, 等. 2007. 滇西北高原湿地地区土地利用变化特征. 山地学报, 125(3): 265-273.

赵光影, 刘景双, 王洋, 等. 2009. CO_2浓度升高对三江平原典型湿地土壤活性有机碳的影响. 农业系统科学与综合研究, 25(1): 84-90.

赵建林, 韩联宪, 冯理, 等. 2008. 云南纳帕海黑颈鹤越冬行为与生境利用初步观察. 四川动物, 27(1): 87-91.

赵魁义. 1988. 滇西北横断山区沼泽植被类型及其垂直地带性特征//中国科学院长春地理研究所. 中国沼泽研究. 北京: 科学出版社: 284-292.

赵魁义. 1999. 中国沼泽志. 北京: 科学出版社.

赵明松, 张甘霖, 李德成, 等. 2013. 苏中平原南部土壤有机质空间变异特征研究. 地理科学, 33(1): 83-89.

赵锐锋, 周华荣, 钱亦兵, 等. 2006. 塔里木河中下游湿地及周边植物群落与环境因子的关系初探. 应用生态学报, 17(6): 955-960.

周德民, 宫辉力, 胡金明, 等. 2003. 湿地水文生态学模型的理论与方法. 生态学杂志, 26(1): 108-111.

朱阿兴. 2008. 精细数字土壤普查模型与方法. 北京: 科学技术出版社.

朱连奇, 朱小立, 李秀霞, 等. 2006. 土壤有机碳研究进展. 河南大学学报(自然科学版), 36(3): 72-75.

Aarrestad P A, Masunga G S, Hytteborn H, et al. 2011. Influence of soil, tree cover and large herbivores on field layer vegetation along a savanna landscape gradient in northern Botswana. Journal of Arid Environments, 75(3): 290-297.

Acreman M. 2001. Hydro-ecology: Linking Hydrology and Aquatic Ecology. Wallindord: IAHS Press: 13-44.

Andersson S, Nilsson S, Saetre P, et al. 2000. Leaching of dissolved organic carbon(DOC) and dissolved organic nitrogen(DON) in mor humus as affected by temperature and pH. Soil Biology & Biochemistry, 32(1): 1-10.

Batjes N H. 1996. Total carbon and nitrogen in the soils of the world. European Journal of Soil Science, 47(2): 151-163.

Bohn H L. 1976. Estimate of organic carbon in world soils. Soil Sci. Soc. Am. J, 40(3): 468-470.

Bohn H L. 1982. Estimate of organic carbon in world soils. Soil Sci. Soc. Am. J, 46: 1118-1119.

Bolin B, Degens E T, Duvigneaud P, et al. 1979. The global carbon cycle ScopeReport No 13.New York: Wiely: 1-56, 129-181.

Bolin B. 1977. Changes of land biota and their importance for the carbon cycle. Science, 196(4290): 613-615.

Boyle T P, Caziani S M, Waltermire R G, et al. 2004. Landsat TM inventory and assessment of waterbird habitat in the southern altiplano of South America. Wetlands Ecology and Management, 12(6): 563-573.

Brooks R, McKenney-Easterling M, Brinson M, et al. 2009. A Stream-Wetland-Riparian(SWR) index for assessing condition of aquatic ecosystems in small watersheds along the Atlantic slope of the eastern U. S. Environ Monit Assess, 150(1-4): 101-117.

Buringh P. 1984. Organic carbon in soils of the world. Scope, 23: 91-109.

Burker I C, Yonkr C M, Parton W J, et al. 1989. Texture, climate, and cultivation effects on soil organic matter content in US grassland soils. Soil Science Society of America Journal, 53(3): 800-805.

Cambardella C A, Moorman T B, Parkin T B, et al. 1994. Field-scale variability of soil properties in central Iowa soils. Soil Science Society of America Journal, 58(5): 1501-1511.

Chhabra A, Palria S, Dadhwal V K, et al. 2003. Soil organic carbon pool in Indian forests. Forest Ecology and Management, 173(1): 187-199.

Cohen M C L, Lara R J. 2003. Temporal changes of mangrove vegetation boundaries in Amazonia: Application of GIS and remote sensing techniques Marcelo. Wetlands Ecology and Management, 11(4): 223-231.

Corbane C, Raclot D, Jacob F, et al. 2008. Remote sensing of soil surface characteristics from a multiscale classification approach．Catena, 75(3): 308-318.

Davidson E A, Janssens I A. 2006. Temperature sensitivity of soil carbon decomposition and feedbacks to climate change. Nature, 440(7081): 165-173.

Eleanor M, Mark E, Carlos E C, et al. 2006. Assessment of soil organic carbon stocks and change at nNational scale. Technical Report of The Global Environment Facility Co-financed Project No, GFL-2740-02-4381.

Eswaran H, Reich F, Kimble J M. 1999. Global soil carbon stocks. In: Lal R, Kimble J, Eswarn H. Global Climate Change and Pedogenic Carbonates. USA: Lewis Publishers: 15-26.

Forman R T T , Godron M. 1986. Landscape Ecology. New York: John Wiley & Sons.

Forman R T T. 1995. Some general principles of landscape ecology. Landscape Ecology, 10(3): 133-142.

Hayash M, van der Kamp G. 2000. Simple equations to represent the volume–area–depth relations of shallow wetlands in small topographic depressions．Journal of Hydrology, 237(1-2): 74-85.

Hollis G E, Thompson J R. 1998. Hydrological data for wetland management. J CIWEN, 12(1): 9-17.

Huang S, Dahalb D, Young C, et al. 2011. Integration of Palmer Drought Severity Index and remote sensing data to simulate wetland water surface from 1910 to 2009 in Cottonwood Lake area. North Dakota. Remote Sensing of Environment, 115(12): 3377-3389.

Ji L, Zhang L, Wylie B, et al. 2009. Analysis of Dynamic Thresholds for the Normalized Difference Water Index. Photogrammetric Engineering & Remote Sensing, 75(11): 1307-1317.

Johnson W, Werner B, Guntenspergen G, et al. 2010. Prairie Wetland Complexes as Landscape Functional Units in a Changing Climate. BioScience, 60(2): 128-140.

Kalbitz K, Solinger S, Park J H, et al. 2000. Controls on the dynamics of dissolved organic matter in soils: a review. Soil Science, 165(4): 277-304.

Kasischke E S, Bourgeau-Chavez L L, Rober A R. 2009. Effects of soil moisture and water depth on ERS SAR backscatter measurements from an Alaskan wetland complex. Remote Sensing of Environment, 113: 1868-1873.

Kazezyelmaz-Alhana C, Medina M. 2008. The effect of surface/ground water interactions on wetland sites with different characteristics. Desalination, 226(1): 298-305.

Keith D, Rodoreda S, Bedward M, et al. 2010. Decadal change in wetland–woodland boundaries during the late 20th century reflects climatic trends. Global Change Biology, 16(8): 2300-2306.

Kotliar N B, Wiens J A. 1990. Multiple scales of patchiness and patch structure: a hierarchical framework for the study of heterogeneity．Oikos, 59(2): 253-260.

Krasnostein A L, Oldham C E. 2004. Predicting wetland water storage. Water Resources Reseaech, 40(40): 2709-2710.

Lacelle B. 1997. Canada' s soil organic carbon database. In: Soil Processes and the Carbon Cycle. Boca Raton: CRC Press: 93-102.

Lang M, McCarty G, Anderson M. 2008. Wetland hydrology at a watershed scale Dynamic information for adaptive management. Journal of Soil and Water Conservation, 63 (2) : 49.

Lang M, McCarty G. 2009. Lider intensity for improved detection of inundation below the forest canopy. Wetlands,29 (4) : 1166-1178.

Li J, Hu J M, Deng W, et al. 2008. Revealing storage-area relationship of open water in ungauged subalpine wetland—Napahai in Northwest Yunnan, China. Journal of Mountain Science, 10 (4) : 1-11.

McCartney M, Morardet S, Rebelo L, et al. 2011. A study of wetland hydrology and ecosystem service provision: GaMampa wetland, South Africa. Journal des Sciences Hydrologiques, 56 (8) : 1452-1466.

McFeeters S K. 1996. The use of Normalized Difference Water Index (NDWI) in the delineation of open water features. International Journal of Remote Sensing, 17 (7) : 1425-1432.

McMenamin S, Hadlya E, Wright C, et al. 2008. Climatic change and wetland desiccation cause amphibian decline in Yellowstone National Park. PNAS, 105 (44) : 16988-16993.

Megraw T. 1995. Fertility variability in the Minnesota river valley watershed in 1993, as determined from grid testing result on 52000 acres in commercial fields. Site-Specific Management for Agricultural Systems. Madison: ASA-CSSA-SSSA: 167-174.

Michele L B, Lisa J S, Shufen P. 2005. Riparian woody plant diversity and forest Structure along an urban-rural gradient. Urban Ecosystems, 8 (1) : 93-106.

Mitsch W J, Gosselink J G. 2007. Wetlands. 4th ed. New York: Wiley: 1-32.

Mitsch W J, Gosselink L. 2000. The value of wetlands importance of scale and landscape setting. Ecological Economics, 35 (1) : 25-33.

Mohammadi J, Motaghian M H. 2011. Spatial prediction of soil aggregate stability and aggregate-associated organic carbon content at the catchment scale using geostatistical techniques. Pedosphere, 21 (3) : 389-399.

Morisada K, Ono K, Kanomata H, et al. 2004. Organic carbon stock in forest soils in Japan. Geoderma, 119 (1) : 21-32.

Nancy J L, Edward F L. 2005. Non-native plants in the understory of riparian forests across a land use gradient in the Southeast. Urban Ecosystems, 8 (1) : 79-91.

Neff J C, Hooper D U. 2002. Vegetation and climate controls on potential CO_2, DOC and DON production in northern latitude soils. Global Change Biology, 8 (9) : 872-884.

Niemuth N, Wangler B, Reynolds R. 2010. Spatial and temporal variation in wet area of wetlands in the Prairie Pothole Region of North Dakota and South Dakota. Wetlands, 30 (6) : 1053-1064.

Norman B B, John M. 2010. Soil organic carbon stocks in Alaska estimated with spatial and pedon date. Pedology, 74 (2) : 565-579.

O'Neill R V, Gardner R H, Milne B T, et al. 1991. Heterogeneity and spatial hierarchies. *In*: Kolasa J, Pickett S T A. Ecological Heterogeneity. New York: Springer-Verlag: 85-96.

O'Neill R V. 1999. Theory in landscape ecology. *In*: Wiens J A, Moss M R. Issues in Landscape Ecology. Greeley: Pioneer Press of Greeley: 1-5.

Ozesmi S L, Bauer M E. 2002. Satellite remote sensing of wetlands. Wetlands Ecology and Management, 10: 381-402.

Pan G, Cuo T. 1999. Pedogenic carbonates in aridic soils of China and significance for terrestrial carbon t ransfer. *In*: Lal R, Kimble J, Eswaran H. Global Climate Change and Pedogenic Carbonates. New York: Lewis Publishers: 135-148.

Pichon C L, Gorges G, Baudry J, et al. 2008. Spatial metrics and methods for riverscapes: quantifying variability in riverine fish habitat patterns. Environmetrics, 20 (5) : 512-526.

Post W M, Emanuel W R, Zinke P J, et al. 1982. Soil carbon pools and world life zones. Nature, 298 (8) : 156-159.

Risser P G, Karr J R, Forman R T T. 1984. Landscape ecology: directions and approaches. A Workshop Held at Allerton Park: 16.

Risser P G. 1987. Landscape Ecology: state-of the art. *In*: Turner M G. Landscape Heterogeneity and Disturbance. New York: Springer-Verlag: 13-14.

Rozhkov V A, Wagner V B, Kogut B M, et al. 1996. Soil carbon estimates and soil carbon map for Russia. Laxen burg: Working paper of IIASA.

Schleisinger W H. 1984. Soil organic matter: A source of atmospheric CO_2. Scope, 23: 111-127.

Sellers P J. 1997. Modeling the exchanges of energy, water and carbon between continents and the atmosphere. Science, 275(5299): 502-509.

Skalbeck J D, Reed D M, Hunt R J. 2009. Relating Groundwater to Seasonal Wetlands in Southeastern Wisconsin, USA. Hydrogeology Journal, 17(1): 215-228.

Su M, Stolte W J, van der Kamp. 2000. Modelling Canadian prairie wetland hydrology using a semi-distributed streamflow model. Hydrol. Process, 14(14): 2405-2422.

Titlyanove A A, Bulavko G J, Kudryashova S, et al. 1998. The reserves and losses of organic carbon in the soils of Siberia. Pochrovedenie, 31(1): 51-59.

Turner M G. 1989. Landscape Ecology: the effect of pattern on process. Annual Review of Ecology and Systematics, 20(1): 171-1971.

Urban D L, O'Neill R V, Shugart H H Jr. 1987. Landscape Ecology. Bioscience, 37(2): 119-127.

Van der Valk. 2005. Water-level fluctuations in North American prairie wetlands. Hydrobiologia, 539(1): 171-188.

Webster K, Soranno P A, Baines S B, et al. 2000. Structuring features of lake districts: landscape controls on lake chemical responses to drought. Freshwater Biology, 43(3): 499-515.

White J G, Welch R M, Norvell W A. 1999. Soil Zinc Map of the USA using Geostatistics and Geographic Information and Systems. Soil Science Society of America Journal, 61(1): 185-194.

Wu J, Norvell W A, Hopkins D G, et al. 2003. Improved prediction and mapping of soil copper by kriging with auxiliary data for cation-exchange capacity. Soil Science Society of America Journal, 67(3): 919-927.

Wu J. 1999. Hierarchy and scaling: extrapolating information along a scaling ladder. Canadian Journal of Remote Sensing, 25(4): 367-380.

Xiao H L. 1999. Climate change in relation to soil organic matter. Soil and Environment, 8(4): 300-304.

Xu H. 2006. Modification of normalised difference water index (NDWI) to enhance open water features in remotely sensed imagery. International Journal of Remote Sensing, 27(14): 3025-3033.

Yang Y H, Mohammat A, Feng J M, et al. 2007. Storage, Patterns and Environmental Controls of Soil Organic Carbon in China. Biogeochemistry, 84(2): 131-141.

Yang Y, Fang J, Tang Y, et al. 2008. Storage, patterns and controls of soil organic carbon in the Tibetan grasslands. Global Change Biology, 14(7): 1592-1599.

Yost R S, Uehara G, Fox R L. 1982. Geostatistical analysis of soil chemical properties of large land areas. I. Semi-variograms. Soil Science Society of America Journal, 46(5): 1028-1032.

Zhao X, Stein A, Chen X, et al. 2011. Monitoring the dynamics of wetland inundation by random sets on multi-temporal images. Remote Sensing of Environment, 115(9): 2390-2401.

2 纳帕海多时空尺度景观格局、过程、效应及驱动

2.1 湿地景观格局分析方法

2.1.1 湿地景观格局的特殊性及遥感数据的选择

影响湿地生态系统结构与功能的三大自然因子分别为水文、土壤和植被（Mitsch and Gosselink，2007；崔保山和杨志峰，2006），而这三大因子中，水文是影响湿地生态系统变化的主导因子，即湿地水文情势的改变在很大程度上影响着湿地景观格局。而区域气候变化（尤其是降水量的变化）又在很大程度上决定湿地的水文情势。因此，区域气候变化和湿地景观格局有着密切联系。我国绝大部分地区皆处于季风气候区，年内气候分异明显，尤其是降水量年内分异大，这决定着湿地景观格局的年内分异将十分明显。选择不具有可比性的时间节点上的数据，很有可能造成认识上的错误或较大的误差。例如，使用两期遥感影像来分析某一退化湿地的景观格局变化，假如前一时间节点（时相）选择在丰水年的丰水期，而后一时间节点选择在枯水年的枯水期，尽管可能是不同年份的同一时间节点，那么两期遥感数据的对比必然是湿地面积大幅萎缩；但如果前一时间节点选择在枯水年的枯水期，后一时间节点选择在丰水年的丰水期，则在进行数据对比的时候就会是湿地面积大幅增加，而这个结果却与现实中此湿地的退化形式大相径庭，从而产生错误的推论和认识。因此，在分析湿地景观格局时，选择合适的时间节点，应该和当地区域的气候因子相关联，这样使用具有可比性的时间节点上的数据来分析湿地景观格局变化，才有意义。

基于上述考虑，在中国期刊全文数据库中检索了 1999～2009 年应用"3S"技术研究湿地景观格局或土地利用变化相关的学术文献（98 篇）。通过对这 98 篇文献的分类总结（图 2-1）发现：①只介绍了时间节点的年份，而没有关于如何对时间节点进行选择的文献 62 篇；②在文中提及时间节点的年份和月份或季节的文献 36 篇，而在这 36 篇中只有 1 篇提及依据水文情势的变化来选择时间节点。可见大部分研究中，研究者都未能仔细考虑研究区的气候因子（特别是季节性降水）与水文因子对湿地景观格局的影响，也未意识到其需要改变和完善。

当然，所有研究都要从当地实际情况出发，针对所要研究的问题来选择时间尺度。再在这个时间尺度内，根据气候、水文因子选择影响湿地生态过程的最关键节点（最能反映湿地景观格局变化的时间节点）。这样才能最真实地反映此时间尺度下的湿地生态过程，才能最深入地揭示过程的机制与变化机制。

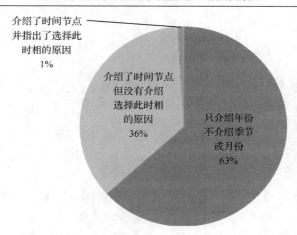

图 2-1　筛选出的论文研究中时相的选择

如果研究针对年际时间尺度进行，那么就要在气候或水文因子处于同一水平的年份中选择时间节点；如果研究针对年内时间尺度对比各个季节之间的景观差异，那么时间节点的选择就要能够反映每个季节最典型景观的时刻；如果针对那些年内时间尺度上景观变化较大的湿地类型(如季节性湖沼湿地、河漫滩湿地，甚至河流湿地与湖泊湿地等)，进行年际时间尺度的景观研究时，还要把季节因素考虑进去，因为对于这类湿地，不同季节的对比可能意味着相反的结果。

根据对上述文献的阅读发现，通常在湿地景观格局变化的研究中，大多研究者以夏季或雨季作为时间节点，因为夏季或雨季是植物生长的季节，这样有助于在遥感影像上或者大比例尺航片上对植物群落或景观进行分类。

但针对本研究选择时间节点的经验，仍有一些问题需要考虑。例如，纳帕海高原湖沼湿地集水流域具有特殊性(为半闭合流域)，雨季到来时，落水洞不能及时排水，纳帕海湿地区大面积积水，导致湿地区景观类型中明水湿地景观大幅度增加而覆盖了其他类型景观，湿地区景观类型单一化而不能真实反映纳帕海湿地特有的景观格局。特丰水年 2002 年(根据香格里拉县气象站数据)，纳帕海湿地区几乎被明水湿地覆盖，这种情况不能真实地反映湿地的景观格局。对比旱季和雨季的长时段降水量序列，发现旱季的降水量波动明显小于雨季，再加上雨季该区域云量较大，数据选择与数据获取十分困难，所以我们选择旱季，以纳帕海湿地退水以后的时间节点作为景观格局分析的数据源，以保证景观格局在对比时的有效性和真实性。

2.1.2　景观指数的选取及计算

景观指数是指能够高度浓缩的景观格局信息，反映其结构组成和空间配置等某些方面特征的简单定量指标。景观格局特征可以在 3 个层次上分析：第一个层次，单个斑块(individual patch)；第二个层次，由若干单个斑块组成的斑块类型(patch type 或 class)；第三个层次，包括若干斑块类型的景观镶嵌体(landscape mosaic)。本研究着重在第三个层次上讨论斑块数(NP)、蔓延度指数(CONTAG)和 Shannon-Wiener 多样性指数(SHDI)；参考单一土地利用动态度(D)和综合土地利用动态度(LC)的研究方法，来表征纳帕海流域的单一景观动态度和综合景观动态度。

2.1.2.1 景观指数的计算方法与生态学意义

(1)斑块数(NP)

$$\text{NP} = N \tag{2-1}$$

式中，NP 为斑块数；N 为景观中所有斑块的总数。NP≥1，无上限。

生态学意义：反映景观的空间格局，经常被用来描述整个景观的异质性，其值的大小与景观的破碎度也有很好的正相关性，一般规律是 NP 大，破碎度高；NP 小，破碎度低。NP 对许多生态过程都有影响，如可以决定景观中各种物种及其次生种的空间分布特征；改变物种间相互作用和协同共生的稳定性。同时，NP 对景观中各种干扰的蔓延程度有重要影响，如某类斑块数目多且比较分散时，则对某些干扰的蔓延(虫灾、火灾)有抑制作用。

(2)蔓延度指数(CONTAG)

$$\text{CONTAG} = \left\{ 1 + \frac{\sum_{i=1}^{m}\sum_{k=1}^{m}\left[\left(P_i \frac{g_{ik}}{\sum_{k=1}^{m} g_{ik}}\right) \ln\left(P_i \frac{g_{ik}}{\sum_{k=1}^{m} g_{ik}}\right)\right]}{2\ln m} \right\} \times 100\% \tag{2-2}$$

式中，P_i 为 i 类型斑块所占的面积百分比；g_{ik} 为 i 类型斑块和 k 类型斑块毗邻的数目；m 为景观中斑块类型的总数。

生态学意义：理论上，CONTAG 较小时表明景观中存在许多小斑块；趋于 100 时表明景观中有连通度极高的优势斑块类型存在。取值范围：0≤CONTAG≤100。CONTAG 描述的是景观中不同斑块类型的团聚程度或延展趋势。由于该指标包含空间信息，是描述景观格局的最重要指标之一。一般来说，高蔓延度值说明景观中的某种优势斑块类型形成了良好的连接性；反之则表明景观是具有多种要素的密集格局，景观的破碎化程度较高。该指标在景观生态学和生态学中运用十分广泛。

(3)Shannon-Wiener 多样性指数(SHDI)

$$\text{SHDI} = -\sum_{k=1}^{m}\left[P_k \ln\left(P_k\right) \right] \tag{2-3}$$

式中，P_k 为 k 斑块类型在景观中出现的概率；m 是景观中斑块类型的总数。

公式描述：SHDI≥0，无上限。当景观中只有一种斑块类型时，SHDI=0。当斑块类型增加或各类型斑块所占面积比例趋于相似时，SHDI 的值也相应增大。

生态学意义：SHDI 指数是我们比较不同景观或同一景观不同时期多样性变化的一个有力手段。

2.1.2.2　景观动态度的计算方法与生态学意义

本研究参考单一土地利用动态度 (D) 和综合土地利用动态度 (LC) 两个土地利用指标，来描述研究区域的单一景观动态度和综合景观动态度。

(1) 单一土地利用动态度 (D)

$$D = (L_b - L_a)L_a^{-1}T^{-1} \times 100\% \tag{2-4}$$

式中，D 为研究时段某一土地利用动态度；L_a 为研究期初某一种土地利用类型的数量；L_b 为研究期末某一种土地利用类型的数量；T 为研究时段长度(潘竟虎和刘菊玲，2005)。

生态学意义：当 T 的时段设定为年时，D 值就是该研究区域某种土地利用类型的年变化率。

(2) 综合土地利用动态度 (LC)

$$LC = \frac{\sum_{i=1}^{n} \Delta LU_{i-j}}{2\sum_{i=1}^{n} LU_i} \times \frac{1}{T} \times 100\% \tag{2-5}$$

式中，LC 是研究时段内综合土地利用动态度；LU_i 为测量开始时第 i 类土地利用类型的面积；ΔLU_{i-j} 是测量时段内第 i 类土地利用类型转为非 i 类土地利用类型 j 面积的绝对值；T 为测量时段长度。

生态学意义：LC 描述区域整体土地利用的变化速率。

2.2　年际时间尺度下纳帕海流域和湿地区景观格局变化及其驱动

2.2.1　基于 DEM 的纳帕海流域提取

为分水线所限而有径流流入干流及其支流的集水面积称为流域或集水区域(watershed)。流域是进行流域水文分析的基本要素与单元(鲁学军等，2004)。数字地形模型(DTM)、数字高程模型(DEM)作为地球空间信息框架的基本内容和其他各种信息的载体,在地球科学及其相关领域有着广泛的应用。这类地形数据的出现为流域参数的自动化提取提供了可能(Martz and Garbrecht,1992)。利用 DEM 可以方便地提取诸如水系、河网、下垫面等流域基本信息。在本研究中,由于未收集到现成的流域图,流域边界和水系的提取工作是以 1:5 万的 DEM(图 2-2,分辨率为 25m)为基础,在 ArcGIS 系统的水文分析模块中完成的(郝振纯和李丽,2002;Wang et al.,2004)。

高:4462m

低:3261m

0 2.5 5 10km

图 2-2 纳帕海流域高程图(彩图请扫封底二维码)

纳帕海湿地地处多山环抱的平原坝区,有多条河流汇入,常年洪泛使得主要湿地区海拔高差很小,利用现有 1:5 万 DEM 切割主要湿地区范围。1:5 万 DEM 在湿地微地貌的表征中精度较低,使得主要湿地区的水系提取存在较大误差,显然精度不够是减小误差的瓶颈。

另外,由于纳帕海特殊的地形因素,该区域在 DEM 总显示为一个大型洼地。如果按照 D8 算法默认对其进行填充,将使得水系倒置,产生错误。因此如何对洼地进行正确的处理,也成为水系与流域提取的关键问题(李翀和杨大文,2004)。本研究应用 ArcGIS 9.0 中的水文分析模块来实现纳帕海流域边界及水系的提取。

首先,按无缝拼接的操作程序对标准分幅的栅格 DEM 数据(4 幅,空间分辨率为 25m)进行了图像镶嵌,并将其投影转换为适合较小区域图形处理的阿伯斯投影(Albers projection)。其次,通过 Hydrology 模块对区域内洼地进行处理。洼地区域是水流方向不合理的地方。但是,并非所有的洼地区域都是由数据的误差造成的,有很多洼地是地表形态的真实反映(如纳帕海主要湿地区就是一个真实洼地)。因此在进行洼地填充之前,必须计算洼地深度,判断哪些地区是由数据误差造成的，哪些地区又是真实的地表形态。在洼地填充时，设置合理的填充阈值，成为正确处理洼地填充的关键(汤国安和杨昕，2006)。

洼地填充具体步骤如下：①通过 Flow Direction 工具提取水流方向；②通过 Sink 工具提取洼地，此时计算结果输出的洼地为数据误差形成的洼地，也就是需要消除填充的洼地；③通过 Watershed 工具计算上述洼地的贡献区域；④通过 Zonal 模块内 Zonal Statistic 工具计算每个洼地所形成的贡献区域的最低高程；⑤通过 Zonal Fill 工具计算每个洼地贡献区域出口的最低高程(洼地出水口高程)；⑥在 ArcMap 中加载 Spatial Analysis 模块，通过 Raster Calculator 命令，用每个洼地贡献区域的出水高程减去其最低高程，得到洼地的深度范围，为 0.0999～34.1001m，所以可以得出需要设置的填充阈值，为 34.1001m，取整数 35m；⑦通过 Fill 工具对上述洼地进行填充，并设置填充阈值为 35，得到填充后的无洼地 DEM；⑧重复以上步骤，再次填充新生成洼地，生成新的无洼地 DEM；并再次重复，发现没有新洼地生成，表示步骤⑧中无洼地 DEM 可用。

其次，通过 Fill Accumulation 工具计算汇流累积量。基于汇流累积量数据，使用 Map Algebra 模块中的 Multi Map Output 工具内 Con 命令，通过多次试验，沟谷阈值设定为 3000，运行得到河网。通过 Stream to Feature 工具将河网矢量化，去除未汇入纳帕海湿地区的河流，并结合地形图中河流要素的提取，就得到了纳帕海流域水系图(图 2-3)。

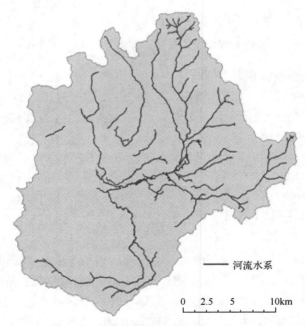

图 2-3　纳帕海流域水系图(彩图请扫封底二维码)

最后,通过 Stream Link 工具记录河网中结点之间的连接信息,并连接相对应的河网弧段。通过 Watershed 工具得到集水贡献区。将集水贡献区矢量化,结合水系图去除不相干贡献区,提取并生成流域边界。计算纳帕海流域总面积为 59 316hm²,与《中甸县志》中描述"集水面积 6 万 hm² 左右"基本一致。

2.2.2 纳帕海流域近 13 年来气候变化

根据纳帕海地区 1993～2006 年各月降水统计,年降水多年际变率仅为 0.16,但 10 月至翌年 5 月的各月降水多年际变率都在 0.7 以上,6～9 月的各月降水多年际变率在 0.3～0.4。年内各月降水差异显著,降水高度集中,连续最大 4 月降水一般发生在 6～9 月,占各年降水总量的比例变动于 63%～87%,平均达到 72.9%。有关研究和野外调查发现,随着 4～6 月气温逐渐回升,适时适量的降水对纳帕海流域(特别是流域内的湿地)生态变化具有重要的影响。由图 2-4 可知,在年、连续最大 4 月两个时间尺度上,1993～2006 时段可被划分为 1993～2002 平偏丰水年、2003～2006 连续偏枯水年前后时段。其中 2000 年、2002 年为明显的丰水年;而 4～6 月的总降水表现为明显的波动。

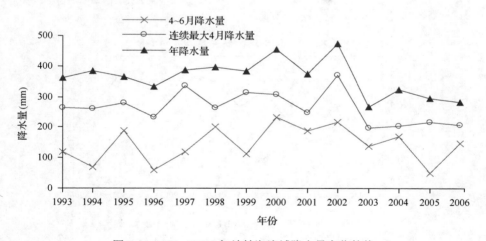

图 2-4 1993～2006 年纳帕海流域降水量变化趋势

本研究使用 Mann-Kendall(M-K 检验)方法,分析在 0.05 显著性水平上降水时间序列的突变趋势检验,图 2-5 中三个时间尺度上的降水在这一时段的变化均不显著,从这一趋势性检验结果可以认为,1993～2006 时段的降水并未出现显著的趋势性变化。因此,这一时段的流域降水动态变化对纳帕海流域总体景观格局的变化所产生的影响是有限的。

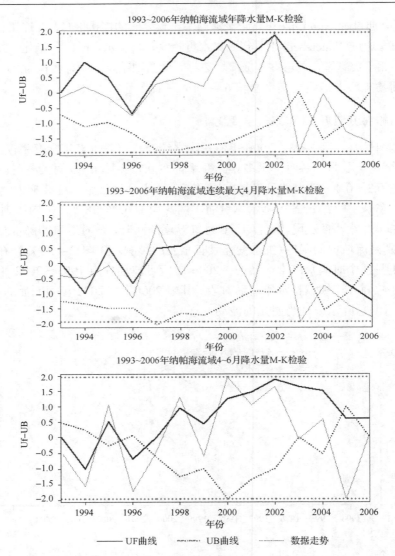

图 2-5　1993～2006 年纳帕海流域三个时间尺度上降水量 M-K 检验图

M-K 检验中，根据 *t* 检验临界值，当|Uf–UB|＞1.96 时表示 σ 在 0.05 水平上上升或下降趋势显著；
当|Uf–UB|＞2.576 时，上升或下降趋势为极显著（σ =0.01）

2.2.3　基于枯水期的景观格局变化分析的时相选择

纳帕海流域东西高、中间低，坝区被周围山系包围，形成盆地。集水区内所有来水均汇集于纳帕海湿地区，通过湿地区西北端的落水涵洞汇入金沙江的支流，形成一个半闭合型高寒湿地流域(图 2-6)。而纳帕海湿地的水量补给主要来自于直接降水、河渠及地下产汇流补给。所以本区域的降水数据可以间接地反映该地区水文因子的变化情势。

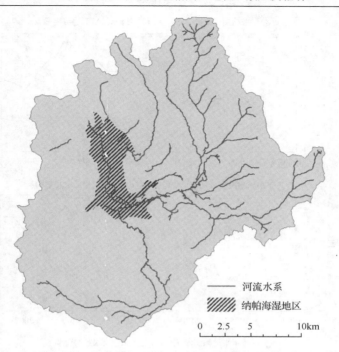

图 2-6 纳帕海湿地区位置图(彩图请扫封底二维码)

——— 河流水系
纳帕海湿地区

0 2.5 5 10km

由于流域面积较小,而香格里拉市气象站位于流域中部,因此可以使用香格里拉市气象站的降水与气温数据序列,来反映纳帕海流域的水文情势波动。水文、土壤和植被因子是调控和反映湿地结构与功能的 3 个基本指标,而水文因子又是决定土壤因子与植被因子变化的制约因子。湿地水文情势的改变,势必会导致湿地整体结构与功能的改变。而不同水文情势下的湿地结构具有明显的差异,以不同的水文情势为背景的景观格局研究结果可能大相径庭。所以本研究在年际尺度上选择研究时相时,着重考虑将流域水文情势相对稳定的时期作为本研究的时间控制点。

根据图 2-7 可以看出,利用 Mann-Kendall 方法,在 0.05 显著性水平上对 1980~2008 年的丰水期、枯水期,以及 10~12 月降水因子时间序列的突变分析发现:近 30 年来,丰水期降水因子变化超出了 0.05 的显著水平,波动较大;枯水期降水因子波动不显著,而 10~12 月降水因子的波动最小,尤其是 1994 年以来降水因子变化曲线非常平缓,非常适合在年际时间尺度上对较稳定的景观进行分析。由于 10 月中旬为纳帕海湿地快速退水时期,故选择 11 月和 12 月的遥感影像作为本底数据,描述 1994 年、2000 年和 2006 年 3 个时相的纳帕海流域景观格局。

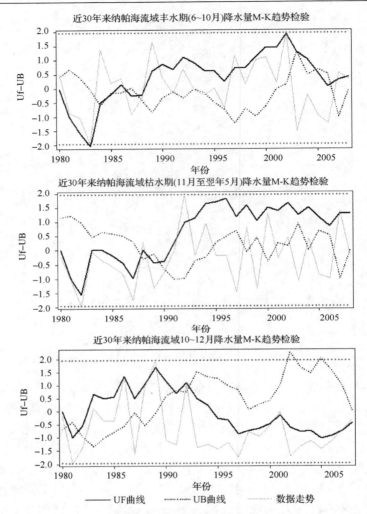

图 2-7　近 30 年来纳帕海流域三个时间尺度上降水量 M-K 趋势检验图

M-K 检验中，根据 *t* 检验临界值，当|Uf–UB|＞1.96 时表示 σ 在 0.05 水平上上升或下降趋势显著；
当|Uf–UB|＞2.576 时，上升或下降趋势为极显著（σ =0.01）

　　因此，本研究选择 1994 年、2000 年、2006 年退水时段（10 月下旬至 12 月下旬）Landsat TM 影像，来揭示 1994～2006 年纳帕海湿地景观格局变化。三期 Landsat TM 影像的时间分别为：1994 年 11 月 15 日、2000 年 12 月 25 日、2006 年 10 月 31 日。对上述影像数据进行几何校正（基准面为 WGS-84，UTM 投影 zone 47N）和辐射定标。通过 ENVI 4.8 对其进行监督分类，并根据 2008～2009 年野外调查进行实际修正，最终解译精度为 87.8%。

2.2.4　纳帕海流域景观分类

　　根据《土地利用现状分类》（GB/T 21010—2007）、相关土地利用分类研究，以及纳帕海流域及其湿地的生态特征，一级景观类型(type)划分为湿地和非湿地两类景观。在一级景观类型下划分二级景观亚类(sub-type)，其中湿地景观类型划分为明水湿地(open standing water，OSW，指地表积水且相对静态，不同于河流)、河流(stream，S，包括人工渠道与相对自然的河流)、沼泽-湿草甸(marsh-wet meadow，MWM)、库塘(pool，P)四类景观亚类；非湿地景观类型划分为旱地(dry farmland，DF)、林地(forestland，FL，包括有林地、灌木林地和其他林地)、中生草甸(mesophytic meadow，MM，包括亚高山和高山的中生草甸)、建设用地(construction land，CL)、裸地(bare land，BL)五类景观类型。

2.2.5 纳帕海流域景观变化

图 2-8 为 1994 年、2000 年和 2006 年枯水期纳帕海流域景观格局图。表 2-1、表 2-2 为纳帕海流域 1994~2000 年、2000~2006 年景观亚类的面积转移矩阵，图 2-9 为 3 个时期纳帕海流域各景观亚类总面积变化。总的来看，纳帕海流域以林地(66%~67%)、草地(14%~15%)和旱地(6%~7%)景观亚类为主，三者合占流域总面积的 87%~90%；流域湿地类景观共占 5.5%~6.6%。

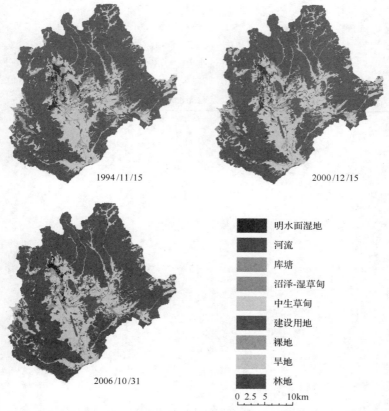

图 2-8 枯水期 3 个时期纳帕海流域景观格局(彩图请扫封底二维码)

表 2-1　纳帕海流域 1994~2000 年景观类型（亚类）面积转移矩阵（hm²）

1994 年 ＼ 2000 年	S	OSW	MWM	MM	CL	DF	BL	FL
S	146.9	4.4	31.5	37.5	23.4	36.0	2.8	1.5
OSW	3.6	831.3	258.2	154.4	4.2	20.7	5.2	27.5
MWM	29.2	236.3	1 007.0	802.8	65.7	94.3	9.4	78.3
MM	25.9	99.8	379.6	6 111.7	237.5	341.9	210.7	1 064.7
CL	6.5	7.0	15.9	44.2	666.6	213.9	9.7	3.1
DF	30.9	15.1	109.6	439.8	416.9	2 764.2	79.0	69.5
BL	3.9	12.7	18.3	511.0	17.7	138.1	1336.2	454.1
FL	9.9	14.0	113.9	1 260.2	7.9	77.9	203.5	37 861.3

表 2-2　纳帕海流域 2000~2006 年景观类型（亚类）面积转移矩阵（hm²）

2000 年 ＼ 2006 年	S	OSW	P	MWM	MM	CL	DF	BL	FL
S	55.7	5.2	30.1	57.2	30.9	19.5	42.8	7.2	8.3
OSW	4.4	517.3	0.0	371.1	271.8	7.5	27.8	11.0	9.8
MWM	25.9	146.2	12.9	752.6	597.7	41.4	162.5	28.7	166.0
MM	42.6	146.2	45.0	620.5	5 113.1	282.2	588.7	239.4	2 273.6
CL	8.8	5.4	0.0	25.9	100.6	1 050.6	217.5	8.5	22.7
DF	58.8	4.9	0.0	110.6	475.2	521.5	2 321.5	57.7	137.0
BL	1.5	11.1	3.5	6.9	858.4	49.4	71.2	350.1	504.4
FL	11.7	10.8	6.2	156.6	1 865.0	53.3	119.3	346.0	36 986.4

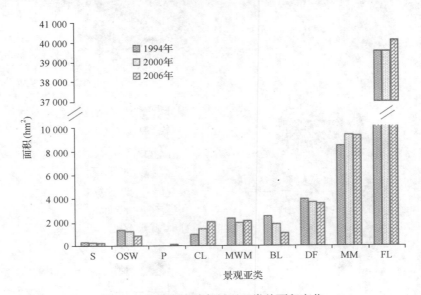

图 2-9　纳帕海流域各景观亚类总面积变化

流域三类主要景观中：①林地基本维持平衡，在2000～2006时段略有增加；两个时段均有一定面积的林地和中生草甸、旱地、裸地互为转换，在1994～2000时段林地转为中生草甸的面积要大于中生草甸转为林地的面积，但在2000～2006时段中生草甸转为林地的面积要明显大于林地转为中生草甸的面积；前后两个时段由裸地转为林地的面积均大于林地转为裸地的面积。②中生草甸在前一时段增加，后一时段基本保持平衡；前一时段的增加主要来自林地、沼泽-湿草甸、裸地、旱地等；后一时段虽保持平衡，但与林地、沼泽-湿草甸、旱地、建设用地、裸地等类型之间的互为转换面积较大。③旱地呈减少态势，减少的部分主要转为中生草甸和建设用地，以及沼泽-湿草甸；前后两个时段，由旱地转为建设用地的面积分别为417hm^2、522hm^2。

流域湿地类景观的总面积下降：①两个时段明水湿地面积均有减少，后一时段减少达1/3(373.6hm^2)，主要转为沼泽-湿草甸、中生草甸；②河流两个时段均有减少，转为沼泽-湿草甸、中生草甸、旱地、建设用地，后一时段因水库建设，部分河流转为库塘；③沼泽-湿草甸前一时段减少，但后一时段增加，虽然其总面积在两个时段变化幅度不大，但其和中生草甸之间的互相转换幅度最大，转换主要发生在流域坝区交错相邻分布的湿草甸和中生草甸之间。

纳帕海流域景观的单一动态度和综合动态度(表2-3)显示，流域景观综合动态度由23.37%上升到32.84%，表明流域景观转换速率总体上增加，变化幅度增大。相对于流域景观综合动态度而言，各景观亚类单一动态度的变化较复杂，其中：①呈明显负增加的有明水湿地、旱地、河流，表明三类景观亚类在后一时段减少的幅度更大；②林地前一时段基本平衡，而后一时段略有增加；③沼泽-湿草甸的景观动态度由负变正，表明前一时段减少，但后一时段增加；④动态度为正，但后一时段下降的有中生草甸、建设用地，表明这两类景观亚类面积增加，但后一时段增加幅度有所下降；⑤建设用地的景观动态度最大，表明尽管其占流域的面积比例较小，但城乡及公路建设对纳帕海流域的干扰较强。

表 2-3 纳帕海流域两个时段的景观动态度

亚类	1994 年 (hm^2)	2000 年 (hm^2)	2006 年 (hm^2)	D(%) (1994～2000 年)	D(%) (2000～2006 年)
S	284.11	256.93	209.41	−1.59	−3.08
OSW	1 305.32	1 220.74	847.06	−1.08	−5.10
MWM	2 323.06	1 933.90	2 101.41	−2.79	1.44
MM	8 471.68	9 361.62	9 312.71	1.75	−0.07
CL	966.98	1 440.05	2 025.43	8.15	6.78
DF	3 925.04	3 687.17	3 551.36	−1.01	−0.61
BL	2 491.99	1 856.50	1 048.57	−4.25	−7.25
FL	39 548.70	39 559.97	40 108.14	0.00	0.23
LC	—	—	—	23.37	32.84

注：1994～2000 年、2000～2006 年数据中的 D 是根据这两时段的端头年份相应的景观面积数据计算的

2.2.6　纳帕海湿地区景观变化

纳帕海流域湿地集中分布在纳帕海湿地区。图 2-10 为 3 个时期纳帕海湿地区景观图，该图显示在 1994～2000 时段、2000～2006 时段内，纳帕海湿地区景观格局变化较为显著，主要表现为：①湿地类（明水湿地、沼泽-湿草甸）大景观斑块的破碎化；②湿地类景观向非湿地类景观（如中生草甸）的转变及其面积萎缩；③空间上相邻分布的明水湿地向沼泽-湿草甸、沼泽-湿草甸向中生草甸的转变是湿地区景观变化的主要模式；④前一时段以湿地类景观的大斑块破碎化为主，后一时段以类型转变为主，如明水湿地小斑块向沼泽-湿草甸、沼泽-湿草甸小斑

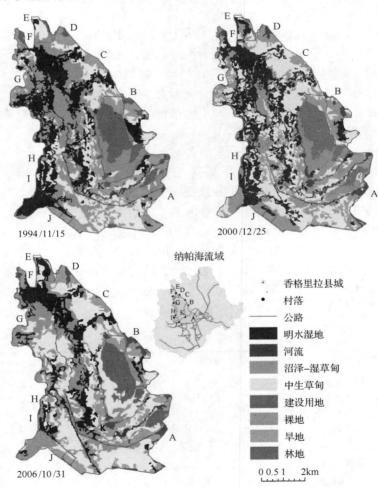

图 2-10　枯水期 3 个时期纳帕海湿地景观格局（彩图请扫封底二维码）

A～K 分别为：香格里拉县城、乃日村、宗达拉村、益司村、腊浪村、塔村、纳帕村、党茸村、哈木谷村、布伦村、康机村

块向中生草甸的转变;⑤1994 年前后,湿地类景观在纳帕海湿地区所占面积大于非湿地类景观,但至 2006 年,以中生草甸为主的非湿地类景观面积则明显超过了湿地类景观。

纳帕海湿地区的景观斑块数(NP)、蔓延度指数(CONTAG)、Shannon-Wiener多样性指数(SHDI)计算也表明(图 2-11):①1994~2000 时段,湿地区景观斑块数明显增加,这是由湿地类景观大斑块的破碎化所致;受这一影响,湿地区景观蔓延度指数也有所下降,表明湿地区同类景观斑块间的连通性下降;而湿地区景观 Shannon-Wiener 多样性指数也呈下降趋势,表明湿地区湿地类景观所占面积比例和非湿地类景观所占面积比例差异增大。②2000~2006 时段,湿地区景观斑块数显著下降,这是由于 1994~2000 时段破碎过程中生成的湿地类景观小斑块,转变成了中生草甸景观斑块,并与原有的中生草甸景观斑块合并,形成了中生草甸景观大斑块;随着中生草甸景观大斑块的形成,湿地区景观的蔓延度指数显著增加,湿地区景观斑块间的连通性又明显增加;同期湿地区景观 Shannon-Wiener 多样性指数则进一步下降,湿地类景观所占面积比例进一步下降。

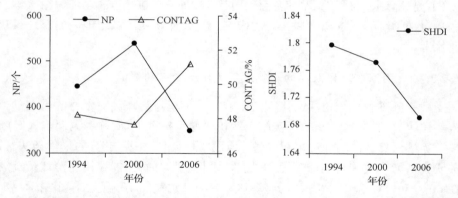

图 2-11 纳帕海流域湿地区景观的斑块数、蔓延度指数、Shannon-Wiener 多样性指数变化

这一变化过程从图 2-10 得到了直观反映,如图 2-10 西侧 G-H-I-J 村落一带,1994 年明水湿地呈大斑块、片状分布,大斑块间多互为连通。至 2000 年,该沿线明水湿地大斑块破碎化极为明显,部分(如 I 村落南侧)甚至直接转变为中生草甸和沼泽-湿草甸;至 2006 年,该村落沿线破碎化的明水湿地小斑块,有相当数量都转变为沼泽-湿草甸、中生草甸。表 2-1 和表 2-2 显示,3 个时期纳帕海流域湿地类景观的总面积分别为 3912.5hm^2、3411.5hm^2、3255.7hm^2,12 年(1994~2006年)来纳帕海流域湿地类景观的总丧失(转变)比例达到 16.8%。在纳帕海流域湿地集中分布区,至 2006 年,以中生草甸为主的非湿地类景观,已替代湿地类景观成为纳帕海湿地区的基质性景观。由此可见,1994~2006 时段,纳帕海流域湿地发生了一定的退化。

2.2.7　纳帕海流域及湿地区景观变化的驱动分析

2.2.7.1　流域气候变化的影响

由前述分析可知，在 1994～2000 年、2000～2006 年两时段，由明水湿地转为沼泽-湿草甸和中生草甸的面积分别为 426hm² 、629hm² 左右；由沼泽-湿草甸转为中生草甸的面积分别为 803hm²、598hm² 左右。这一变化主要发生在纳帕海湿地区，其变化直接受湿地区水文情势的变化驱动，而纳帕海湿地区水文情势变化又主要受流域降水变化的影响。基于两时段的纳帕海湿地区湿地景观变化和对应时段的降水变化，分析发现，尽管 2000 年相对于 1994 年为特丰水年，但 1994～2000 时段仍然有较大面积的明水湿地、沼泽-湿草甸景观转变成中生草甸景观，湿地景观的破碎化现象极为严重；至 2006 年，受 2003～2006 时段连续枯水年等的影响，前一时段因破碎化形成的湿地景观小斑块，进一步转变成中生草甸景观斑块，湿地区的湿地退化就显得更为严重。因此，可以认为，1993～2006 时段流域气候（主要是降水）的变化，尤其是后一时段中 2003～2006 年的连续偏枯水年的降水态势对纳帕海流域景观格局变化的影响，主要体现在流域湿地区的湿地景观格局变化上。

2.2.7.2　国家和地方政府的宏观政策变化所带来的影响

受高寒气候和传统生活文化等的影响，香格里拉县藏民对木材的需求量一直以来都比较大。尽管自 1998 年实施天然林资源保护工程（简称"天保工程"）后，纳帕海流域天然林的商业性采伐受禁，但民用材（建房、薪柴等）的采伐无法禁止。有关研究认为，实施"天保工程"以来，香格里拉县每年的民用材消耗量继续停留在 60 万 m³ 以上，仍然占禁伐前森林资源消耗总量的 70% 左右，相当于每年森林资源生长量的 50% 被低价值消耗掉。表 2-1 和表 2-2 显示，1994～2000 年、2000～2006 年前后两个时段纳帕海流域都有一定面积的林地转为中生草甸、裸地、旱地，也表明了流域林地的采伐依然在一定程度上存在。

2001 年中甸县更名为香格里拉县、2003 年世界自然遗产"三江并流"申请成功，以及迪庆州确立的"生态立州，产业强州"的发展方针之后，香格里拉县的生态旅游（湿地旅游、森林生态旅游、藏民居文化旅游等）蓬勃发展，推动了与旅游服务紧密相关的基础设施建设，导致香格里拉县的各类建材（石材、木材、砂石料等）需求量增大，而这些建材又主要取自县城周边山地，基本都在纳帕海流域内，在一定程度上导致了纳帕海流域山地生态的破坏，从而驱动流域景观（特别是林地）的相应变化。

当然，1998 年开始的"天保工程"建设和"生态立州"方针的推行，有效地促进了该县的林业生态保护。1998～2007 年，香格里拉县累计完成"天保工程"

公益林建设及退耕还林达到 119.15 万亩。从表 2-1 和表 2-2 来看,1994～2000 年、2000～2006 年两个时段内,纳帕海流域均有相当大面积的中生草甸、裸地及旱地等转变为林地景观。尽管由于纳帕海藏区特殊区情(如对木材的需求)、区域旅游快速发展和城镇化建设进程加快等,带来了一定的林地生态的破坏,但这一时期在国家和地方政府层面所实施的生态保护和恢复工程等有效地抑制了流域生态的破坏,区域发展和生态保护能够得以和谐推进。

2.2.7.3　区域人类活动对流域湿地景观格局变化的扰动

自 20 世纪 90 年代,香格里拉县社会经济快速发展,县城人口迅速增加,城乡基础设施建设快速发展,对纳帕海流域湿地景观格局产生了一定的影响,其中产生直接影响的活动主要有:县城城区的不断向外拓展、中甸机场及其周边公路的建设(1999 年)、龙潭河上游桑那水库的修筑(2004 年建成)、1999 年以来的纳帕海环湿地公路的改造、主要入湖河流的渠化改造、湿地区北部的落水洞改造工程等。

表 2-3 显示纳帕海流域的城乡建设用地的动态度最高,建设用地总面积由 1994 年的 966.98hm^2 增加到 2006 年的 2025.43hm^2,新增建设用地主要来自城乡周边的中生草甸和旱地景观,但也有一定的沼泽-湿草甸、河流(河漫滩)甚至是林地,被用作城乡建设用地(表 2-1,表 2-2),如 1999 年建成的中甸机场就占用了郎举刷河中游一带的河道及其河滨湿草甸等湿地区。

为满足日益攀升的人口供水、城乡防洪、农业灌溉等需求,香格里拉县于 2002 年 5 月建成了桑那水库,总库容达到 1500 万 m^3,约占纳帕海流域年总产水量(2.57 亿 m^3)的 5.8%。该水库使用后拦蓄了纳帕海流域最大的入湖河流——纳赤河上游的部分来水,在减轻下游和湿地区的洪涝风险的同时,使得湿地区湿地的水量补给减少,加上 2003～2006 时段为连续枯水年,对纳帕海湿地区湿地的生态演替产生了直接影响。为降低城区(机场)受山洪威胁而进行的入湖河流(纳赤河、郎举刷河、奶子河)的渠化改造,使得部分在丰水期能够接受河流补给的河滨湿地、沼泽-湿草甸等直接转变成了中生草甸景观,部分沿渠地段出现了大片的大狼毒(*Euphorbia jolkinii*)、瑞香狼毒(*Stellera chamaejasme*)等退化群落景观。

为改善环纳帕海湿地周边村落的通勤条件以促进农村社会经济发展,香格里拉县自 20 世纪末以来,开始逐步将沿湖土公路升级改造为石子路,环湿地公路不断拓宽延展。环湿地公路建设直接占用了沿线的裸地、中生草甸及部分沼泽-湿草甸景观;同时,公路路基石化(硬化)建设,使得纳帕海湿地西侧原本呈漫(散)流汇入纳帕海湿地的诸多山溪,都逐渐以河渠的形式进入湿地,其给公路沿线的沼泽-湿草甸甚至是明水湿地的漫流补给形式带来了明显的变化,如图 2-10 所示,公路沿线的部分明水湿地、沼泽-湿草甸景观发生了退化,演变成中生草甸甚至裸地等景观类型。

纳帕海流域是半封闭型的山间盆地，流域产流都汇入纳帕海湿地区，再通过湿地区北部落水洞汇入金沙江。受雨季降水集中的影响，纳帕海湿地区几乎每年都会发生洪泛灾害，如 2002 年坝区水位达 3264m，淹没了坝区周边的 214 国道和乡村公路，危害严重。为减轻坝区洪水危害，香格里拉县在部分入湖河流中上游建库拦蓄洪水的同时，2003 年以来又对湿地区北部的落水洞实施了疏浚工程，以加速落水洞的泄流，上游拦蓄、下游促排，导致纳帕海湿地区水文情势的一些改变和湿地区湿地景观格局的变化。

2.3　纳帕海湿地区景观格局季节性动态及其驱动

2.3.1　研究纳帕海高原湖沼湿地景观格局季节性动态的意义

纳帕海流域是半封闭型流域，流域地表和地下汇流基本都进入纳帕海湖沼湿地，再通过湿地北部的喀斯特落水洞汇入金沙江干流。由于在冬夏受青藏高原南支西风和印度洋西南季风的交替控制，流域气候季节分异极为显著（表 2-4），特别是降水的季节分异，对纳帕海湿地的年内水文生态变化产生了直接的驱动。通常在 6 月降水逐渐增多，纳帕海湿地水位开始上升，明水面不断扩大并持续到 8～9月；此后随着流域降水减少和落水洞持续排水，湿地水位开始逐渐缓慢回落，通常会持续到第二年的 3～5 月达到最低水位。

表 2-4　纳帕海湿地区气候的年内分异和多年际变异（1961～2007 年）

月份	1	2	3	4	5	6	7	8	9	10	11	12
多年平均月气温（℃）	−3.1	−0.9	2.2	5.4	9.7	13.0	13.5	12.9	11.4	6.9	1.5	−2.3
月气温多年际变异系数	0.4	1.5	0.4	0.2	0.1	0.1	0.0	0.0	0.1	0.2	0.9	0.5
多年平均月降水量（mm）	7.4	15.4	29.5	28.8	32.4	82.4	156.0	150.3	79.1	41.6	10.7	4.7
多年月平均降水百分比（%）	1.2	2.4	4.6	4.5	5.1	12.9	24.4	23.5	12.4	6.5	1.7	0.7
各月降水的多年际变异系数	1.2	0.8	0.4	0.3	0.4	0.2	0.4	0.3	0.4	1.0	1.3	1.4

因此，由降水的季节分异而导致的年内纳帕海湿地水文生态的分异很大。拟用两个时间节点来分割纳帕海湿地区年内景观分异的连续波动，第一个时间节点为 10 月上旬，即湿地水位最高的时段；第二个时间节点为 5 月上旬，即湿地水位最低的时段。对这两个时间节点的纳帕海湿地区景观分异进行判读，可以分析出湿地区景观在年内时间尺度上的变化范围。

2.3.2　数据源选取与湿地区景观分类

2008 年冬季环纳帕海湿地公路的修建工程施工导致对落水洞的封堵，直至2009 年 1 月上旬，纳帕海湿地水位仍然没有回落，以及在 10 月上旬这个时间节点没有可用的高精度遥感数据,故本研究选择对 2008 年 12 月上旬的 SPOT-5(5m 分辨率)全色波段遥感影像进行目视解译,来代替描述纳帕海湿地水位最高时期的景观格局。另外,选择对 2009 年 5 月上旬的 Landsat ETM+ 15m 多光谱融合遥感影像进行目视解译,来描述该时间节点纳帕海湿地区的景观格局。由于数据源精度不同,在对研究区域景观要素进行计算、分析时,将数据转化成 15m×15m 栅格数据,从而统一精度。

随着数据源精度的提高,对区域景观的判读精度也随之增加,所以本次纳帕海湿地区景观分类在流域尺度景观分类基础上,增加或细化了一些景观类型(亚类)。划分一级景观类型(type):灌木林地(shrub land,SL)、建筑用地(building area,BL)、旱地(dry farmland,DF)、沼泽(marshland,ML)、明水湿地(open water,OW,指地表有明积水,但不包括河流)、河流(stream,S)、草甸(meadow,M)和破坏地(destroyed land,DL)。

在一级景观类型下,根据水文情势和人为干扰强度等差异划分二级景观亚类(sub-type)。其中,明水湿地分为深明水湿地(≥40cm,deep open water,DOW)与浅明水湿地(<40cm,shallow open water,SOW);沼泽分为典型沼泽(typical marshland,TML)与草甸化沼泽(meadow marshland,MML);草甸分为湿草甸(wet meadow,WM)与中生草甸(mesophytic meadow,MM);建筑用地分为村落(village,V)、道路(road,R)与城镇(town,T);河流分为人工渠道(canal,C)与自然河道(natural stream,NS);破坏地分为破坏后的裸地(destroyed bare land,DB)与破坏后的短期恢复地(short-term recovering destroyed land,SRD)。而灌木林地和旱地不再划分二级景观亚类。

2.3.3　纳帕海湿地区景观季节变化

图 2-12 为 2008 年 12 月、2009 年 5 月的纳帕海湿地区景观图,显示出纳帕海湿地区主要景观类型(亚类)在上述两个时相(季节)上的变化。从整体上来看,湿地主要分布在研究区北部的纳帕海湖区及湖滨带,其次是汇入纳帕海湿地的河渠下游及河滨带,以及部分低洼地。纳帕海湿地区湿地以明水湿地为主,但季节变化显著,主要表现为深明水湿地和浅明水湿地之间、浅明水湿地与湿-中生草甸之间的季节转换。从本研究时段来看,冬季时(2008 年 12 月)深明水湿地仍然为区域湿地的主体,其次是呈斑块分布的浅明水湿地及河渠湿地;而在春季(2009 年 5 月),浅明水湿地为区域湿地的主体,仅在北部落水洞一带有小面积的深明水湿地分布。

湿地类景观:七类湿地景观亚类的总面积(湿地率)由冬季的 1968.20hm^2(52.60%)减少到春季的 956.52hm^2(25.56%)。其中,深明水湿地约由 732hm^2 减少为 87hm^2,减幅最大;浅明水湿地约由 623hm^2 减少为 408 hm^2;沼泽(主要为草甸

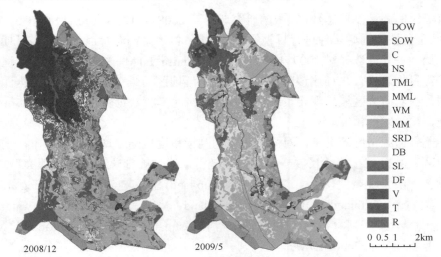

图 2-12　2008 年 12 月、2009 年 5 月的纳帕海湿地区景观图(彩图请扫封底二维码)

化沼泽)略有减少,约由 204hm² 降至 140hm²;湿草甸约由 345hm² 降至 177hm²。而研究区内的河渠湿地也发生了一定的变化,面积由冬季的 61hm² 增至春季的 143hm²,这一变化部分来自于 2008 年 12 月高水位时被淹没的下游河段(其时表现为明水湿地)在 2009 年 5 月低水位时显露出来;部分可能因遥感影像解译误差所致,因为研究区除了纳赤河和郎举刷河较宽外,其他河渠的宽度基本小于 5m,而两个时相的遥感影像的分辨率分别为 5m 和 15m,基于遥感影像的河渠湿地的解译自然会产生一定的误差。

非湿地类景观:在 8 类非湿地景观(类和亚类)中,中生草甸变化最大,面积从冬季的 913hm² 增至春季的 1673hm²;破坏地由 296hm² 增至 588hm²;建筑用地、旱地及灌木林地的面积变化不大。

2.3.4　纳帕海湿地区景观类型转化

基于马尔可夫转移矩阵,计算两个时段纳帕海湿地区的景观类型(亚类)间的面积转移,如表 2-5 所示。湿地类景观中,深明水湿地(DOW)减幅最大,达 645hm²,主要转化为浅明水湿地(SOW)、中生草甸(MM)、破坏后的裸地(DB)、破坏后的短期恢复地(SRD)、湿草甸(WM)。其次,浅明水湿地减少了 215hm²,主要转化为中生草甸、破坏后的裸地、破坏后的短期恢复地、湿草甸。再次,湿草甸减少了 169hm²,主要转化为中生草甸(MM)、破坏后的裸地、破坏后的短期恢复地。而部分深明水湿地(13.9hm²)、浅明水湿地(37hm²)分别转化为河渠湿地(S),可能就是入湖河渠的下游河段在高水位时(2008 年 12 月)被淹没,而在低水位时(2009 年 5 月)又显露出来。

表 2-5　纳帕海湿地区景观类型(亚类)面积转移矩阵(2008/12～2009/5)(hm²)

	DOW	SOW	M	WM	MM	BA	DF	DB	SRD	S	SL	2008/12
DOW	83.5	254.3	5.2	43.6	221.6	3.6	0.6	41.9	64.4	13.9	0.0	732.5
SOW	1.9	96.3	4.2	39.6	219.0	3.6	6.6	138.1	77.0	37.0	0.0	623.2
M	0.4	4.6	118.6	26.1	33.3	1.7	3.3	7.8	4.0	4.8	0.0	204.5
WM	0.0	8.5	4.7	28.1	204.2	1.9	9.5	43.0	33.5	12.8	0.2	346.2
MM	0.4	9.3	3.8	12.9	742.5	7.6	33.3	38.2	41.9	22.4	1.8	914.0
BA	0.4	2.3	0.7	4.1	34.4	65.7	22.0	2.2	2.4	3.6	0.9	138.6
DF	0.6	7.3	0.6	5.5	43.9	31.5	309.8	3.0	3.0	3.6	0.0	408.7
DB	0.0	2.0	1.1	3.7	47.7	0.1	0.8	10.0	10.1	4.1	0.1	79.6
SRD	0.0	22.6	0.5	12.6	104.9	0.5	0.4	34.5	29.3	11.5	0.2	216.5
S	0.0	1.2	1.1	1.4	21.0	0.5	2.1	2.2	2.6	29.5	0.0	61.7
SL	0.0	0.0	0.0	0.0	1.2	0.9	0.4	0.0	0.0	0.0	13.7	16.2
2009/5	87.2	408.4	140.5	177.6	1673.7	117.1	388.8	320.9	268.2	143.2	16.9	3741.7

　　非湿地类景观中,中生草甸景观亚类的面积显著增加至 760hm² 左右,增加部分主要来自于深明水湿地、浅明水湿地、湿草甸、破坏后的短期恢复地的转化,分别达 221hm²、219hm²、204hm²、104hm²;而部分中生草甸也转化为其他景观类型(亚类),如破坏后的短期恢复地(42hm²)、破坏后的裸地(38hm²)、旱地(33hm²)。在非湿地类景观中,破坏后的裸地、破坏后的短期恢复地都明显增加,分别为 241hm²、52hm²。其中前者的增加主要来自于浅明水湿地(138.1hm²)、湿草甸(43.0hm²)、深明水湿地(41.9hm²)、中生草甸(38.2hm²)、破坏后的短期恢复地(34.5hm²)的转化;后者主要来自于浅明水湿地(76.9hm²)、深明水湿地(64.4hm²)、中生草甸(41.9hm²)、湿草甸(33.5hm²)、破坏后的裸地(10.1hm²)的转化。

　　由表 2-5 可知,尽管本研究时段以由湿地类景观向非湿地类景观变化为主,但也有类似于中生草甸向湿草甸(12.9hm²)、浅明水湿地(9.3hm²)的转化,在湿地水位下降、湿地萎缩的背景下,由遥感影像解译所反映的这一过程可能在局地区域存在,但也可能由影像分辨率和解译误差所致。

2.3.5　纳帕海湿地区景观类型的空间变化

　　计算出两个时段的纳帕海湿地区各景观类型(亚类)的质心坐标,绘制成图(图 2-13),直观地显示出两个时段间纳帕海湿地区的各景观类型(亚类)的质心在空间上的位移。图 2-13 中的实心标识和空心标识分别表示冬季(2008 年 12 月)和春季(2009 年 5 月)纳帕海湿地区的各湿地景观类型(亚类)的质心,由冬季至春末,纳帕海湿地区几乎所有的景观类型(亚类)质心,都有向研究区西北部落水洞一带偏移的趋势。计算纳帕海湿地区各景观类型(亚类)质心的空间偏移距离,如表 2-6 所示。

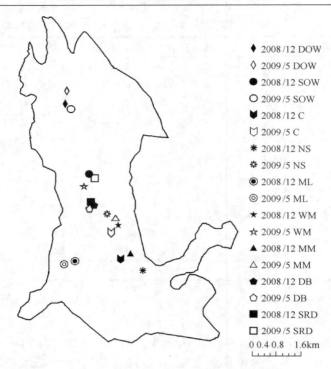

图 2-13   纳帕海主要景观类型质心偏移图

表 2-6   纳帕海湿地区主要景观类型（亚类）质心的偏移距离（2008/12～2009/5）

景观类型	偏移距离(m)	景观类型	偏移距离(m)
深明水湿地	452.42	人工渠道	971.21
浅明水湿地	2282.96	各湿地景观亚类合计	629.79
沼泽(典型、草甸化)	367.64	中生草甸	1313.95
湿草甸	1719.86	破坏后的裸地	201.24
自然河道	2242.12	破坏后的短期恢复地	810.39

2.3.6   纳帕海湿地区破坏地景观的增加

根据 2008/12～2009/7 时段的多次野外地面调查,发现在纳帕海湿地区存在较大面积被家畜破坏的景观(图 2-14)。根据破坏区地表植被覆盖度和物种类型等特征,将其划分为两类:一是,破坏后的裸地,完全裸露,地表基本无植被覆盖;二是,破坏后的短期恢复地,土壤被破坏的特征仍清晰可见,短期恢复地内先行定植的植物与周边未破坏生境的植物在覆盖度、物种类型、物种优势度、生物量等方面具有显著的差异。

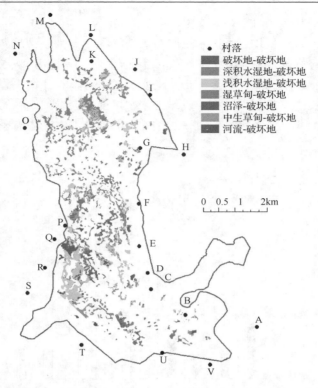

图 2-14　2008/12～2009/5 纳帕海湿地区各类景观转换为破坏地类型图(彩图请扫封底二维码)
图中 A～V 为纳帕海湿地区沿边一带的城镇及村落，依次为：A.香格里拉县城；B.开那；C.康机；
D.下学；E.布谷；F.约耐；G.依拉；H.乃日；I.宗达拉；J.比浪；K.共比；L.益司；M.腊浪；
N.塔；O.纳帕；P.儿墓；Q.独若；R.觉茸；S.哈木谷；T.布伦；U.雌哦；V.吓土

　　由表 2-5 可知，破坏地景观(DB、SRD)的增加主要来自浅明水湿地、深明水湿地、湿草甸、中生草甸等被家畜破坏。图 2-14 为纳帕海湿地区各景观类型(亚类)转换成破坏地类型示意图，显示了纳帕海湿地区的破坏地景观呈斑块状分布于整个研究区内，在部分区域甚至成片分布，如图 2-14 中显示的研究区西南部(P～S 村落东侧)、研究区北部纳帕海湖区的东南(I 村落西侧)。两亚类的破坏地总面积已经占到研究区总面积的 15.74%左右，其中破坏后裸地的面积约占 8.57%。

2.3.7　纳帕海湿地区景观季节变化的气候背景

　　上述分析表明，纳帕海湿地区的景观由冬季(2008/12)至春季(2009/5)的季节变化明显。在 7 个湿地景观亚类中，除了河流湿地面积有所增长外，其他各湿地景观亚类的面积都呈减少趋势，特别是深明水湿地、浅明水湿地、湿草甸的减幅极为显著。2008 年冬至 2009 年春纳帕海湿地类景观的季节性萎缩与该时段的区域降水情势密不可分。图 2-15 表明，自 2008 年 11 月～2009 年 5 月，在纳帕海湿地区除 2009 年 2 月的降水量高于多年(1961～2008 年)月平均降水量外，其他 6

个月都分别低于其多年月平均降水量,尤其是 2009 年春季(3~5 月)降水总量只有 65.80mm,比多年平均春季降水量减少了 24.97mm。由于纳帕海湿地的水量补给主要来自于直接降水、河渠及地下产汇流补给,特别是随着 4~5 月气温的回升(表 2-4),流域适时的降水-产汇流形成的水资源补给,将在很大程度上决定了纳帕海湿地的水文生态状态,过少或过量的来水可能都会导致纳帕海湿地水文生态过程的异常,因此春季降水量的改变对纳帕海湿地区的水文生态季节演替起着重要的驱动作用。

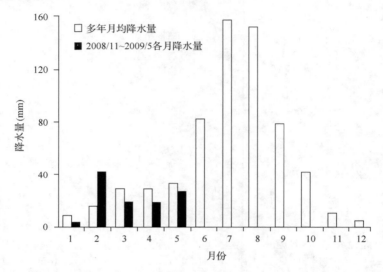

图 2-15   研究时段纳帕海流域各月降水量与多年(1961~2008 年)月平均降水量对比图

2009 年春季降水显著偏少,纳帕海湿地区的水量补给锐减,从而导致研究区湿地类景观的季节性萎缩,其中由深明水湿地、浅明水湿地、湿草甸、沼泽等湿地类景观转换成非湿地类的中生草甸景观面积达 678hm^2,约占研究区总面积的 18%。

2.3.8 纳帕海湿地区景观季节变化的人为活动背景

在本研究时段,纳帕海湿地区有较大面积的湿地类景观转换成非湿地类景观,尤其是转换成破坏地景观。直接由深明水湿地、浅明水湿地、湿草甸、沼泽等典型湿地类景观转换成破坏地景观的面积达 410hm^2,约占研究区总面积的 11%。这一转换主要是由于春季湿地区水位的下降,各类湿地逐渐裸露出来,地表土壤潮湿,为湿地周边村落养殖的大量家畜放养提供有利的环境,在本研究地面调查期间,估计有数百头的家猪在研究区内的湿地区拱食,直接导致了湿地类景观的破坏。当年被杂交猪新拱翻的湿地区一般都呈全裸地,拱翻土壤深度一般都能达到 20~30cm,破坏极为严重。如图 2-14 中 P~S 村落东侧的成片破坏地,为家畜常年破坏区,该区域植被仅在每年的 7~10 月湿地高水位期间能得到一定的恢复;

图 2-14 中 G～K 村落一带的西侧，是周边村落放牧的主要草场，该片地区近年来成为纳帕海最负盛名的草原观景区，旅游者和马匹的践踏强度大，也形成了较大面积的破坏地景观。

2.4　不同退化类型的景观斑块植物群落空间格局初步分析

基于 2009 年 6 月、7 月和 8 月对纳帕海湿地区进行的 3 次植被调查，以及 364个样方的整理和校对，尤其是针对分布于破坏后的裸地与破坏后的短期恢复地等景观斑块上的植物群落样方，进行归并、总结和分类，分析纳帕海湿地植物群落在人为干扰(家畜放养)后的自我恢复过程。

2.4.1　不同类型斑块代表性植物群落的对比

2.4.1.1　斑块分类

根据对 2009 年 6～8 月纳帕海湿地区内植物生长情势的认识，初步将纳帕海湿地区植物群落按干扰(或破坏)程度不同，分为 4 种斑块类型：①近原生植物群落斑块；②长期恢复植物群落斑块；③短期恢复植物群落斑块(恢复 2 年以内)；④完全被破坏的裸地斑块。再将前两种斑块类型细化为 5 种斑块亚类，其中近原生植物群落斑块可分为：①近原生水生植物群落斑块；②近原生湿生植物群落斑块；③近原生中旱生植物群落斑块。长期恢复植物群落斑块可分为：①长期恢复垄地斑块(农田撂荒后)；②狼毒群落斑块。

2.4.1.2　近原生植物群落与长期、短期恢复植物群落的对比

纳帕海湿地区，一直以来就是当地居民用来放牧的四季牧场，因而长期受到来自畜牧的人为干扰。但是 1950 年以来，随着国家和地区政策的不断变化，多种高强度的人为复合干扰显著改变了区域的湿地特征，如 20 世纪 60 年代后期大面积农业开垦对湿地区水文情势的改变；70 年代以来对 5 条主要入湿河道的裁弯取直、修筑水坝工程，改变了河流的形态结构和功能；90 年代末，纳帕海湿地的旅游开发对湿地地表土壤理化性质的改变等，都对湿地植物群落影响深远。

表 2-7 列出了湿地区近原生植物群落、长期恢复植物群落、短期恢复植物群落中的典型群落(由于完全被破坏的裸地上几乎没有植物生长，因此不在表中列出)。比较发现，长期恢复垄地斑块中的典型群落优势种和近原生中旱生植物群落有很大的相似性；而短期恢复植物群落斑块中的典型群落优势种与 3 种近原生植物群落差异很大，说明短期恢复植物群落斑块中的这几种优势植物物种为群落演替的先锋物种。而由以这些先锋物种为主的植物群落构成了纳帕海湿地区退化后恢复的次生群落。

表 2-7　各种斑块类型(亚类)内典型植物群落对比

典型植物群落名称	近原生植物群落			长期恢复植物群落		短期恢复植物群落
	近原生水生植物群落	近原生湿生植物群落	近原生中旱生植物群落	长期恢复基地	狼毒群落区	—
	水葱-小黑三棱群落 Com. Scirpus tabernaemontani - Sparganium simplex	云雾苔草群落 Com. Carex nubigena	华扁穗草群落 Com. Blysmus sinocompressus	云雾苔草群落 Com. Carex nubigena	黄苞大戟群落 Com. Euphorbia sikkimensis	沼生蔊菜群落 Com. Rorippa islandica
	杉叶藻-光叶眼子菜群落 Com. Hippuris vulgaris- Potamogeton lucens	华扁穗草群落 Com. Blysmus sinocompressus	云雾苔草群落 Com. Carex nubigena	短葶飞蓬群落 Com. Erigeron breviscapus	车前-狼毒群落 Com. Plantago asiatica-Stellera chamaejasme	光叶眼子菜群落 Com. Potamogeton lucens
	刘氏荸荠群落 Com. Heleocharis liouana	舌叶苔草群落 Com. Carex ligulata	夏枯草群落 Com. Prunella vulgaris	华扁穗草群落 Com. Blysmus sinocompressus	大狼毒-西南野古草群落 Com. Euphorbia jolkinii-Arundinella hookeri	酸模叶蓼群落 Com. Polygonum lapathifolium
	菹草群落 Com. Potamogeton crispus	云生毛茛群落 Com. Ranunculus nephelogenes	锡金早熟禾群落 Com. Poa sikkimensis	锡金早熟禾群落 Com. Poa sikkimensis	大狼毒-狼毒群落 Com. Euphorbia jolkimii- Stellera chamaejasme	灰叶蕨麻群落 Com. Potentilla anserina var. sericea
	穗状狐尾藻-水毛茛群落 Com. Myriophyllum spicatum- Batrachium bungei	嵩草群落 Com. Kobresia myosuroides	早熟禾群落 Com. Poa annua	湿地银莲花群落 Com. Anemone rupestris	椭圆叶-花锚群落 Com. Halenia elliptica	刘氏荸荠群落 Com. Heleocharis liouana
	睡菜群落 Com. Menyanthes trifoliata	偏花报春群落 Com. Primula secundiflora	短葶飞蓬-西南牡蒿群落 Com. Erigeron breviscapus-Artemisia parviflora		匙叶千里光群落 Com. Senecio spathiphyllus	荠-尼泊尔蓼群落 Com. Capsella bursa-pastoris- Polygonum nepalense
	菰群落 Com. Zizania latifolia	管状长花马先蒿群落 Com. Pedicularis longiflora Rudolph var. tubiformis	美头火绒草群落 Com. Leontopodium calocephalum		—	水蓼群落 Com. Polygonum hydropiper

2.4.2 短期恢复植物群落的空间分布及其典型群落构成

由于人为干扰对整个纳帕海湿地区影响很大，因此短期恢复植物群落斑块在整个湿地区呈点状分布(图 2-16)。

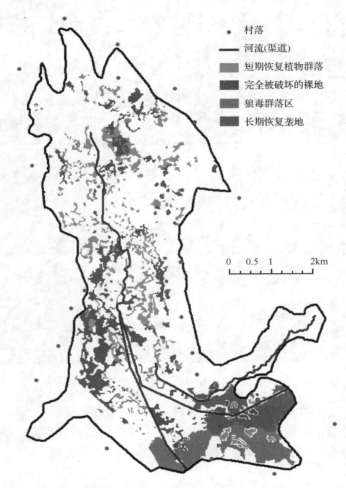

村落
河流(渠道)
短期恢复植物群落
完全被破坏的裸地
狼毒群落区
长期恢复垄地

0 0.5 1   2km

图 2-16　纳帕海湿地区各退化类型空间分布图(彩图请扫封底二维码)

短期恢复植物群落斑块(图 2-17a～f)有以下特点。

1)群落总盖度较低，一般在 70%以下，有的甚至低于 30%。

2)群落物种较少，优势种优势明显。

3)群落内地表土壤松散，地表凹凸不平，仍有被破坏的痕迹。

2009 年野外调查所记录的这一类型斑块，按照群落优势种(建群种)来看，大概有以下七类，并根据相关群落斑块的地表土壤特征，初步估计这一斑块群落大概的恢复时间。

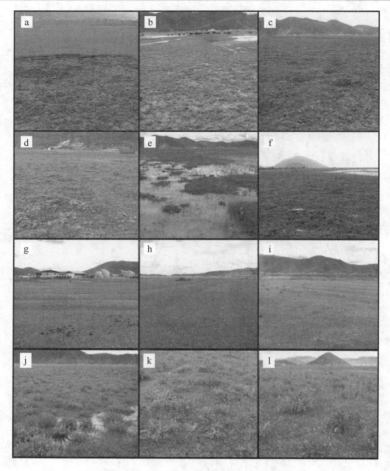

图 2-17　纳帕海部分退化群落照片(彩图请扫封底二维码)

按照多优度和群集度打分来描述群落结构特征如下。

1)沼生蔊菜群落(Com. *Rorippa islandica*),其物种构成和群落结构如表 2-8 所示,判定此群落恢复时间为半年以内。

表 2-8　沼生蔊菜群落结构特征

物种名称	多优度	群集度
沼生蔊菜(*Rorippa islandica*)	2	3
酸模叶蓼(*Polygonum lapathifolium*)	2	2
刘氏荸荠(*Heleocharis liouana*)	+	2
水葱(*Scirpus tabernaemontani*)	+	1
云雾苔草(*Carex nubigena*)	+	1

2)光叶眼子菜群落(Com. *Potamogeton lucens*),其物种构成和群落结构如表 2-9 所示,判定此群落恢复时间为两年以内。

表 2-9 光叶眼子菜群落结构特征

物种名称	多优度	群集度
光叶眼子菜(*Potamogeton lucens*)	3	3
菹草(*Potamogeton crispus*)	2	3
五刺金鱼藻(*Ceratophyllum oryzetorum*)	+	2
穗状狐尾藻(*Myriophyllum spicatum*)	+	1
杉叶藻(*Hippuris vulgaris*)	+	1
星花灯心草(*Juncus diastrophanthus*)	+	1
看麦娘(*Alopecurus aequalis*)	+	1
木里苔草(*Carex muliensis*)	+	1
北水苦荬(*Veronica anagallis-aquatica*)	+	1
水毛茛(*Batrachium bungei*)	+	1
苹(*Marsilea quadrifolia*)	+	1
酸模叶蓼(*Polygonum lapathifolium*)	+	1
水茫草(*Limosella aquatica*)	+	1

3)酸模叶蓼群落(Com. *Polygonum lapathifolium*),其物种构成和群落结构如表 2-10 所示,判定此群落恢复时间为 3 个月以内。

表 2-10 酸模叶蓼群落结构特征

物种名称	多优度	群集度
酸模叶蓼(*Polygonum lapathifolium*)	2	3
菹草(*Potamogeton crispus*)	+	1
锡金早熟禾(*Poa sikkimensis*)	+	1
水毛茛(*Batrachium bungei*)	+	1
沼生蔊菜(*Rorippa islandica*)	+	1

4)灰叶蕨麻群落(Com. *Potentilla anserina* var. *sericea*),其物种构成和群落结构如表 2-11 所示,判定此群落恢复时间为两年以内。

表 2-11 灰叶蕨麻群落结构特征

物种名称	多优度	群集度
灰叶蕨麻(*Potentilla anserina* var. *sericea*)	3	3
藜(*Chenopodium album*)	+	1
云雾苔草(*Carex nubigena*)	+	1
水蓼(*Polygonum hydropiper*)	+	1
地榆(*Sanguisorba officinalis*)	+	1
华扁穗草(*Blysmus sinocompressus*)	+	1
杉叶藻(*Hippuris vulgaris*)	+	1

5）刘氏荸荠群落（Com. *Heleocharis liouana*），其物种构成和群落结构如表 2-12 所示，判定此群落恢复时间为 3 个月以内。

表 2-12　刘氏荸荠群落结构特征

物种名称	多优度	群集度
刘氏荸荠（*Heleocharis liouana*）	2	2
水蓼（*Polygonum hydropiper*）	1	1
地榆（*Sanguisorba officinalis*）	+	1

6）荠-尼泊尔蓼群落（Com. *Capsella bursa-pastoris-Polygonum nepalense*），其物种构成和群落结构如表 2-13 所示，判定此群落恢复时间为两年以内。

表 2-13　荠-尼泊尔蓼群落结构特征

物种名称	多优度	群集度
荠（*Capsella bursa-pastoris*）	3	3
尼泊尔蓼（*Polygonum nepalense*）	3	3
锡金早熟禾（*Poa sikkimensis*）	+	2
华扁穗草（*Blysmus sinocompressus*）	+	1
萹蓄（*Polygonum aviculare*）	+	1
草血竭（*Polygonum paleaceum*）	+	1
云雾苔草（*Carex nubigena*）	+	1
沼生蔊菜（*Rorippa islandica*）	+	1

7）水蓼群落（Com. *Polygonum hydropiper*），其物种构成和群落结构如表 2-14 所示，判定此群落恢复时间为 3 个月内。

表 2-14　水蓼群落结构特征

物种名称	多优度	群集度
水蓼（*Polygonum hydropiper*）	1	2
灰叶蕨麻（*Potentilla anserina* var. *sericea*）	+	1
藜（*Chenopodium album*）	+	1
荠（*Capsella bursa-pastoris*）	+	1
菹草（*Potamogeton crispus*）	+	1

2.4.3　长期恢复垄地的空间分布及其典型群落构成

长期恢复垄地斑块位于纳帕海湿地区东南部（图 2-16），靠近香格里拉县城区，周围村落密集，人为干扰强烈（图 2-17g～i）。此类斑块产生于农业垦殖，后由多种原因撂荒所形成，地表清晰可见地垄，在纳帕海湿地区呈片状分布，是长期恢复的一类重要斑块。

从 1973 年绘制的中甸地区 1∶50 000 地形图上的景观格局来看，此类斑块所在区域在 1973 年仍以可通行的沼泽为主的斑块类型；地形图中此区域周边的河流也仍以自然河流为主要形态。其中，主要的入湿河流(纳赤河与奶子河)仍可以在洪水期向周边地区洪泛，为周边地区的湿地形成和维持提供充足的水量。所以此类斑块的形成主要是因为：一方面，政策要求对此区域进行排水垦殖；另一方面，政府对河流进行裁弯取直，限制了河流对周围湿地水量的补给。前者直接改变了此区域的斑块类型，后者改变了此区域的水文情势。而后经过二三十年的自我恢复(撂荒)，便形成了目前的斑块类型。

长期恢复垄地有以下几个特点：地表为波浪状垄地，仍有三四十年前被开垦过的痕迹；植被覆盖度较高，群落结构、植物种类已经基本接近近原生中旱生群落。

1) 表 2-15 为云雾苔草群落物种构成与群落结构。

表 2-15　云雾苔草群落结构特征

物种名称	多优度	群集度
云雾苔草(*Carex nubigena*)	5	5
三色马先蒿(*Pedicularis tricolor*)	4	4
灰叶蕨麻(*Potentilla anserina* var. *sericea*)	2	2
云生毛茛(*Ranunculus nephelogenes*)	+	2
草血竭(*Polygonum paleaceum*)	+	2
毛茛(*Ranunculus japonicus*)	+	1
华扁穗草(*Blysmus sinocompressus*)	+	1
锡金早熟禾(*Poa sikkimensis*)	+	1
水麦冬(*Triglochin palustre*)	+	1

2) 表 2-16 为短葶飞蓬群落物种构成与群落结构。

表 2-16　短葶飞蓬群落结构特征

物种名称	多优度	群集度
短葶飞蓬(*Erigeron breviscapus*)	3	3
灰叶蕨麻(*Potentilla anserina* var. *sericea*)	2	3
鹰爪豆(*Spartium junceum*)	1	2
黄鹌菜(*Youngia japonica*)	+	1
三色马先蒿(*Pedicularis tricolor*)	+	1
蒲公英(*Taraxacum mongolicum*)	+	1
直茎蒿(*Artemisia edgeworthii*)	+	1
剪股颖(*Agrostis matsumurae*)	+	1
云南高山豆(*Tibetia yunnanensis*)	+	1
条裂委陵菜(*Potentilla lancinata*)	+	1
美头火绒草(*Leontopodium calocephalum*)	+	1
华扁穗草(*Blysmus sinocompressus*)	+	1

3) 表 2-17 为华扁穗草群落物种构成与群落结构。

表 2-17　华扁穗草群落结构特征

物种名称	多优度	群集度
华扁穗草(*Blysmus sinocompressus*)	2	3
云雾苔草(*Carex nubigena*)	2	3
滇西泽芹(*Sium frigidum*)	2	3
三色马先蒿(*Pedicularis tricolor*)	1	2
纤细碎米荠(*Cardamine gracilis*)	1	2
灰叶蕨麻(*Potentilla anserina* var. *sericea*)	+	2
云生毛茛(*Ranunculus nephelogenes*)	+	2
毛茛(*Ranunculus japonicus*)	+	2
车前(*Plantago asiatica*)	+	1
水麦冬(*Triglochin palustre*)	+	1
锡金早熟禾(*Poa sikkimensis*)	+	1
黄鹌菜(*Youngia japonica*)	+	1
湿地银莲花(*Anemone rupestris*)	+	1

4) 表 2-18 为锡金早熟禾群落物种构成与群落结构。

表 2-18　锡金早熟禾群落结构特征

物种名称	多优度	群集度
锡金早熟禾(*Poa sikkimensis*)	3	3
短葶飞蓬(*Erigeron breviscapus*)	2	3
黄苞大戟(*Euphorbia sikkimensis*)	1	2
灰叶蕨麻(*Potentilla anserina* var. *sericea*)	+	1
大理白前(*Cynanchum forrestii*)	+	1
蒲公英(*Taraxacum mongolicum*)	+	1
蓟(*Cirsium japonicum*)	+	1
直茎蒿(*Artemisia edgeworthii*)	+	1
西南牡蒿(*Artemisia parviflora*)	+	1
野豌豆(*Vicia sepium*)	+	1
酸模(*Rumex acetosa*)	+	1
藏象牙参(*Roscoea tibetica*)	+	1
车前(*Plantago asiatica*)	+	1
鹰爪豆(*Spartium junceum*)	+	1
夏枯草(*Prunella vulgaris*)	+	1
条裂委陵菜(*Potentilla lancinata*)	+	1
之形喙马先蒿(*Pedicularis sigmoidea*)	+	1
毛茛(*Ranunculus japonicus*)	+	1
黄鹌菜(*Youngia japonica*)	+	1
云南高山豆(*Tibetia yunnanensis*)	+	1

5) 表 2-19 为湿地银莲花群落物种构成与群落结构。

表 2-19 湿地银莲花群落结构特征

物种名称	多优度	群集度
湿地银莲花 (*Anemone rupestris*)	3	3
云雾苔草 (*Carex nubigena*)	2	3
木里苔草 (*Carex muliensis*)	1	2
夏枯草 (*Prunella vulgaris*)	+	2
三色马先蒿 (*Pedicularis tricolor*)	+	2
云生毛茛 (*Ranunculus nephelogenes*)	+	2
之形喙马先蒿 (*Pedicularis sigmoidea*)	+	1
毛茛 (*Ranunculus japonicus*)	+	1
黄鹌菜 (*Youngia japonica*)	+	1
鹰爪豆 (*Spartium junceum*)	+	1
锡金早熟禾 (*Poa sikkimensis*)	+	1

2.4.4 狼毒群落区的空间分布及其典型群落构成

狼毒群落区位于纳帕海湿地区的南部 (图 2-16)。由于纳帕海湿地区南部海拔较北部地区偏高，水文情势与北部湿地有很大差别，从景观类型和特征来看，属于中生草甸景观。从 1973 年中甸地区 1 : 50 000 地形图来看，在 1973 年前后，此区域也以中生草甸为主要斑块类型；另外，据当地 50 岁左右的村民介绍，其小时候此区域的植物群落覆盖情况基本与现在相同，而且在这几十年中，狼毒群落区范围并没有向北扩张，基本维持在现在的水平上。所以可以做出以下推测：该地区狼毒群落的出现主要是由于长期的 (几十年至数百年) 放牧人为干扰驱动下的中生草甸次生演替，形成了现在的狼毒群落景观 (图 2-17j～l)。但由于水文情势的限制，主要是湿地区中部和北部海拔较南部偏低，土壤水分较南部狼毒群落区充足，因此狼毒群落并没有再向北发展。由此我们推测土壤水分和湿地水文情势可能是狼毒群落向北发展的限制性环境因子。

狼毒群落区有以下几个特点：群落优势种主要有黄苞大戟、大狼毒、狼毒；群落物种丰度较高。

表 2-20、表 2-21、表 2-22 分别为黄苞大戟群落、大狼毒-西南野古草群落 (Com. *Euphorbia jolkinii-Arundinella hookeri*)、大狼毒-狼毒群落物种构成与群落结构。

表 2-20　黄苞大戟群落结构特征

物种名称	多优度	群集度
黄苞大戟(*Euphorbia sikkimensis*)	2	2
美头火绒草(*Leontopodium calocephalum*)	1	2
狼毒(*Stellera chamaejasme*)	1	2
西南野古草(*Arundinella hookeri*)	1	2
象牙参(*Roscoea purpurea*)	1	2
大理白前(*Cynanchum forrestii*)	+	2
牛毛毡(*Heleocharis yokoscensis*)	+	2
华扁穗草(*Blysmus sinocompressus*)	+	2
石生紫菀(*Aster oreophilus*)	+	1
云南高山豆(*Tibetia yunnanensis*)	+	1
川滇绣线菊(*Spiraea schneideriana*)	+	1
灰叶蕨麻(*Potentilla anserina* var. *sericea*)	+	1
鼠麴草(*Gnaphalium affine*)	+	1
西南牡蒿(*Artemisia parviflora*)	+	1
高原唐松草(*Thalictrum cultratum*)	+	1
尼泊尔蓼(*Polygonum nepalense*)	+	1
丽江柴胡(*Bupleurum rockii*)	+	1
蓟(*Cirsium japonicum*)	+	1
茅膏菜(*Drosera peltata*)	+	1

表 2-21　大狼毒-西南野古草群落结构特征

物种名称	多优度	群集度
大狼毒(*Euphorbia jolkinii*)	2	3
西南野古草(*Arundinella hookeri*)	2	3
狼毒(*Stellera chamaejasme*)	1	2
椭圆叶花锚(*Halenia elliptica*)	1	2
灰叶蕨麻(*Potentilla anserina* var. *sericea*)	1	2
展苞灯心草(*Juncus thomsonii*)	1	2
西南牡蒿(*Artemisia parviflora*)	1	2
蚊子草(*Filipendula palmate*)	1	2
银莲花(*Anemone cathayensis*)	1	2
之形喙马先蒿(*Pedicularis sigmoidea*)	1	2
云雾苔草(*Carex nubigena*)	1	2
委陵菜(*Potentilla chinensis*)	+	2

物种名称	多优度	群集度
云南高山豆(*Tibetia yunnanensis*)	+	1
高原唐松草(*Thalictrum cultratum*)	+	1
短葶飞蓬(*Erigeron breviscapus*)	+	1
舌叶紫菀(*Aster lingulatus*)	+	1
白叶山莓草(*Sibbaldia micropetala*)	+	1
茅膏菜(*Drosera peltata*)	+	1
美头火绒草(*Leontopodium calocephalum*)	+	1
蛇含委陵菜(*Potentilla kleiniana*)	+	1
华扁穗草(*Blysmus sinocompressus*)	+	1
车前(*Plantago asiatica*)	+	1
大理白前(*Cynanchum forrestii*)	+	1
细叶小苦荬(*Ixeridium gracile*)	+	1
牛毛毡(*Heleocharis yokoscensis*)	+	1
象牙参(*Roscoea purpurea*)	+	1

表 2-22 大狼毒-狼毒群落结构特征

物种名称	多优度	群集度
大狼毒(*Euphorbia jolkinii*)	1	2
狼毒(*Stellera chamaejasme*)	1	1
灰叶蕨麻(*Potentilla anserina* var. *sericea*)	1	1
西南野古草(*Arundinella hookeri*)	1	1
牛毛毡(*Heleocharis yokoscensis*)	1	1
展苞灯心草(*Juncus thomsonii*)	1	1
大理白前(*Cynanchum forrestii*)	+	1
西南委陵菜(*Potentilla fulgens*)	+	1
茅膏菜(*Drosera peltata*)	+	1
蓟(*Cirsium japonicum*)	+	1
高原唐松草(*Thalictrum cultratum*)	+	1
短葶飞蓬(*Erigeron breviscapus*)	+	1
椭圆叶花锚(*Halenia elliptica*)	+	1
美头火绒草(*Leontopodium calocephalum*)	+	1
金莲花(*Trollius chinensis*)	+	1
之形喙马先蒿(*Pedicularis sigmoidea*)	+	1
云南高山豆(*Tibetia yunnanensis*)	+	1

续表

物种名称	多优度	群集度
滇西泽芹 (*Sium frigidum*)	+	1
肉果草 (*Lancea tibetica*)	+	1
细叶小苦荬 (*Ixeridium gracile*)	+	1
湿地银莲花 (*Anemone rupestris*)	+	1
锡金早熟禾 (*Poa sikkimensis*)	+	1
西南牡蒿 (*Artemisia parviflora*)	+	1
蛇含委陵菜 (*Potentilla kleiniana*)	+	1
青叶胆 (*Swertia mileensis*)	+	1
双穗飘拂草 (*Fimbristylis subbispicata*)	+	1
丽江柴胡 (*Bupleurum rockii*)	+	1

2.4.5 关于破坏后植物群落自我修复过程的初步探讨

调查发现，纳帕海湿地区植物群落自我修复过程大致可以定义为以下几个过程(图 2-18)，由该图可知，纳帕海湿地区中完全被破坏的裸地斑块，通过自我修复过程恢复到近原生植物群落状态需要很长的时间。目前该湿地区的退化斑块已经占 15%左右，其植被生态修复必须通过人工生态干预才有可能实现。

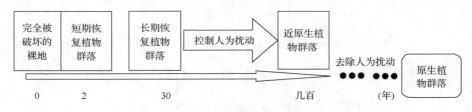

图 2-18 纳帕海湿地区植物群落自我修复时间轴

2.4.5.1 减少或控制人为扰动对植物群落恢复的影响

根据 2009 年 6 月、7 月和 8 月的土壤、植物群落地面踏查，在短期恢复植物群落斑块上，无序放牧导致的二次破坏十分严重。实际上大部分短期破坏地斑块都长期受到二次破坏的影响。可以说，对畜牧业的合理调配与牲畜(尤其是家猪)的放养控制是解决对湿地区二次破坏的重要环节。

2.4.5.2 调节纳帕海湿地区的水文情势

根据对纳帕海湿地区季节性景观格局变化及其驱动机制的分析，每年的 4～6 月是植物萌发生长的最佳时期。适时地对进入湿地的水量进行宏观调控，可以有效地调节气候因子(主要是降水)不稳定对植物生长的影响。

2.4.5.3　改善狼毒群落区的水文环境

通过人工干预使郎举刷河在狼毒群落区段进行适时适量的洪泛、漫流,以此调节狼毒群落区的水文环境,可以抑制其群落内黄苞大戟、大狼毒、狼毒等标志性退化植物的生长,促使其群落向近原生群落演替。

2.4.5.4　实施人工湿地植物群落修复试验

在完全被破坏的裸地斑块与短期恢复植物群落斑块区,开展湿地植物的人工移植,可能是实现严重退化斑块植物快速恢复的基本途径。

2.5　小　　结

本研究在 4 个时空尺度上对纳帕海流域、纳帕海湿地区及其斑块群落进行景观格局变化过程研究,并分析导致其变化的驱动机制,主要结论如下。

(1)年际——小流域时空尺度

纳帕海流域面积 $593km^2$,景观类型以林地为主,湿地景观面积占到流域总面积的 6%左右。在 1994~2006 年,流域整体景观从数量上看变化不大,但是存在着景观类型间的相互转化,如林地和中生草甸的相互转化。而这些相互转化过程,正是受国家和地区的宏观政策影响的。例如,天保工程与退耕还林政策使得一部分中生草甸景观转化为林地景观。而流域内藏族居民由于建房和薪柴的需求而对树木进行砍伐,导致林地景观转化为中生草甸景观。景观整体数量上变化不大,说明这种保护和破坏在现阶段维持了一种整体的生态平衡。

(2)年际——湿地区时空尺度

1994~2006 年降水量呈下降趋势,其对流域整体影响不大,但是对纳帕海湿地区影响显著。主要表现为:湿地类景观的破碎化、湿地类景观向非湿地类景观的转化,流域内湿地类景观的总丧失(转化)比例达到 16.8%。而这些湿地类景观的丧失主要集中在纳帕海湿地区;湿地类景观内部也存在明显的转化,如明水湿地向沼泽-湿草甸景观转化;以中生草甸为主的非湿地类景观已经替代湿地类景观,成为纳帕海湿地区的基质性景观,湿地区生态退化严重。

特定的人为活动扰动,对纳帕海湿地区湿地生态的影响较为显著,主要包括河流中上游水库的建设和入湖河流的渠化改造工程、湿地区北部落水洞的疏浚、环湿地公路的石质-混凝土改造等,都对湿地区湿地生态的演替产生了直接的影响。气候变化和人为活动的共同扰动促使纳帕海流域湿地生态退化。

(3)年内季节——湿地区时空尺度

利用遥感数据对 2008 年 12 月与 2009 年 5 月(干季和湿季)纳帕海湿地区景观

格局进行判析，发现研究区干季与湿季景观变化巨大。主要体现为：湿地类景观大幅度萎缩，湿地向非湿地转化。这是由流域降水显著的年内季节性分异等气候特征所决定。

　　各类景观向破坏地景观的转化，主要是季节性气候背景下周边村落家畜放养导致的破坏。其中破坏地景观面积已占到纳帕海湿地区总面积的 15.74%，而且遍布于整个湿地区。春夏时期的气候(特别是降水)背景和区域人为活动扰动，是决定纳帕海湿地水文生态过程和景观格局变化的直接驱动。

　　(4)夏季某一时间点——斑块尺度

　　2009 年 6～8 月对纳帕海湿地区的土壤、植物群落踏查，系统地揭示了湿地区内长期、短期恢复群落斑块的植物群落结构、物种类型，初步分析了退化区植物群落的自我恢复过程。研究认为，适度地控制外来人为高强度干扰和主要湿地水环境因子，是促进纳帕海退化湿地自我恢复必不可少的途径；对于强度退化区域湿地植物群落的恢复，可能需要采取人工生态干预方式，才能较快地实现该类型退化湿地区的植被生态恢复。

参 考 文 献

崔保山, 杨志峰. 2006. 湿地学. 北京: 北京师范大学出版社.

郝振纯, 李丽. 2002. 基于 DEM 的数字水系的生成. 水文, 22(4): 8-10, 52.

李翀, 杨大文. 2004. 基于栅格数字高程模型 DEM 的河网提取及实现. 中国水利水电科学研究院学报, 2(3): 208-214.

鲁学军, 周成虎, 张洪岩, 等. 2004. 地理空间的尺度——结构分析模式探讨. 地理科学进展, 23(2): 107-114.

潘竟虎, 刘菊玲. 2005. 黄河源区土地利用和景观格局变化及其生态环境效应. 干旱区资源与环境, 19(4): 69-74.

汤国安, 杨昕. 2006. ArcGIS 地理信息系统空间分析试验教程. 北京: 科学出版社: 429-441.

Martz W, Garbrecht J. 1992. Numerical definition of drainage network and subcatchment areas from digitalel evation models. Computers & Geosciences, 18(6): 747-761.

Mitsch W J, Gosselink J G. 2007. Wetlands 4th ed. New York: Wiley.

Wang D Z, Hao Z Q, Xiong Z P. 2004. Modified method for extraction of watershed boundary with digital elevation modeling. Journal of Forestry Research, 15(4): 283-286.

3 纳帕海湿地遥感水文模拟及水文生态效应

3.1 湿地遥感水文分析方法

3.1.1 湿地遥感水文模拟研究思路

传统水文监测无法有效地开展对湿地复杂产流机制的监测和计算,以及在特殊区域尤其是高寒湿地,缺乏有效的水文监测条件,使水文模拟存在较大的困难。

本研究使用湿地明水面景观面积作为初步水文情势模拟的主要指标。湿地明水面面积及空间格局的动态变化是能够直观表征湿地水文情势波动的指标,尤其是针对季风气候影响下的湖泊、沼泽及洪泛平原湿地,此指标比入流量、出流量和水位等常规水文监测数据能更加敏锐地反映出湿地在景观尺度上的时空分异。

随着遥感技术的不断发展,利用较易获取的遥感数据对湿地明水面的判识与解译方法已经逐渐成熟。通过获取某一湿地长时间序列遥感数据并提取多个时期湿地明水面景观,可以有效地反演湿地水文情势随年际或季节性气候变化的波动。因此本研究获取了纳帕海湿地所有可用的空间分辨率为 30m 的 Landsat TM/ETM+数据,提取明水面景观来表征各时期湿地水文状态。同时,以气候波动为主要扰动因子的湿地,其明水面景观对气候因子的响应十分显著;将气候因子(主要是降水因子,P)长时间序列与遥感数据提取的明水面面积(A)序列关联,可以有效地模拟湿地水文情势的动态变化,即 A-P 关系(主要涉及本文第 3 章内容)。

在下垫面较稳定的湿地,其明水面面积(A)与其地表水体积(V)有着固定的关系(Hayash and van der Kamp,2000)。基于 GIS 平台,利用准确的湿地 DEM 及长时间序列明水面景观空间信息,可以计算得到各时期湿地 V 值,进而获得此湿地 V-A 的固有关系,从而结合气候因子模拟湿地地表水量的 A-P 关系,获得 V-P 关系,动态反演多年湿地地表水体积的波动情势,从而为无常规水文监测湿地构建水量平衡方程奠定基础,并为此类湿地的洪水预测与防范工作提供支撑。

3.1.2 基于遥感的湿地明水面数据库构建

3.1.2.1 Landsat ETM+(slc-off)影像条带修复

本研究所采用的 Landsat ETM+(slc-off)数据恢复方法为 Chen 等(2011)提出的邻域相似像元内插法(neighborhood similar pixel interpolator,NSPI)(具体步骤参见本章 3.2.1.2 节)。此方法较其他方法对景观异质性显著区域有更好的修复效果。

　　此方法基于邻近区域内，属于相同土地利用类型的像元有相似的光谱值；筛选邻域内相似像元，对比对象影像（target image）与输入影像（input image）在相似像元位置的差异，并设置相似权重筛选像元，从而计算出对象影像中目标像元的值。其研究结果表明，此方法相对于其他方法有更好的修复效果。

3.1.2.2　湿地明水面景观提取方法

　　（1）利用归一化水指数（NDWI）提取湿地明水面

　　NDWI（normalized differentiation water index）从 NDVI 借鉴而来（McFeeters，1996）。最初，NDWI 以 NIR（858nm）为参考波段，利用波长更长的 SWIR（1300～2500nm）来反演植被水分含量，试验数据表明，NDWI 比 NDVI 能更有效地反映植被的水分含量信息（Gao，1996）。之后，Xu（2006）提出 MNDWI（modified normalized differentiation water index），并用此方法进行明水面的提取，可以有效地减少建筑物对 NDWI 的干扰：

$$MNDWI = (\rho_{green} - \rho_{SWIR})/(\rho_{green} + \rho_{SWIR}) \tag{3-1}$$

式中，ρ_{green} 为绿光波段；ρ_{SWIR} 为近红外波段。

　　由于 Landsat TM/ETM+影像水体信息提取取决于 7 个波段光谱的不同特征及其他地物与水体的区别，而水体的波谱特征在 TM2 的透射性较强，且水体对 TM5 有强烈的吸收性，几乎吸收其所有入射能量，因此采用 TM2 的波段数值与 TM5 的波段数值之差除以二者之和的数值作为 MNDWI（Huang et al.，2011b）：

$$MNDWI = (TM2 - TM5)/(TM2 + TM5) \tag{3-2}$$

式中，TM2、TM5 分别代表 Landsat TM 数据的第 2 和第 5 波段。

　　本研究利用单波段阈值法与 NDWI 法结合目视解译，以及 2008～2012 年的实地调查数据，对纳帕海湿地明水面景观进行提取和判识，力求对其进行准确的反演和解译。

　　（2）单波段阈值法提取湿地明水面

　　水体对近红外辐射的吸收比较强，而其他地物（除阴影外）对近红外辐射的吸收比较弱。因此，利用遥感影像中近红外波段，基于上述特性就可以实现对明水面景观的提取。

　　单波段阈值法主要利用 Landsat 遥感数据中的第 5 波段或第 7 波段，根据影像的地面反射值，经过地面调查及对区域的了解确定其阈值，并进行水体的提取。提取模型如式（3-3）所示：

$$TM5 < T \tag{3-3}$$

式中，TM5 表示第 5 波段的灰度值；T 为水体提取的灰度阈值。

3.1.2.3　数据初处理及掩膜提取纳帕海湿地区遥感数据集

利用 ENVI 4.8 软件对 111 景影像统一进行辐射定标，提取各影像各波段的地面反射值，进而再利用 Dark Subtract 工具对所有数据进行大气校正。

首先在 Compute Statistic Input File 工具中利用 Histograms 找出运算波段最小的地面反射值，再在 Dark Subtract 工具中选择 User Value 删除上述最小地面反射值，从而完成大气校正。

根据纳帕海湿地区边界生成掩膜，对所有影像进行切割，生成纳帕海湿地区遥感影像数据集。

3.1.3　构建湿地水文模型

洼地型湿地系统类似于湖泊系统，但因其水文波动的特殊性而有别于湖泊系统。在缺乏基础水文监测的高寒湿地，利用遥感数据提取湿地明水面等水文特征，结合降水等较易获取的气象资料，建立相应的气象–水文概念模型，是快速开展湿地水文研究及水文生态效应等的恰当方法。

3.1.4　纳帕海湿地水文生态效应研究思路

对于纳帕海而言，关键的水文生态效应主要涉及两个方面：水文情势波动导致的越冬水禽栖息地的范围变化和对纳帕海湿地生态交错带的判识。

一方面，保护湿地生态系统的一个重要目的是保护水禽栖息地。对于纳帕海国际重要湿地而言，此保护目的显得更为突出和重要。但是传统的水禽栖息地界定及保护区规划是建立在鸟类观测及经验判断基础上的(吴后建等，2010)，因为常规水文监测的缺乏及常规水文监测难以表征湿地空间格局的变化，作为湿地生态系统中的主导因子——水文因子却无法涉及，这无疑降低了水禽栖息地空间界定的准确性。本研究利用遥感数据提取的湿地明水面空间数据集进行空间分析，可以有效地解决上述问题。在数据集中随机抽选部分水禽越冬季节(10 月中旬至翌年 5 月中旬)(Liu et al.，2010)明水景观进行空间叠加分析，基于水文情势模拟获取本时段的平均明水面面积，进而确定多年平均水禽越冬季节水面空间分布范围，再排除人为扰动影响区域，即越冬水禽栖息地的空间分布格局。

另一方面，纳帕海湿地植物群落在年内存在一定的时空分异，随着明水面景观扩大与退缩，7 月与 10 月研究区内某些植物群落会随着地貌梯度变化与水文情势的波动而波动，这种生态交错带所表现出来的生态脆弱性是湿地保护区急需保护的景观类型，由于生态交错带具有边缘效应，对其进行保护有利于保护湿地生态系统的生物多样性。本研究使用收集到的 111 个时期明水面景观进行空间叠加分析，获取明水淹水频率空间分布图来确定研究区干、湿交替区域；再依据纳帕海湿地区土壤表层水分采样干、湿季的差进行空间插值，来表征水文因子对湿地植物群落的扰动变化，根据边缘效应中扰动变化较大这一特征，结合研究区干、湿交替区域计算较大水文扰动区；最后结合干、湿季(湿地涨水前、退水后)湿地植被调查，找出存在年内干、湿季波动的植物群落空间分布，从而划定纳帕海湿地生态交错带。

关于湿地本身的空间界定一直存在争议。由于湿地是处于水、陆生态系统之间的一种过渡生态系统，因此对于湿地是与非的界定就显得说服力薄弱。在一定区域内，由于气候因子波动，明水面范围的增大或减少都不能明确地指示湿地本身的扩大或萎缩，而应借助此区域的多年际空间观察信息，基于统计方法对某一空间范围在某一概率值情况下的湿地进行描述。以纳帕海湿地为例，作为一个湖泊沼泽化的湿地，频繁的季节性干湿交叠是其近 60 年来(有资料记载以来)最显著的景观变化。通过对现有湿地明水面数据进行空间累加并均一化运算，可以获得湿地区任一位置是否有明水面覆盖的概率值，进而确定某一概率情况下湿地的空间范围。

3.2　基于降水数据模拟 1987～2012 年纳帕海明水面面积(OWA)波动

纳帕海湿地位于流域的末端，流域所有来水均汇集于湿地。湿地区虽然存在着多种汇流机制，但是通过实地调查，在干季时湿地明水面能够保持基本稳定，说明在干季时，湿地的入水和出水能够维持基本平衡；而雨季随着流域降水量的逐渐增大湿地明水面也随之增大，随着流域降水量的减少而减小，说明降水的涨落是湿地明水面的主控因子。

由于纳帕海湿地无法开展常规水文监测，同时也很难获取湿地汇流与出流的水文波动，因此本研究通过降水量与明水面面积之间的固有关联建立概念水文模型，希望通过此模型为快速开展无常规水文监测湿地水文情势模拟提供新的思路。

3.2.1　建立纳帕海湿地明水面景观数据库

3.2.1.1　数据获取

本研究以 Landsat 遥感影像作为提取明水面景观数据集的主要数据来源，基于以下考虑：①在纳帕海湿地区 31km^2 的范围内，Landsat 数据 30m 的空间分辨率能够满足中尺度研究；②Landsat 的重访周期是 16 天，可以有效地满足本研究对时间分辨率的要求，此外，Landsat 4、Landsat 5 号卫星于 20 世纪 80 年代升空，并开始采集本区域数据一直持续至今，也保证了数据获取的连续性及本研究时间尺度的满足；③部分 Landsat 数据可以免费获取，可以有效地降低研究成本。

本研究共获取 Landsat TM/ETM+数据 111 景，其中 TM 影像 45 景，ETM+(slc-on)影像 22 景，ETM+(slc-off)影像 44 景。

　　由于可见光遥感影像是接收地面反射太阳辐射而生成的数据，因此当地物被云层遮盖时便产生对象无法识别的问题；纳帕海湿地地处滇西北横断山脉中段，局地气候复杂，雨季时纳帕海湿地经常被云层覆盖，因此每年5月中旬至10月上旬，可获取的 Landsat 影像非常少；而且，雨季是纳帕海 OWA 波动最显著的时期，这一时期数据的缺乏会导致对 OWA 动态模拟的准确性降低，因此本研究收集了所有无云覆盖的 5～10 月 Landsat 影像，共计 36 景，以保证模拟精度，以及对纳帕海湿地洪水预测的质量。

　　Landsat 遥感数据来源：中国科学院遥感对地观测与数字地球科学中心，以及美国地质勘探局（U. S. Geological Survey，USGS）图像集（http:// glovis.usgs.gov）。对所有数据均进行几何校正，并调整投影坐标为 WGS-84，UTM 投影 zone 47N。

3.2.1.2　Landsat ETM+（slc-off）影像条带修复

　　2003 年 5 月 31 日，Landsat 7 ETM+机载扫描行校正器 SLC（scan line corrector）故障，导致此后获取的图像出现了数据条带丢失，严重影响了 Landsat ETM 遥感影像的使用。Landsat 7 ETM（slc-on）是指 2003 年 5 月 31 日 Landsat 7 SLC 故障之前的数据产品，Landsat 7 ETM（slc-off）则是故障之后的数据产品。

　　自 SLC 故障之后，USGS、美国航空航天局（National Aeronautics and Space Administration，NASA）及众多学者开展了一系列针对 Landsat 7 ETM（slc-off）影像条带修复的研究（Chen et al.，2011），提出了很多修复方法，如转换函数方法、内插法、多影像自适应局部回归法等，但是大多数方法都仅限于对景观变化不大及区域异质性较小的区域进行修复。然而对于沼泽湿地等异质性明显的景观，上述方法的修复效果不是很理想（图 3-1）。

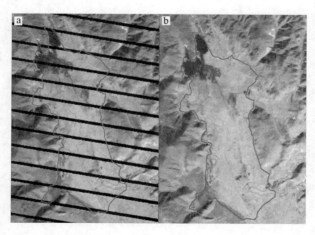

图 3-1　影像修复前后对比图（彩图请扫封底二维码）

a.Landsat ETM+ 2011 年 12 月 24 日影像；b.利用多影像自适应局部回归法修复后的影像。两图均为（b5：R；b4：G；b3：B）假彩色合成图；红框范围内为纳帕海湿地区；在 b 中可以明显地看出条带修复的不合理区域

　　本研究选择 Chen 等(2011)提出的 NSPI 法(3.1.2.1 节)，对 44 景 Landsat 7 ETM(slc-off)影像中纳帕海湿地区进行条带修复，由于研究只涉及湿地明水面景观的提取，因此此方法能够获得较好的效果。

　　本着时间上尽量接近、水文情势尽量接近的原则，筛选适当的 input image (以下简称 II)(表 3-1)。对于纳帕海湿地而言，干、湿季水文情势分异比较显著，因此首先要对季节进行区分，其次观察 target image(以下简称 TI)和 II 的水文情势是否相似，两者之间如果时间相差过大，会导致明水面景观空间格局上存在较大差异；同时，在 6～7 月纳帕海明水面景观快速扩大期和 10～12 月纳帕海明水面景观快速萎缩期，即使时间相近，两者明水面景观的差异也会比较明显。

表 3-1　各 TI 对应选择的 II 影像日期(年/月/日)

TI	II	TI	II	TI	II
2003/11/16	2003/11/24	2006/12/26	2006/12/10	2009/2/17	2009/1/24
2003/12/2	2003/11/24	2007/1/27	2007/2/12	2009/3/21	2009/2/17
2004/4/24	2000/4/13	2007/2/12	2007/1/27	2009/5/8	2006/5/16
2004/9/15	2000/10/14	2007/2/28	2007/2/12	2009/12/2	2009/1/16
2004/11/2	1999/11/4	2007/4/1	2007/2/28	2010/1/3	2009/2/17
2004/11/18	2004/11/2	2007/4/17	2007/4/1	2010/2/4	2010/2/20
2004/12/4	2004/11/18	2007/10/26	2002/10/28	2010/2/20	2010/2/4
2005/1/5	2004/12/4	2007/12/13	2007/10/26	2010/6/12	2004/7/5
2005/5/29	2002/5/5	2008/2/15	2007/12/13	2010/7/30	2010/8/7
2005/11/5	2005/11/13	2008/3/2	2008/2/15	2010/12/5	2002/10/12
2005/12/7	1996/12/22	2008/7/8	2009/7/19	2010/12/21	2002/10/12
2006/1/24	1996/12/22	2008/10/12	2002/10/28	2011/2/7	2002/10/12
2006/2/9	2006/1/24	2008/11/13	2002/10/12	2011/11/22	2011/12/24
2006/5/16	2006/2/9	2009/1/16	2009/1/24	2011/12/24	2011/11/22
2006/12/10	2006/12/26	2009/1/16	2009/1/24	—	—

　　在选好对应的 TI 与 II 后，基于 ERDAS 9.2 与 ENVI 4.8 软件，首先选取 Landsat 数据的第 1～5 和第 7 波段进行波段叠加(layer stacking)，其次删除坏道两侧的错误像元，再次利用 NSPI 对 45 景 TI 进行修复，影像修复后能够达到对明水面景观正确解译的效果(图 3-2)。

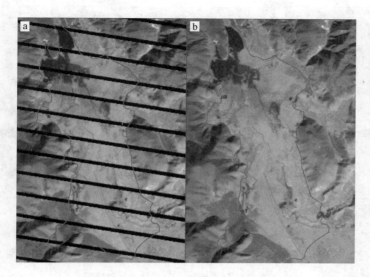

图 3-2　影像 NSPI 法修复前后对比图（彩图请扫封底二维码）

a.Landsat ETM+ 2011 年 12 月 24 日影像；b.利用 NSPI 法修复后的影像。两图均为
（b5：R；b4：G；b3：B）假彩色合成图

3.2.1.3　提取纳帕海湿地明水面景观及计算 OWA

本研究利用 NDWI 法或单波段阈值法，对纳帕海湿地区遥感影像数据集进行明水面景观提取。在湿地区无冰雪覆盖时期，选用 NDWI 法；在湿地区有冰雪覆盖时期，使用单波段阈值法，波段选择 TM5。

由于上述两种方法都需要设置阈值来区别水域与非水域的界限，尤其是对于典型湿地生态系统而言，此界限并不十分明显，无论是湖滨带还是河滨带，植被与水体的混合都会给明水面景观的解译带来影响。因此，本研究自 2008 年以来，以对纳帕海湿地进行的多次地面调查经验为基础，利用 2011 年 11～12 月的地面全球导航卫星系统（global navigation satellites system，GNSS）实时动态监测（real time kinematic，RTK），采集数据（水平精度可达到厘米级）与 2011 年 11 月 22 日遥感数据进行匹配，确定明水面景观边界，进而选取边界像元地表反射值来设置单波段阈值法的阈值，从而提取和解译明水面景观（图 3-3）；利用 RTK 采集 2011 年 11 月 22 日遥感数据，计算得出 NDWI 数据并进行叠加匹配（图 3-4），找出适当的区分明水面景观的阈值。

最终在 ArcGIS 中生成明水面景观地理数据库（geodatabase），并获取纳帕海 111 个时期的 OWA 值。

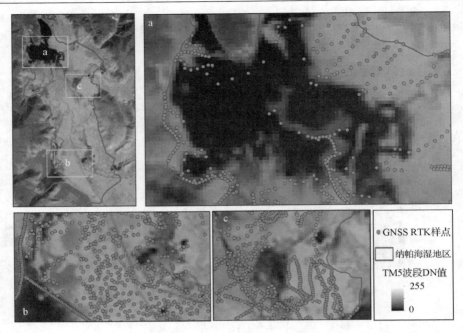

图 3-3　利用 RTK 样点选择 TM5 明水面景观边界（彩图请扫封底二维码）

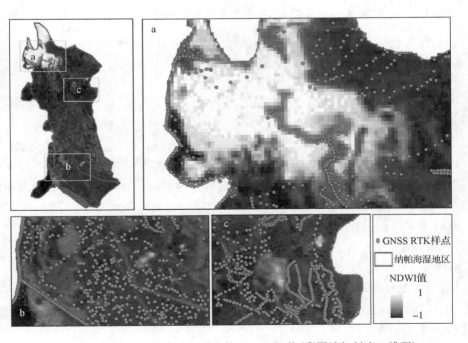

图 3-4　利用 RTK 样点选择适当的 NDWI 阈值（彩图请扫封底二维码）

3.2.1.4 利用 ALOS 影像检验湿地明水面景观解译精度

ALOS（Advanced Land Observing Satellite）全色遥感立体测绘仪 PRISM（The Panchromatic Remote-sensing Instrument for Stereo Mapping）能够提供 2.5m 精度的全色影像（波段范围：520～770nm），因此能够清晰地判识地物。本研究利用目视解译方法，对 ALOS 高精度影像（2010 年 2 月 2 日）进行明水面景观提取，将其与 Landsat ETM+影像（2010/2/4）提取的明水面景观进行对比，对上述方法所提取的明水面景观及 OWA 进行检验，获得上述方法的解译精度。经过计算，上述方法的解译精度为 87.11%。根据两者在空间上对比，误差主要是出现在对河道的判读上。由于纳帕海湿地区河道宽度基本小于 15m，因此使用 ETM+影像基本无法通过本研究方法识别河道信息。

3.2.2 筛选模拟数据

本研究共获取 111 期 Landsat 影像，由于影像的固有性质及区域气候特征，此数据集也存在年内分布不均的现象。其中干季（11 月至翌年 4 月）共有 75 期，雨季（5～10 月）共有 36 期（表 3-2）。为了保证 OWA-OAP（最佳日累计降水量）模型模拟的准确性，本研究从 OWA 数据库中随机抽选出 48 期（每个自然月 4 期）数据进行回归分析建立方程，并使用其余数据（除去人为扰动影像较大数据）对模型进行验证。

表 3-2　111 期 OWA 的时间分布及对应 Landsat 数据产生时间及面积

月（期数）	数据[时间（年/月/日）-面积（hm²）]
1（10）	（1994/1/15-174.80）；（1998/1/10-307.88）；（2001/1/2-171.81）；　2002/1/13-215.46；2005/1/5-150.69；2006/1/24-151.06；2009/1/24-520.96；（2007/1/27-155.86）；2009/1/16-690.18；2010/1/3-251.15
2（12）	1987/2/13-306.07；（1996/2/15-232.97）；（2000/2/17-313.51）；（2001/2/3-169.49）；（2006/2/9-151.14）；2007/2/12-146.22；2007/2/28-175.01；2008/2/15-484.76；2009/2/17-352.59；2010/2/4-174.76；2010/2/20-211.90；2011/2/7-1677.16
3（5）	（2001/3/15-139.39）；（2002/3/2-223.84）；（2009/3/13-532.71）；（2008/3/2-534.31）；2009/3/21-520.93
4（7）	（1996/4/26-153.11）；（2000/4/13-431.42）；2001/4/8-113.71；2001/4/16-183.26；（2004/4/24-168.79）；2007/4/1-102.67；（2007/4/17-339.35）
5（7）	（1990/5/12-152.08）；（1995/5/10-210.14）；（1997/5/15-62.18）；（2002/5/5-196.06）；2005/5/29-66.03；2006/5/16-178.76；2009/5/8-207.66
6（4）	（1990/6/13-319.02）；（1992/6/2-232.44）；（2003/6/1-122.90）；（2010/6/12-235.74）
7（6）	（2002/7/16-778.73）；（2004/7/5-328.26）；（2006/7/27-403.77）；2009/7/19-480.69；2008/7/8-214.83；（2010/7/30-1598.12）
8（5）	1992/8/5-717.77；（1999/8/1-679.89）；（2002/8/25-2645.75）；（2010/8/7-1946.95）；（2011/8/10-714.09）
9（6）	1997/9/20-1107.86；（1998/9/7-1632.53）；（2000/9/20-1714.96）；（2002/9/10-2848.09）；（2004/9/15-1702.58）；2005/9/10-1090.46

月(期数)	数据[时间(年/月/日)-面积(hm^2)]
10(8)	(1996/10/19-310.99)；(2000/10/6-968.05)；(2000/10/14-652.09)；(2000/10/22-473.86)；2002/10/12-2221.29；2002/10/28-1809.90；2007/10/26-1676.63；2008/10/12-1490.80
11(19)	1990/11/4-392.42；1994/11/15-122.35；(1995/11/18-266.56)；(1996/11/20-238.29)；(1999/11/21-297.53)；2000/11/7-361.88；2001/11/2-239.37；2001/11/11-244.67；2002/11/29-349.05；2003/11/16-175.94；2003/11/24-116.99；2004/11/2-231.55；(2004/11/18-273.38)；2004/11/26-261.14；2005/11/5-246.31；2005/11/13-253.31；2008/11/13-1634.30；2009/11/8-868.14；2011/11/22-253.90
12(22)	1993/12/30-203.82；1995/12/20-279.08；1996/12/22-258.26；1999/12/7-248.17；(2000/12/1-332.83)；2000/12/17-234.25；2000/12/25-188.28；2001/12/4-253.71；(2001/12/12-239.09)；2001/12/20-176.00；2002/12/31-404.28；2003/12/2-125.33；2004/12/4-238.59；(2005/12/7-256.92)；2006/12/10-223.28；(2006/12/26-181.01)；2007/12/13-1001.76；2008/12/15-1117.08；2009/12/2-691.51；2010/12/5-2287.38；2010/12/21-2170.33；2011/12/24-217.07

注：数据列括号中为随机抽选的 48 期模拟数据

自中甸县更名为香格里拉县以来，县城的规模在不断扩大，因此人为扰动对纳帕海湿地的影响也越来越大，尤其是 2007 年以来，发生了数次雨季后落水洞被垃圾堵塞的事件，为了排除此类事件对水文模拟的干扰，本研究在筛选数据时剔除了受干扰时期的数据，如 2002/10/12、2007/12/13、2008/11/13、2009/11/8 和 2010/12/5 等。同时，在筛选每月 4 期模拟数据时，也尽量避开 2007 年以后人为扰动较强的时期，以保证模拟的准确性。

3.2.3　建立 OWA-OAP 模型

湿地 OWA 变化是流域降水—产汇流的直接结果，类似流域降水—产汇流的时滞效应(basin lag)(Jin, 1993)。雨季持续的降雨导致湿地地表储水量(WS)出现连续的上升，进而 OWA 也连续增大，因此累计降水量和 OWA 之间存在固定关联。通过这种关联特征，我们可以借助连续长时间尺度的降水数据来模拟估算湿地 OWA 的波动。虽然这种关联特征在年内不同时段会随降水情势和下垫面特征的变化而变化，但对于无常规水文监测的湿地而言，这种基于回归分析的经验模型是快速开展此类湿地水文研究的不二选择。

3.2.3.1　降水数据获取

本研究获取了香格里拉县 1986 年 1 月至 2012 年 11 月的逐日降水数据。鉴于纳帕海湿地区面积为 31km^2 左右，并距离县城中心 8km，因此直接利用上述降水数据表征研究区的降水情况。

3.2.3.2　选择 OAP 建立 OWA-OAP 模型

如何选择 OAP 是提高模拟精度的关键。首先，统计 48 期影像时相点之前不同时间步长日累积降水量(AP)，即以每期影像时间点为终点、以每 5 天为间隔，统计之前连续 30d、35d……95d、100d 累积降水量，如 2001/3/15/ETM+影像，分别统计 2001/3/15 前 30d（2001/2/14～2001/3/15）、35d（2001/2/9～2001/3/15）……
95d（2000/12/11～2001/3/15）、100d（2000/12/6～2001/3/15）累积降水量，记为：（i=
1，2，…，48；n=30，35，…，95，100）。其次，计算纳帕海湿地 OWA 序列 S_i（i=1，
2，…，48）与某时间步长（如 30d）日累积降水量序列的相关系数（R_{30d}）。S_i 与其他
时间步长日累积降水量序列的相关系数类推，分别记为 R_{35d}……R_{95d}、R_{100d}，所
有相关系数如表 3-3 所示。

表 3-3　纳帕海湿地 OWA 与各时间步长日累积降水量（AP）相关系数

R_{30d}	R_{35d}	R_{40d}	R_{45d}	R_{50d}	R_{55d}	R_{60d}	R_{65d}	R_{70d}	R_{75d}	R_{80d}	R_{85d}	R_{90d}	R_{95d}	R_{100d}
0.702	0.756	0.817	0.854	0.861	0.913	0.918	0.935	0.937	0.942	0.920	0.907	0.880	0.858	0.858

从表 3-3 来看，纳帕海湿地 OWA 与各时间步长 AP 都呈极显著正相关
（α=0.01，n=48），而且从 R_{55d} 到 R_{85d} 等值均大于 0.9，但从 OWA 与 70d AP、75d
AP、80d AP 和 85d AP 的关联方程（图 3-5）来看，均会产生随着 AP 增加而 OWA
减少的现象（如 OWA-75d AP 中，在 0＜AP＜81.84mm 时，会出现 OWA＜230.24hm^2
的情况），因此，本研究选择 65d AP 作为最佳累积降水量（OAP），并建立流域
OWA-OAP 模型，如式（3-4）所示。

$$S = 0.0113 \times (P_{65d})^2 + 0.0446 \times P_{65d} + 191.53 \tag{3-4}$$

式中，S 为湿地 OWA 序列，单位为 hm^2；P_{65d} 为 OAP 序列，单位为 mm。

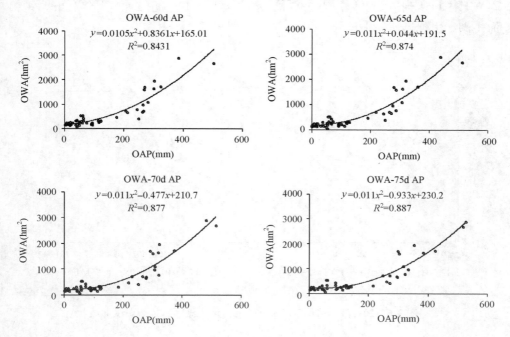

图 3-5　OWA 与 60d AP～85d AP 相应的回归曲线

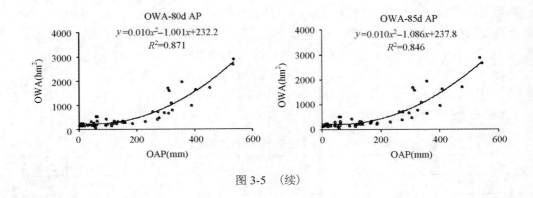

图 3-5 （续）

3.2.4 基于 2012 年实测纳帕海主湖区水位的模型验证

由于纳帕海湿地是一个无常规水文监测的湿地，因此难以利用现有资料开展 OWA-OAP 模型的验证工作。为了把握模型对纳帕海湿地水文情势波动的模拟精度，课题组于 2012 年 7 月 31 日在纳帕海主湖区设置自动水位计，用来记录主湖区雨季的波动。

主湖区的水位变化能够在一定程度上反映出湿地整体水面波动的情势。在其他监测条件比较缺乏的情况下，记录主湖区水位是目前能够快速开展的简便监测方法。如图 3-6 所示，2012 年 8 月 1 日以来，纳帕海主湖区水位波动变化，其中在 9 月 5 日达到最高水位，为 2.93m。水位从 10～12 月由 2.8m 降至 1.2m，纳帕海主湖区出现迅速退水过程。

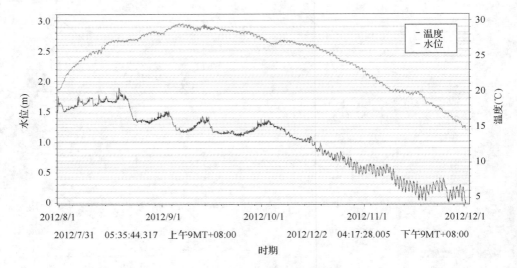

图 3-6　2012/8/1～2012/12/1 纳帕海湿地主湖区水位与温度曲线

计算 2012 年 8 月 1 日～2012 年 11 月 30 日的 65d OAP，利用式(3-4)估算出

此时间区间的逐日 OWA 波动(图 3-7)。模拟 OWA 在 9 月 4 日前后达到最大,为 1475hm^2,随后 9 月相对平稳,10 月、11 月两月 OWA 迅速减小,回落至 212hm^2 左右。

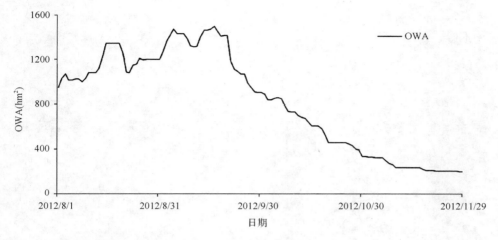

图 3-7 2012/8/1~2012/11/30 模拟纳帕海湿地 OWA 波动

3.2.5 纳帕海 OWA 多时间尺度波动分析

3.2.5.1 湿地 OWA 多年月均分异分析

不同年份各月纳帕海湿地明水面面积均不同。为认识纳帕海湿地水文情势的年内各月分异,利用 1986 年 10 月~2012 年 11 月时段的日降水量数据,统计每日 65d OAP,计算多年平均各月 65d OAP,代入式(3-4),计算出多年平均各月纳帕海湿地 OWA。

图 3-8 显示了多年平均各月纳帕海湿地明水面面积的年内分异特征。9 月纳帕海湿地明水面面积最大,其次是 8 月和 10 月,这三个月湿地明水面面积显著高于其他各月;再次是 7 月和 11 月,而 12 月至翌年 5 月明显偏小,这与纳帕海湿地区野外调查所认识的实际情形、基于影像提取的信息相一致。图 3-9 显示了多年平均各月降水和湿地明水面面积之间具有明显的时滞效应:春季降水较冬季略有增加、6 月降水较春季增加显著,但春季至 6 月纳帕海湿地明水面面积变化不明显,因为春季是纳帕海流域下垫面最干的季节,降水多消耗于流域蓄注、下渗和蒸散等过程;6 月中下旬和 7 月降水不断增加,7 月湿地明水面面积较 6 月有了明显增加,但湿地明水面面积大幅增加发生在 8 月;随着 8 月降水的持续,湿地明水面在 9 月达到年内最大;进入 9~10 月,降水开始持续减少,10~11 月纳帕海湿地明水面面积开始快速下降;冬季降水极少且以降雪为主,各月平均气温变化于–3.1~–0.9℃,冬季降水对纳帕海湿地的水量补给极少。

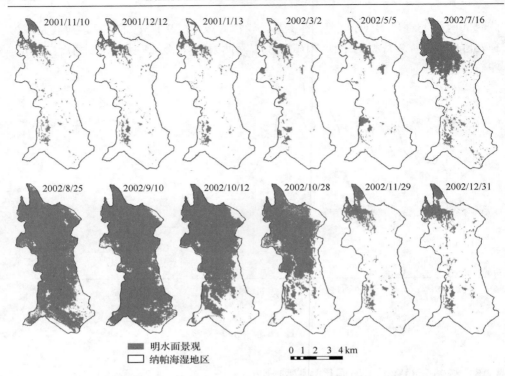

明水面景观
纳帕海湿地区

0　1　2　3　4 km

图 3-8　2001 年 11 月～2002 年 12 月纳帕海湿地区 OWA 空间分异

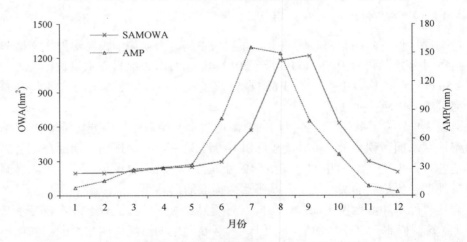

图 3-9　纳帕海湿地多年月均降水（AMP）和模拟多年月均
明水面面积（SAMOWA）波动

　　通过 NDWI 方法对纳帕海湿地区遥感数据集提取的 36 期 OWA 来看，OWA 的波动范围由 62.18hm²（2.01%）到 2848.09hm²（91.87%）。其中 12 期 OWA 超过了湿地区总面积的 30%，尤其是 2002 年 9 月，洪水已经淹没了湿地区 90% 以上的面积。

这一时滞效应对于纳帕海湿地保护管理和洪灾防范(特别是雨季)具有明确的参考价值。首先，5～6 月是纳帕海湿地植物的萌发期和生长季初期，维持适当的明水面对于纳帕海湿地植物的正常萌发和生长具有重要意义。其次，雨季中期(7～8 月)的流域强降水会导致 8～9 月纳帕海湿地明水面的大幅扩张，因此根据邻近气象站 7～8 月的日降水监测信息，可以预判当年 9～10 月纳帕海湿地区可能的洪泛情景和将面临的洪泛威胁，从而使地方政府和周边村民提前做好洪灾防范的相关准备。

3.2.5.2　1987～2011 年雨季湿地最大 OWA 变化估算

纳帕海湿地全年最大 OWA 能够反映湿地的洪泛情景，从图 3-10 可以看出，纳帕海全年最大 OWA 波动显著，其值有下降趋势。总的来说，可将 1987～2012 年分为两个阶段：①为 1987～2002 年，为正距平期；②2003～2011 年为负距平期。在 1987～2011 年，共出现过 3 次大于 2400hm² 以上的洪水，分别为 1997 年、1999 年和 2002 年，也有两个年份的最大 OWA 为 800hm² 左右。模拟结果与实际调查情况基本吻合。

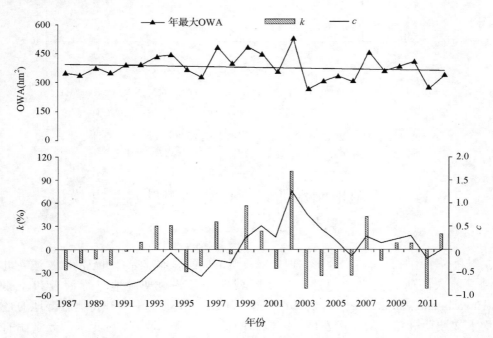

图 3-10　1987～2012 年纳帕海湿地最大 OWA 阶段性变化

k. 纳帕海最大 OWA 距平百分率差；c. 模比系数差积曲线

3.2.5.3　1987～2011 年水禽越冬季(10 月中旬～翌年 5 月上旬)湿地平均 OWA 估算

水禽越冬季的水文情势对在纳帕海湿地越冬的保护鸟类影响深远,从图 3-11

可以看出,纳帕海湿地 1987～2012 年,水禽越冬季节湿地水文情势很稳定,OWA保持在 220hm² 左右,除去 1992 年出现 1 次极大值(321hm²)以外,其他年份基本没有较大波动。纳帕海冬季稳定的水文情势能够为在此越冬的候鸟提供稳定的栖息地。

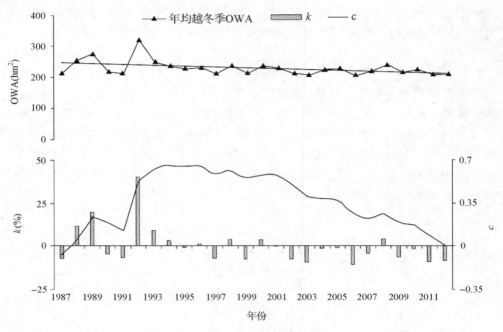

图 3-11　　1987～2012 年纳帕海湿地水禽越冬季平均 OWA 阶段性变化

k.纳帕海最大 OWA 距平百分率差;c.模比系数差积曲线

3.3　基于湿地明水面景观估算地表储水量并模拟湿地 WS-OWA 波动关系

每一个由洼地等特殊地形与地理隔离所形成的湿地都有着自己的水文波动机制。前人的研究更多的是针对一个区域内的某些典型湿地进行调查和监测(Hayashi and van der Kamp,2000;Minke et al.,2010),进而获得典型湿地的平均水文波动机制,从而代表这一区域内的所有湿地。即使是近年来部分学者的研究(Huang et al,2011)已经完成了区域内某一特定情景下所有湿地储水量的直接估算,但其仍不能够模拟某一区域内湿地储水量随时间的波动规律。湿地水文模拟不仅注重某一特定情景下的水文状态,还应注重在不同时间尺度上的水文波动情势,不断改变的水文波动能够保持湿地生态系统的生物多样性,也是湿地这一特定景观类型最典型的特征。

　　湿地储水量的波动变化是湿地水文研究的重要组成部分，是湿地水量平衡方程建立的基础，同时也是湿地生态系统重要的调节因子。因此，本节研究内容在上述研究基础之上，重点构建湿地地表储水量估算模型，从而完成利用逐日累积降水数据模拟湿地地表储水量在不同时间尺度上的波动变化。

3.3.1　理论依据与模型构建

　　研究区——纳帕海湿地可以被认为是一个包含众多不同形态小型洼地的集合体，如图 3-12a 所示，它是由高原湖泊沼泽化及地理隔离形成的。图 3-12a 中，我们假设，每一个洼地(pond，图中用"P"表示)所形成的湿地明水面均为水平面，因此，A、B、C 等明水面边界点位的高程均可以代表各自湿地的高程(如 A 点高程可代表 P_1 明水面高程，B 点高程可代表 P_2 明水面高程，D 点高程可代表洼地 P_j 内明水面高程等)。

　　在纳帕海湿地区高精度微地貌 DEM 可以获取的情况下，可以获取每个洼地底部任一点的高程，见图 3-12a。然后通过特定算法对单一湿地进行计算；在 ArcGIS 平台中，运用相关功能进行计算的原理是：计算洼地内每一个栅格的高程与洼地内湿地明水面的高程差，乘以单位栅格面积，即每一个洼地内栅格投影面积以上的水体体积，进而加和所有洼地内栅格投影面积以上的水体体积，就可得出此洼地在某一时期的 WS，从而通过加和估算某一时刻湿地区总 WS。

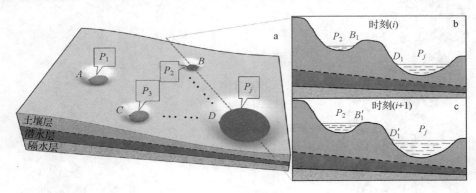

图 3-12　湿地储水量估算概念模型(彩图请扫封底二维码)

　　图 3-12b、3-12c 分别描述的是在 i 与 $i+1$ 时刻的两种湿地明水面景观波动情景。B_1、D_1 与 B_1'、D_1' 为两个不同时期 P_2 与 P_j 湿地的明水面边界点，随着时间的不同，P_2 与 P_j 湿地的 WS 也不相同，不同的 OWA 对应不同的 WS，因此，通过本章 3.2.1 节中湿地明水面景观的空间提取及 OWA 估算所建立的纳帕海湿地区明水面景观数据库，获得 109 个时期(除去 2 个人为扰动特别强烈的时期)相对应的 WS 与 OWA，本研究可以建立 WS-OWA 经验模型，从而通过 OWA 直接估算纳帕海湿地 WS。

3.3.2　高精度微地貌 DEM(数字高程模型)生成

　　由于纳帕海湿地地处流域下游,地形十分平坦,通过地形图或大尺度生成 DEM[如 SRTM:Shuttle Radar Topography Mission(航天飞机雷达地形测绘使命)和 GDEM,Global Digital Elevation Map(全球数字高程图)]往往难以准确地描述湿地地貌信息和水文过程。近年来,全球导航卫星系统(GNSS)实时动态监测(RTK)技术已经广泛地应用于数字地形模拟等领域,并能够精确地模拟地貌特征,而且测量精度可以达到 ±2cm。本研究使用 GNSS RTK 技术对纳帕海湿地区(近 31km²)水文地貌特征进行了 6512 个地面控制点的采集,如图 3-13a 所示。其中,为了对较深水区域(不能徒步进入)进行准确的测量,首先沿深水区域边界进行 RTK 点位采集,其次还采用了声纳探测器对水下地形进行了测量;对于难于通行沼泽,本研究利用估测法对其中心位置进行补植,以达到较好的模拟效果。另外,本研究利用 Landsat 数据来建立明水面景观数据库(空间分辨率为 30m),因此,小于 900m² 的湿地及部分宽度小于 10m 的河道均不在测量范围之内。最后通过 ArcGIS 中 TIN 三角网格插值方法获取湿地区微地貌 DEM,如图 3-13b 所示。

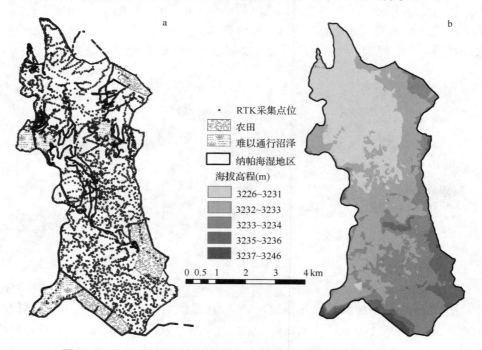

图 3-13　地面控制点位与纳帕海湿地区 DEM(彩图请扫封底二维码)

3.3.3　构建 WS-OWA 模型

3.3.3.1　明水面景观斑块海拔提取

在假定明水面即为水平面的情况下，水面边界任一点的海拔高程均可代表此湿地斑块的水面高程。这就是说，研究只需要测量某一湿地明水面边界点的海拔就可以获取此湿地斑块的明水面绝对海拔。如图 3-14a 所示，从"E"到"O"的各边界点是相对较容易测量的，并且每一个点均可以代表这一斑块明水面的海拔高程。

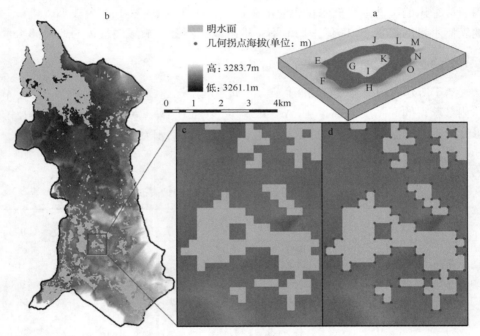

图 3-14　提取明水面景观海拔高程(彩图请扫封底二维码)

a. 明水面景观斑块和斑块边界点；b. 利用 NDWI 方法从 Landsat 影像中提取某一景纳帕海湿地区
明水面景观的分布情况；c. 区域明水面斑块放大图；d. 明水面斑块提取边界拐点(红色点)图

借助第 3 章的研究内容，我们通过 NDWI 方法获取了 111 景纳帕海湿地区明水面景观空间分布与 OWA。这些明水面景观的分布情况可以很好地反映影像采集时刻的湿地格局，见图 3-14b。因此，研究可以利用此空间格局来定位每一湿地斑块的位置；利用测量生成的微地貌 DEM 来测量每一湿地斑块边界点的高程，进而获取该湿地明水面的海拔高程。

但是，由遥感数据生成的明水面景观存在"栅格状"效应，如图 3-14c 所示，提取生成的明水面景观斑块不能够正确地表征自然状态下的湿地形态。因此，本研究为降低由数据空间分辨率不足带来的计算误差，做了如下处理：①研究首先利用 ArcGIS 9.3 中的 Feature Vertices to Points 工具生成所有湿地斑块的斑块拐点（图 3-14d 中红色点位）。这些拐点相当于图 3-14a 中的边界点（"E"到"O"）。②研究利用 ArcGIS 9.3 中的 Extract Value to Points 工具，从 DEM 数据中提取上述所有拐点的高程值。③基于假设，每一个拐点高程都可以代表其所在湿地斑块的明水面景观高程，但是由于基于遥感数据提取的明水斑块数据存在误差，因此本研究将某一湿地斑块所有拐点高程的平均值作为此斑块的明水面景观高程。

此方法的优点在于：明水斑块越大，其占有的地表储水量权重就越大，其拐点也越多（图 3-14d 中大斑块），这样计算出来的拐点高程平均值就越接近真实值，因而计算出的湿地地表储水量也越准确；反之小斑块（图 3-14d 中较小斑块），占地表储水量的权重小，即使平均值不是很准确也不会影响湿地整体的地表储水量。

3.3.3.2　基于 GIS 估算 WS

基于所建立的概念模型（3.3.1 节），本研究利用已建立的 OWA 数据库（3.2.1 节）与测量获得的高精度 DEM，在 ArcGIS 平台中使用 TIN Polygon Volume 工具计算每一个洼地中湿地 WS，进而求和计算出多个时期纳帕海湿地区湿地总 WS。

最终获取 109 期纳帕海湿地 WS，如表 3-4 所示。

表 3-4　109 期纳帕海湿地明水面面积与地表储水量表

时期	面积 (hm²)	体积 (10⁴m³)	时期	面积 (hm²)	体积 (10⁴m³)	时期	面积 (hm²)	体积 (10⁴m³)
1987/2/13	306.1	164.8	1997/9/20	1107.9	425.2	2001/2/3	169.8	62.4
1990/5/12	152.1	73.6	1998/1/10	233.4	39.9	2001/3/15	139.4	31.5
1990/6/13	319.0	157.0	1998/9/7	1632.5	1053.0	2001/4/8	113.9	36.1
1990/11/4	394.3	125.0	1999/8/1	679.9	463.9	2001/4/16	183.3	39.8
1992/6/2	232.4	74.9	1999/11/21	297.5	137.8	2001/11/2	240.4	72.1
1992/8/5	715.8	352.2	1999/11/29	426.6	158.1	2001/11/10	244.7	146.0
1993/12/30	203.8	45.1	1999/12/7	248.2	72.3	2001/12/4	254.2	107.6
1994/1/15	175.1	38.1	2000/2/17	313.5	140.8	2001/12/12	239.1	76.2
1994/11/15	122.4	17.0	2000/4/13	431.5	220.4	2001/12/20	176.4	74.1
1995/5/10	210.2	30.2	2000/9/20	1715.0	943.6	2002/1/13	209.3	112.9
1995/11/18	266.6	54.5	2000/10/6	968.1	342.1	2002/3/2	223.8	63.5
1995/12/20	279.2	56.3	2000/10/14	652.1	173.5	2002/5/5	196.1	113.4
1996/2/15	243.0	38.9	2000/10/22	473.9	368.4	2002/7/16	778.4	444.8
1996/4/26	153.3	21.3	2000/11/7	361.9	194.1	2002/8/25	2645.8	2655.0
1996/10/19	311.2	182.6	2000/12/1	338.4	112.6	2002/9/10	2848.1	4336.8
1996/11/20	238.2	33.7	2000/12/17	234.8	76.7	2002/10/12	2089.7	1972.9
1996/12/22	258.9	55.0	2000/12/25	188.2	35.3	2002/10/28	1686.2	1124.5
1997/5/15	62.2	4.3	2001/1/2	172.1	53.5	2002/11/29	349.1	210.9

时期	面积 (hm²)	体积 (10⁴m³)	时期	面积 (hm²)	体积 (10⁴m³)	时期	面积 (hm²)	体积 (10⁴m³)
2002/12/31	404.3	271.6	2006/2/9	152.3	65.6	2009/1/24	521.8	260.7
2003/6/1	122.9	58.2	2006/5/16	180.5	26.8	2009/2/17	353.2	148.5
2003/11/16	176.9	66.1	2006/7/27	401.8	14.4	2009/3/13	533.1	531.8
2003/11/24	117.0	52.9	2006/12/10	224.9	114.2	2009/3/21	522.5	328.0
2003/12/2	125.7	63.4	2006/12/26	182.7	113.5	2009/5/8	209.2	106.3
2004/4/24	170.1	94.2	2007/1/27	156.6	90.9	2009/7/19	480.7	287.8
2004/7/5	328.3	70.9	2007/2/12	147.0	42.5	2009/11/8	869.5	317.4
2004/9/15	1712.2	1085.0	2007/2/28	175.7	73.9	2009/12/2	692.4	492.5
2004/11/2	231.6	88.9	2007/4/1	103.4	55.3	2010/1/3	251.5	87.0
2004/11/18	274.4	109.8	2007/4/17	341.7	177.9	2010/2/4	175.1	144.1
2004/11/26	261.1	142.3	2007/10/26	1686.2	1304.1	2010/2/20	212.2	126.5
2004/12/4	239.4	123.3	2007/12/13	1003.3	789.0	2010/6/12	236.0	64.4
2005/1/5	150.8	45.7	2008/2/15	489.7	558.8	2010/7/30	1606.2	1179.6
2005/5/29	68.5	13.0	2008/3/2	534.8	607.2	2010/8/7	1947.0	1692.0
2005/9/10	1090.5	440.9	2008/7/8	216.1	81.6	2011/8/10	714.1	491.7
2005/11/5	249.1	67.0	2008/10/12	1496.1	593.1	2011/11/22	254.4	81.5
2005/11/13	256.3	113.3	2008/11/13	1640.5	960.3	2011/12/24	217.6	58.0
2005/12/7	258.0	101.4	2008/12/15	1118.2	946.6			
2006/1/24	151.8	72.5	2009/1/16	690.9	696.5			

3.3.3.3　模拟纳帕海湿地 WS-OWA 波动关系

结合 Wiens(2001)、Gleason 等(2007)等在美国草原湖穴区(Prairie Pothole Region,PPR)对洼地型湿地进行的水文监测分析,认为湿地明水面面积与地表储水量之间的关系为幂函数关系。本研究也使用幂函数对表 3-4 中两个序列进行拟合,所得到的关系曲线如图 3-15 所示:$n=109$,相关系数 $R=0.915$,因此式(3-5)能够实现通过 OWA 对 WS 的模拟估算。

$$WS=0.0485×(OWA)^{1.3656} \tag{3-5}$$

通过建立上述模拟方程,可以在获取不同时期纳帕海明水面面积之后,估算其湿地地表储水量。研究湿地地表储水量在不同时空尺度上的波动规律具有重要的生态学意义。它直接决定了湿地生物群落的变化及能流、物流的传递机制。对于纳帕海这种类型的湿地,四周人为扰动源众多,如要对其进行人工调控和生态修复,首先就要对湿地水量进行控制,根据湿地水文波动的自然规律来估算湿地生态需水量,进而通过调节主要入湿河流的水量和控制湿地的出流来达到人工干预生态修复的目的。

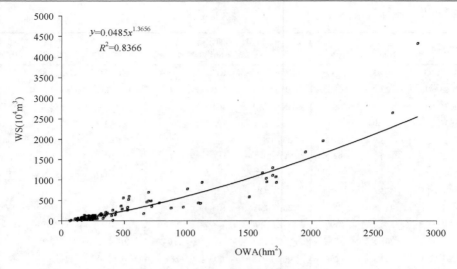

图 3-15　WS 与 OWA 回归分析曲线

3.3.4　纳帕海湿地 WS 多时间尺度波动分析

3.3.4.1　建立 WS-OAP 模型

了解湿地水文情势在不同时间尺度上的波动规律，有助于加深对湿地生态系统本身的认识。根据本文第 3 章建立的利用累积降水量数据模拟湿地 OWA 模型，结合本章建立的 WS 与 OWA 模型，就可以建立 WS-OAP 模型，进而利用降水数据来模拟反演多年际尺度上 WS 的逐日变化与估算年内季节尺度上 WS 的波动规律。这为湿地生态系统的保护、恢复及湿地管理提供重要的水文生态效应研究基础。

将式(3-4)带入式(3-5)可得 WS-OAP 模型方程。

$$WS=0.0485×(0.0113OAP^2+0.0446OAP+191.53)^{1.3656} \tag{3-6}$$

3.3.4.2　多年际尺度 WS 波动分析

纳帕海湿地是一个季节性水文波动显著的湿地，雨季降水占年总降水的 80% 左右，因而 OWA 会伴随着雨季的到来而迅速增长，伴随着雨季的结束而迅速消退。将干季与雨季分开进行多年际尺度上的 WS 模拟估算，有助于更好地掌控不同季节下的纳帕海湿地量化水情。

如图 3-16 所示，纳帕海干季湿地水量比较平稳，平均值为 89.42 万 m^3，候鸟越冬期与纳帕海湿地的干季基本重合，因此了解干季的生态需水量对于越冬水禽具有重要的生态意义。

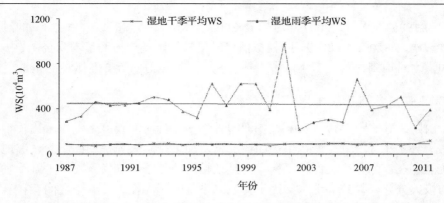

图 3-16 纳帕海干季、雨季平均 WS 多年际变化曲线（彩图请扫封底二维码）

图 3-16 显示湿地雨季 WS 波动显著，但总的来说趋势平稳，雨季湿地 WS 平均值为 442.49 万 m^3，是干季平均 WS 的 5 倍左右。雨季是纳帕海湿地洪泛频发的时期，为了防止湿地洪泛对周围村落产生不良影响，如交通中断及牧场面积大幅减小等，近些年来有关部门对湿地、入湿河道与落水洞不断地进行排干与疏浚工程，虽然对雨季纳帕海产生的洪泛有一定的控制作用，但是工程措施对湿地地貌与水文情势的改变给湿地生态系统造成了较大影响，水利工程等人为扰动对湿地的影响是长远的，这种扰动使纳帕海湿地正在加速湖泊沼泽化、沼泽草甸化。因此，对于湿地生态系统而言，在控制湿地洪泛的同时，应该保证维持生态系统正常运行的最低生态需水量，适度洪泛对于保护湿地生态系统本身意义重大。

图 3-17 展示的是利用 WS-OAP 关系模型估算出的 1987 年 1 月～2012 年 11 月纳帕海各月平均 WS 的波动情势。其中 WS 最大的月份主要出现在 8 月、9 月，以9 月偏多。因此 9 月是纳帕海周边村落防洪形式最为严峻的时期。1987～2012 年，湿地 WS 超过 1000 万 m^3 的洪水出现过 8 次；超过 1500 万 m^3 的洪水出现过 3 次，

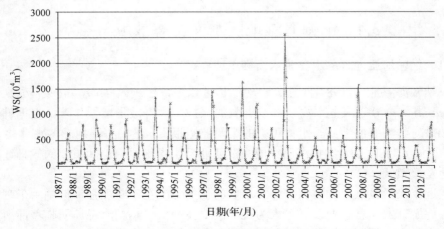

图 3-17 1987/1～2012/11 纳帕海湿地各月平均 WS 波动曲线

分别为 1999 年 9 月、2007 年 9 月及 2002 年 8~9 月；超过 2000 万 m³ 的洪水出现过一次，为 2002 年 8~9 月。模拟估算结果与实际调查情况基本吻合，其中 2002 年的洪水对周围村落的影响巨大，甚至影响到纳帕海附近 214 国道的正常运行。

3.3.4.3　年内季节性 WS 波动分析

由图 3-16、图 3-17 可知，纳帕海湿地在多年际时间尺度上保持着比较平稳的水文情势，在区域气候变化不大的情况下，如果排除人为扰动的因素，湿地生态系统能够在年际尺度上保持平衡。但是纳帕海地处季风气候区，干、湿季气候因子的极大分异，导致湿地水文因子对生态系统的影响在干、湿季之间存在着较大差异。图 3-18 所示，湿地多年月均 WS 在 7 月迅速增长，9 月达到最大，达到 887.23 万 m³，10 月快速回落，11 月至翌年 6 月基本保持平稳，保持在 89.83 万 m³ 左右，这和图 3-16 干季 WS 的平均值基本吻合。

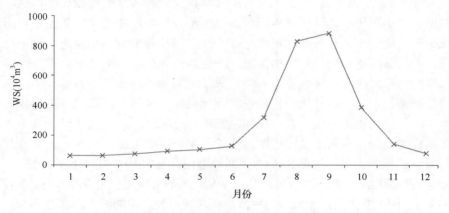

图 3-18　纳帕海湿地多年月平均 WS 波动曲线

3.4　纳帕海湿地区水文生态效应与影响

3.4.1　纳帕海湿地越冬水禽明水面栖息地界定

纳帕海湿地自 1984 年建立自然保护区以来，黑颈鹤（*Grus nigricolli*）、黑鹳（*Ciconia nigra*）等濒危水禽得到了有效的保护，种群数量增长显著。根据韩联宪（2009）对纳帕海湿地冬季水禽种类的数量监测报告，纳帕海湿地越冬水禽共有 65 种，分属 6 目 11 科。纳帕海已经成为滇西北乃至中国西南地区重要的候鸟迁徙越冬地及繁殖区。

近年来，虽然纳帕海保护区对水禽的保护力度在不断加强，但是由于工程建设、旅游开发、畜牧业发展等人为扰动的日益增大，纳帕海湿地面临着前所未有的生态压力。不断增多的候鸟种群需要更大的栖息地来维持生存，而分散于纳帕海湿地周边的城镇与村落的不断扩张使纳帕海湿地面积逐渐萎缩，这种矛盾的日益加剧使确定水禽栖息地的空间分布成为亟须解决的基本问题。

　　本研究认为，界定水禽明水面栖息地，应在对湿地水文波动充分认知的基础上，对水禽各类生境景观类型进行统计分析，从而获得各类水禽的总体最佳生境，进而为保护区区划提供依据。

3.4.1.1　水禽越冬季明水面景观样本统计

　　明水面景观是大部分水禽的主要越冬栖息地，因此，本研究利用纳帕海湿地区明水面景观空间数据库，抽选水禽越冬季(10 月中旬至翌年 5 月上旬)共计 81 期明水面景观数据，作为纳帕海湿地明水面景观在越冬季节抽取的随机样本。利用栅格叠加法，将 81 期栅格化明水面数据进行栅格运算空间叠加，某一栅格位置叠加后数值越大就表明其水禽越冬季为明水面景观的概率越大，反之则表明其水禽越冬季为明水面景观的概率越小。

　　如图 3-19 所示，由于水禽越冬季节湿地明水面景观较夏季稳定，排除几次(2002 年 10 月及 2010 年末～2011 年初)由落水洞堵塞造成的越冬季节洪水不退等极端情况以外，基本上分布在湿地区北部的主湖区和湿地区西南部。本研究通过

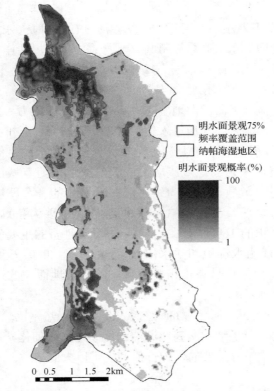

图 3-19　水禽越冬季最大明水面景观栖息地空间格局图(彩图请扫封底二维码)

计算每一个栅格明水面覆盖的频率,筛选出明水面覆盖 75%频率以上的栅格(图 3-19
红色边框内部范围),其总面积为 466.02hm^2,占研究区总面积的 15%左右。此范围
即可作为在无人为扰动情况下的水禽越冬季最大明水面景观栖息地空间格局。

3.4.1.2　干扰源确定及分级

　　研究结果表明,降水等气象因子在 25 年内的波动比较平稳,使得湿地水文因
子在年际尺度上的波动也趋于平稳,尤其是在干季,湿地主要的水源补给由降水
转变为周边山泉与地下水补给,水文情势相对于雨季更加稳定。但是近年来,众
多研究表明,纳帕海湿地正处于退化态势(李杰,2010;田昆,2004),这和逐渐
增强的人为扰动密不可分。

　　目前,影响湿地明水面景观的主要干扰源为:湿地输水排干、工程建设(包括
硬化河堤、公路建设、城镇乡村民用建筑的扩增)、旅游开发及过度放牧,导致大
牲畜对明水面景观的直接破坏。其中,输水排干主要发生于 20 世纪 50 年代至 70
年代,当时的农业发展使得纳帕海湿地面积锐减,由 1955 年绘制地形图(图略)
可以看出,测量时期的纳帕海湿地面积仍然可以达到研究区范围的 77.48%。工程
建设对湿地面积的影响也十分巨大,纳帕海湿地毗邻 214 国道,而且 2009 年新修
建的环湖公路改变了湿地四周山泉的水文情势,使得一些零星湿地小斑块消失,
2010 年以来对主要汇入湿地的河流——纳赤河进行的河堤硬化工程(图 3-20a),
使得河流与湿地之间的水文联系被阻断,发育于硬化河堤两岸的零星湿地在不久
的将来会消失;随着经济的不断发展,纳帕海湿地周边的香格里拉县城及 21 个自
然村在 1994~2006 年建筑用地面积增加了 585.5hm^2(李杰等,2010),城乡建设
的发展必然给处于流域下游的湿地生态系统带来巨大的压力。随着近年来旅游开
发规模的不断扩大,游客不断地进入纳帕海保护区核心区,严重压缩了受保护水
禽的生境空间范围,伴随而来的是湿地土壤养分锐减及植被退化(张昆等,2009)。
同时,纳帕海一直以来是当地藏族居民的天然牧场,随着城镇人口的增长,消
费需求的增加,过度放牧已经成为纳帕海湿地退化的一个严峻问题,胡金明等
(2010)开展的研究表明,冬季纳帕海湿地被牲畜(主要为猪)破坏的景观面积可
以达到湿地区总面积的 16%左右(图 3-20b),而且牲畜的主要破坏对象为越冬候
鸟最适宜的生境(浅明水湿地和浅水沼泽)。韩奔等(2009)开展的研究指出,水
域面积和越冬水禽数量呈显著正相关关系。随着湿地面积的逐渐萎缩,越冬水
禽数量将会随之减少。

　　根据当地年长居民口述,纳帕海在 1900 年左右仍然是比较稳定的湖泊。近年
来频繁的人类活动加速了纳帕海高原湖泊的沼泽化和草甸化,上述由湖泊向陆地
的加速演替过程与纳帕海重要的保护价值产生了巨大的矛盾。

图 3-20　工程建设与牲畜破坏等人为扰动(彩图请扫封底二维码)

本研究利用 2010 年 2 月 2 日采集的 ALOS(Advanced Land Observing Satellite)全色波段、2.5m 分辨率影像,对纳帕海湿地区内及周边村落、道路和旅游景区线路进行识别和判读,解译牲畜破坏后产生的裸地。根据各类扰动对水禽的影响进行分级(表 3-5),区划影响范围,为合理估算水禽栖息地提供数据支持。

表 3-5　干扰源及干扰范围

干扰源		分级	干扰类型	干扰幅宽(m)	湿地区内影响面积(hm²)	干扰明水面栖息地面积(hm²)
城镇及村落	城镇	3	面状干扰	1135.8	0.00	0
	机场	3	面状干扰	1135.8	50.92	0.18
	村落	1	面状干扰	378.6	847.25	78.82
道路	国道	1.2	线状干扰	454.32	109.95	7.77
	环湖路	0.5	线状干扰	189.3	390.30	95.75
	小路	0.3	线状干扰	113.58	393.95	39.67
旅游	旅游点	1	点干扰	378.6	243.35	11.22
	骑马路线	0.4	线状干扰	151.44	676.27	37.41
大牲畜直接破坏		—	面状干扰	—	70.00	0.29

张佰莲等(2009)在崇明东滩自然保护区对白头鹤警戒行为的研究中指出,白头鹤对人类活动在滩涂上的观望距离(观望行为一般可以表示动物受到胁迫时所做出的反应)为(378.6±32.5)m。因为没有针对黑颈鹤等保护物种警戒行为的研究,所以本研究借助上述观望距离值(378.6m),作为纳帕海湿地越冬水禽的基本胁迫距离。本研究基于调查发现的人为扰动因子,将干扰源分为城镇及村落、道路、旅游,如表 3-5 所示。另外一类:大牲畜对湿地直接破坏产生的裸地,根据 ALOS 影像对破坏地的判读来确定空间范围。根据各种干扰源分级和越冬水禽的基本胁迫距离的乘积,来确立各种子类干扰源的影响范围。城镇与机场对周围环境影响较大,尤其是机场的驱鸟设施会对纳帕海湿地越冬水禽产生较大胁迫,将二者定为 3 级;214 国道位于纳帕海湿地西部,来往车辆很多,且多为大型车辆,但车辆对鸟类的胁迫不如人对鸟类的胁迫大,将国道分级定为 1.2;环湖路车辆较

少，将其分级定为 0.5；湿地周边及湿地内小路偶尔会有人经过，将其分级定为
0.3；越冬季节是纳帕海湿地的旅游淡季，游客出现不是很密集，将其分级定为 0.4。

从表 3-5 看出，道路对水禽越冬明水栖息地的干扰较大，总干扰面积达到
143.19hm²，其中以环湖路的影响最大，占水禽越冬最大明水栖息地面积的 20.54%；
而 214 国道对目前水禽越冬明水栖息地的影响较小，只影响到距离它较近的小斑块
栖息地(图 3-21)。城镇和机场对目前明水栖息地的影响不大，但村落的影响较大，
尤其是村落对于湿地区整体而言，影响面积较广，能够占研究区总面积的 27.33%，
这说明周边自然村的发展和扩大，不仅影响了纳帕海水禽越冬季的明水栖息地，还
可能会影响到越冬水禽的其他类型栖息地，如湿草甸等其他景观类型栖息地等。

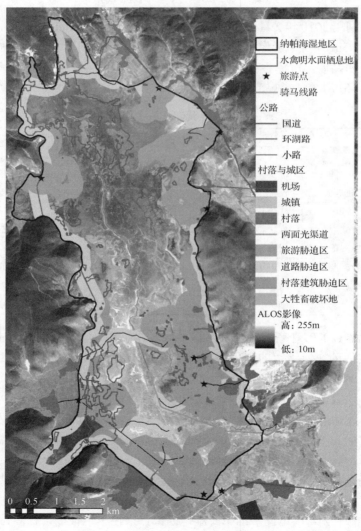

图 3-21　各干扰源及其胁迫区空间分布图(彩图请扫封底二维码)

　　从图 3-21 可以看出,干扰源基本分布于纳帕海湿地区边缘部分,旅游骑马所产生的扰动最为深入,村落建筑产生的扰动最为广泛,湿地区内存在扰动重叠的现象,重叠区域扰动较为强烈和复杂(图 3-22)。大部分分布于湿地区边缘的明水面栖息地都在干扰区域内,其中栖息地北部与西南部沼泽区影响强烈。

　　重叠干扰对保护物种的影响较大,如图 3-22 深色区域所示,重叠干扰强烈的区域分布于已经建设有旅游设施的区域。因此,旅游业的发展对越冬水禽栖息地的保护物种影响很大,尤其是纳帕海湿地区南部,由于叠加了机场干扰,是整个研究区干扰最为强烈的区域。虽然在研究区南部,明水面景观分布非常少,只有几个明水面小斑块零星分布,但是强烈的扰动仍然会影响其他景观类型的水禽栖息地。而且,此区域由于长期的人为扰动,是湿地面积减少最严重的区域。自 20世纪 70 年代以来,主要入湖河流纳赤河(图 3-21 中两面光渠道)、奶子河及达浪河在此区域均被渠道化,达浪河被改道裁弯取直。2010 年以来,纳赤河及达浪河等渠道均被加宽硬化,堵塞漫流溢水口,使得河流与湿地之间的联系被阻断。通过对比 2000 年后与 1955 年研究区南部湿地景观分布,可以看出输水排干与河流渠道化硬化是此区域湿地面积减少的最主要原因。图 3-22 显示,纳帕海南部干扰面积大于北部,而且未受干扰区域狭窄、分散,不适合水禽生存,将逐渐丧失水禽栖息地的功能。

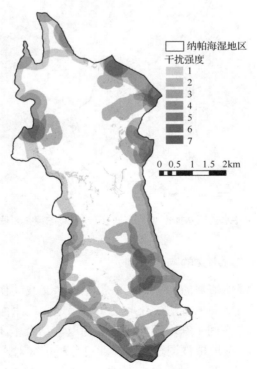

图 3-22　人为扰动重叠区域(彩图请扫封底二维码)

3.4.1.3　越冬水禽栖息地界定

通过上述计算得出越冬水禽明水面景观栖息地面积为 302.45hm²，占最大明水面景观栖息地面积的 64.80%，占研究区总面积的 9.74%。从图 3-23 可以看出，纳帕海湿地区北部的主湖区仍然是越冬水禽的主要明水面景观栖息地。西南部明水栖息地呈孤岛状分布，其余小斑块明水面栖息地较为分散。明水面景观作为主要的水禽越冬栖息地，随着水禽数量的逐年增多，其面临的生态压力也在逐渐增大，有关部门应该加强对人为扰动的控制，以最大明水面栖息地为恢复目标逐渐释放空间，为保护物种提供更多生境。

图 3-23　越冬水禽明水面栖息地空间分布图（彩图请扫封底二维码）

3.4.2　纳帕海湿地植被对水文的响应机制

水文因子是调控湿地植被的主导因子，常年的水文波动使湿地植被随着水文梯度依次分布。使用栅格叠加方法，获取纳帕海湿地区明水面覆盖频率——淹水频率（图 3-24），可以在空间上获取湿地区水文梯度。结合本团队于 2012 年 7～8 月对纳帕海湿地进行的湿地植被调查数据，即可分析植被对水文的响应机制。

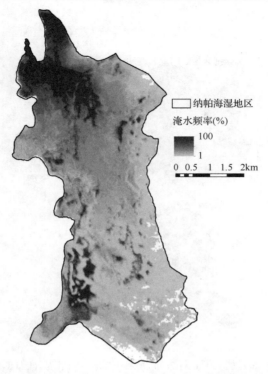

纳帕海湿地区

淹水频率(%)

100

1

0 0.5 1 1.5 2km

图 3-24 纳帕海湿地明水面淹水频率空间分布图(彩图请扫封底二维码)

3.4.2.1 利用淹水频率与植被调查建立湿地区景观分区

本研究团队于 2012 年 7~8 月对纳帕海湿地进行了全面的湿地植被调查,通过网格布点法(湿地区东北部与东南部)与均匀布点法(湿地区中部)对湿地区非明水面区域(不包括农田)进行样方信息采集,经过 15 个工作日的调查工作,本团队在 1842hm² 面积上总计采集了 251 个样方信息,即平均每 100hm² 采集 13.84 个样方(图 3-25)。每个样方为 1m×1m 草本群落样方,主要对其进行生境调查,并记录样方位置及植物的种名、平均高度、盖度、多度、群集度、物候相、样方总盖度等,能够充分地反映出该采样时段的纳帕海植被状况。

调查结果显示,纳帕海湿地共记录湿地植物 131 种,隶属于 37 科 88 属。其中,蕨类植物 1 科 1 属 1 种,苔藓植物 1 科 1 属 1 种,种子植物 35 科 86 属 128 种,以菊科植物最多,共 14 种,占全部调查植物种类的 10.77%,分属于 10 属,以蒿属为主;禾本科其次,占全部种类的 10%;再次为蓼科和莎草科,分别占到所有种的 8.46%,其余为毛茛科(6.92%)、玄参科(6.15%)、蝶形花科(5.38%)和十字花科(5.38%)等。

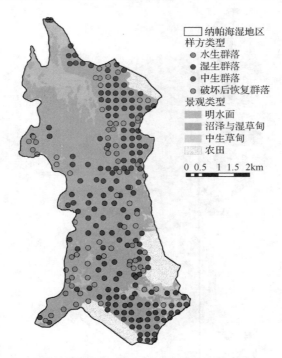

图 3-25　2012 年 7～8 月植被调查样方布设及纳帕海湿地景观分区(彩图请扫封底二维码)

　　参照《中国植被》及《中国湿地植被》的分类原则,即植物群落学-生态学外貌相结合的原则,根据植物群落的物种组成、生态学外貌、生态地理和动态特征等 4 个主要特征划分植物群落,各群落类型、调查样方数、群落总盖度、优势种重要值、主要伴生种如表 3-6 所示。

表 3-6　纳帕海湿地植被调查各群落基本信息

植被类型	群落名称	样方数	总盖度	优势种重要值	主要伴生种
浅水沼泽	水葱群落(Com. *Scirpus tabernaemontani*)	9	0.46	0.22	小黑三棱(*Sparganium simplex*)、刘氏荸荠(*Heleocharis liouana*)
	杉叶藻群落(Com. *Hippuris vulgaris*)	7	0.67	0.22	刘氏荸荠(*Heleocharis liouana*)、小花灯心草(*Juncus articulatus*)
	浮叶眼子菜群落(Com. *Potamogeton natans*)	7	0.48	0.32	穗状狐尾藻(*Myriophyllum spicatum*)、看麦娘(*Alopecurus aequalis*)
	睡菜群落(Com. *Menyanthes trifoliata*)	6	0.57	0.27	小花灯心草(*Juncus articulatus*)
	小花灯心草群落(Com. *Juncus articulatus*)	4	0.64	0.28	杉叶藻(*Hippuris vulgaris*)、小黑三棱(*Sparganium simplex*)
	刘氏荸荠群落(Com. *Heleocharis liouana*)	4	0.29	0.23	水葱(*Scirpus tabernaemontani*)、菰(*Zizania latifolia*)

续表

植被类型	群落名称	样方数	总盖度	优势种重要值	主要伴生种
湿草甸	蕨麻-木里苔草群落 (Com. *Potentilla anserina-Carex muliensis*)	46	0.79	0.19	华扁穗草 (*Blysmus sinocompressus*)、疏花车前 (*Plantago erosa*)
	木里苔草群落 (Com. *Carex muliensis*)	44	0.81	0.24	纤细碎米荠 (*Cardamine gracili*)
	华扁穗草群落 (Com. *Blysmus sinocompressus*)	19	0.78	0.26	纤细碎米荠 (*Cardamine gracili*)
	高原毛茛群落 (Com. *Ranunculus tanguticus*)	18	0.71	0.14	细叶小苦荬 (*Ixeridium gracile*)、木里苔草 (*Carex muliensis*)
	草地早熟禾群落 (Com. *Poa pratensis*)	5	0.79	0.16	云生毛茛 (*Ranunculus nephelogenes*)、纤细碎米荠 (*Cardamine gracili*)
	云雾苔草群落 (Com. *Carex nubigena*)	4	0.66	0.28	百脉根 (*Lotus corniculatus*)、疏花车前 (*Plantago erosa*)
	密穗马先蒿群落 (Com. *Pedicularis densispica*)	3	0.72	0.16	密穗马先蒿 (*Pedicularis densispica*)、百脉根 (*Lotus corniculatus*)
	海仙报春群落 (Com. *Primula poissonii*)	2	0.6	0.16	之形喙马先蒿 (*Pedicularis sigmoidea*)
	直茎蒿群落 (Com. *Artemisia edgeworthii*)	2	0.84	0.18	棱喙毛茛 (*Ranunculus trigonus*)、之形喙马先蒿 (*Pedicularis sigmoidea*)
中生草甸	蕨麻群落 (Com. *Potentilla anserina*)	23	0.71	0.17	华扁穗草 (*Blysmus sinocompressus*)、疏花车前 (*Plantago erosa*)
	狼毒群落 (Com. *Stellera chamaejasme*)	11	0.72	0.1	椭圆叶花锚 (*Halenia elliptica*)、湿地银莲花 (*Anemone rupestris*)
破坏后恢复草甸	浮叶眼子菜-水蓼群落 (Com. *Potamogeton natans-Polygonum hydropiper*)	11	0.47	0.28	看麦娘 (*Alopecurus aequalis*)
	水蓼群落 (Com. *Polygonum hydropiper*)	6	0.53	0.28	高薄菜 (*Rorippa elata*)、看麦娘 (*Alopecurus aequalis*)
	看麦娘群落 (Com. *Alopecurus aequalis*)	6	0.07	0.28	松叶苔草 (*Carex rara*)
	鼠麹草群落 (Com. *Gnaphalium affine*)	4	0.44	0.32	荔枝草 (*Salvia plebeia*)、通泉草 (*Mazus japonicus*)
	沼泽薄菜群落 (Com. *Rorippa palustris*)	4	0.26	0.3	尼泊尔酸模 (*Rumex nepalensis*)、看麦娘 (*Alopecurus aequalis*)
	荔枝草群落 (Com. *Salvia plebeia*)	3	0.57	0.16	鼠麹草 (*Gnaphalium affine*)、棱喙毛茛 (*Ranunculus trigonus*)
	西伯利亚蓼群落 (Com. *Polygonum sibiricum*)	2	0.53	0.36	蕨麻 (*Potentilla anserina*)
	尼泊尔酸模群落 (Com. *Rumex nepalensis*)	1	0.02	0.43	看麦娘 (*Alopecurus aequalis*)、沼泽薄菜 (*Rorippa palustris*)

通过表 3-6 可以看出，蕨麻-木里苔草群落、木里苔草群落和蕨麻群落为纳帕海湿地的主要植物群落类型，植被调查均匀布点法采集到的样方中有 45.01% 为上

述三类群落，而其中的两个物种(蕨麻与木里苔草)为湿地区最主要的优势物种。

对照表 3-6 中各群落类型的空间分布(表 3-6 中植被类型为浅水沼泽，在图 3-25 中样方类型则为水生群落；表 3-6 中植被类型为湿草甸，在图 3-25 中样方类型则为湿生群落；表 3-6 中植被类型为中生草甸，在图 3-25 中样方类型则为中生群落；表 3-6 中植被类型为破坏后恢复草甸，在图 3-25 中样方类型则为破坏后恢复群落)，排除受到强烈人为扰动影响的破坏后恢复草甸，结合湿地区多年淹水频率(图 3-24)，根据植被调查数据中各类样方在湿地区的空间分布状况，如图 3-25 所示，将纳帕海湿地区淹水频率在 2.1%以下的区域确定为中生草甸；将湿地区淹水频率在 2.1%～50.0%的区域确定为沼泽和湿草甸；将湿地区淹水频率在 50.0%以上范围内的区域确定为明水面湿地。各类景观内各类样方类型及数量见表 3-7。

7～8 月为纳帕海湿地植物的生长中期，也是纳帕海明水面景观主要的增长时期。某些区域由于刚淹水不久，水生群落没有完全形成，而且在水深超过 1.5m 以后，沉水植物群落很难进行调查，因此表 3-7 展示的明水面景观中植物群落数量很少。沼泽和湿草甸是纳帕海湿地区的主要景观类型，占湿地区总面积的 77.90%，其也是受人为扰动破坏最严重的景观类型。中生草甸仅分布在湿地区南部及沿渠化后的纳赤河两侧，其群落主要以狼毒群落为主(表 3-6)。这说明海拔较高的湿地区南部经过长时间的演替已经转变为陆生生态系统，并且随着河流渠化对周边湿地的影响加剧，中生草甸景观有向北部延伸的趋势。

表 3-7　各类景观内样方类型及分布数量

景观类型	面积(hm²)	区域内样方数	样方类型	各类样方数
明水面湿地	256.64	2	水生群落	1
			破坏后恢复群落	1
沼泽和湿草甸	2414.74	235	水生群落	36
			湿生群落	159
			中生群落	4
			破坏后恢复群落	36
中生草甸	165.8	14	湿生群落	7
			中生群落	7
农田	264.50	0	—	0

3.4.2.2　各类样方生物多样性随水文梯度的变化

水文因子是湿地植物群落最主要的调控因子之一，了解植物群落生物多样性随水文梯度的变化态势，对湿地植被的人工干预恢复工作有指导作用。根据 2012 年 7～8 月调查采集纳帕海湿地植被的 251 个样方信息，本研究依照图 3-25 中对样方的初步分类来分析各类样方生物多样性随水文梯度的变化态势。水文梯度的变化由淹水频率来表征。

图3-26～图3-28表明:湿生群落的生物多样性与水文梯度在 $\alpha = 0.01\,(n = 165)$ 显著水平上为线性负相关关系;而水生群落和中生群落的生物多样性与水文梯度基本没有相关性。

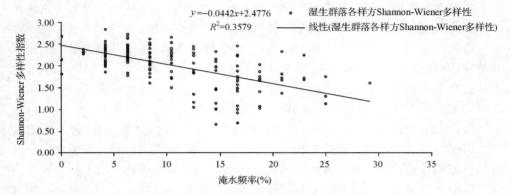

图 3-26 湿生群落各样方生物多样性与淹水频率的关系

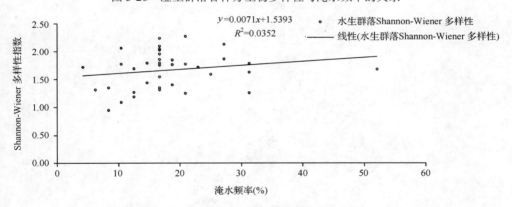

图 3-27 水生群落各样方生物多样性与淹水频率的关系

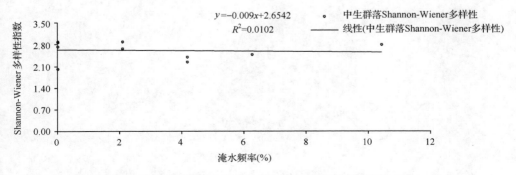

图 3-28 中生群落各样方生物多样性与淹水频率的关系

　　湿生群落生物多样性随着淹水频率的增加而减少，并且其主要分布在淹水频率为5%～25%的区域(图3-26)，说明在非频繁淹水的区域，淹水频率越小，其他生态因子对群落产生的扰动越强，越有利于其他伴生物种进入湿生群落，从而增加此类群落的生物多样性。这也说明，水文因子不单是调控湿生群落生物多样性的主控因子，也可以限制其他生态因子对群落的影响。

　　水生群落分布于淹水频率相对较高的区域(图3-27)，群落中主要物种为水生植物，因此在较高淹水频率的区域内，水文因子对此类群落的生物多样性影响不大。

　　中生群落分布于淹水频率相对较低的区域(图3-28)，而且此类群落中的大多数物种均具有较大的生态幅，能够适应多种环境，因此在淹水频率为0～12%均能保持较高的生物多样性。上述范围也是多种影响因子共同作用的区域，存在边缘效应，因此中生群落大多能够保持较高的生物多样性。

　　统计251个样方的Shannon-Wiener多样性指数，提取值大于2.330的样方点位，可以发现这些点所在的位置均处于人为扰动较强区域(图3-29)。生物多样性高的样方随着湿地区南部的人工渠道向北延伸，说明人为扰动在淹水频率较低的区域对湿地植被生物多样性的影响更加显著。

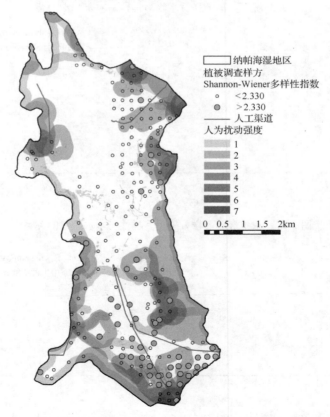

图3-29　湿地生物多样性与人为扰动因子的关系(彩图请扫封底二维码)

湿地区边缘，淹水频率较低区域凸显出生态交错带具有的边缘效应。这种边缘效应能够反映出湿地生态系统与陆生生态系统的边界，可以为湿地的界定提供新的依据。

3.4.3   关于湿地边界界定的探索

对湿地边界进行界定一直是湿地学领域最重要的科学问题。从客观上来看，界定湿地边界有多方面的困难。湿地生态系统是水生、陆生生态系统之间的自然过渡地带，虽然湿地生态系统独特的水文、土壤和植被特征已被公认，但处于水陆交界处的湿地系统的各种特征都是渐变的，陆地、湿地和水体是同一个连续统一体的不同组成部分，在连续统一体内划分区域边界本身就是非常困难的。而且，单纯使用某些湿地特征确定的湿地边界具有季节变化和年际波动性，尤其是地貌平坦的洪泛平原湿地，可能水位抬升几厘米，明水面就会出现显著的变化，在不同时间段观测的数据往往差异巨大。

因此，本研究认为湿地在不同时空尺度下存在着不同的波动边界，湿地边界的界定需要在确定了研究尺度以后，以主控因子——水文因子的波动观测统计数据为基础，结合生态系统边缘效应理论，分析群落生物多样性等特征的梯度变化，从而确定在该时空尺度下的湿地生态系统边界。

3.5   小   结

1) 无常规水文监测湿地水文模拟一直以来都是湿地水文研究的难点，其中如何增加现有数据量是解决上述问题的关键所在。本研究利用 NSPI 法对部分 Landsat ETM+(slc-off) 数据进行了修复，以便补足湿地水文模拟对样本数据量的需求。经过高精度 ALOS 影像的验证，修复数据与其他 Landsat 数据在同一时空尺度下能够保证对纳帕海明水面景观的解译精度。而且，利用此方法可以为中时空尺度研究提供更为广泛的数据源，有利于提高现有模拟计算的精度。

2) 本研究利用遥感数据提取湿地明水面信息、使用高精度 GNSS 系统获取高精度湿地微地貌 DEM 及纳帕海湿地逐日降水数据，在 ArcGIS 平台上建立了 65d 累积降水量与湿地地表储水量之间的经验模型。通过此经验模型，可以直接通过纳帕海湿地 65d 累积降水量估算出湿地明水面面积与地表储水量的波动情势，成功利用现有数据完成纳帕海湿地水文情势的初步模拟。同时，本研究也发现了纳帕海湿地明水面面积与地表储水量之间存在的固有关系，通过此关系，可以在获取湿地明水面面积后快速估算出目标情景下湿地地表储水量，从而为计算湿地生态需水量等关键因子提供基础。本研究还利用多个时期明水面空间分布数据叠加建立湿地淹水频率空间格局，进而在获取湿地明水面面积以后，通过不同淹水频率下的淹水面积推算出目标面积所对应的最有可能的明水面空间分布格局。

3) 在多年际时间尺度下，纳帕海湿地在干季保持着稳定的水文情势，雨季水文情势波动显著，但无水量减少的趋势；而年内季节时间尺度下，湿地多年月均WS 在 7 月迅速增长，9 月达到最大，10 月快速回落，11 月至翌年 6 月基本保持平稳。纳帕海湿地降水与明水面面积增长之间存在着明显的时滞效应，这一时滞效应对于纳帕海湿地保护管理和洪灾防范 (特别是雨季) 具有明确的参考价值。

4) 纳帕海湿地发生百年一遇洪水的降水条件：OAP 达到 553.90mm，洪水淹没面积为 3098.20hm²；发生五十年一遇洪水的降水条件：OAP 达到 529.83mm，洪水淹没面积为 2812.37hm²；发生二十年一遇洪水的降水条件：OAP 达到 495.23mm，洪水淹没面积为 2427.69hm²；发生十年一遇洪水的降水条件：OAP 达到 465.97mm，洪水淹没面积为 2126.49hm²；发生五年一遇洪水的降水条件：OAP 达到 432.38mm，洪水淹没面积为 1807.94hm²。通过明水面景观空间叠加方法，本研究获得了纳帕海湿地各洪水重现期最有可能出现的淹水空间格局，可以为防洪提供有效的依据。

5) 越冬水禽明水面景观栖息地面积为 302.45hm²，占最大明水面景观栖息地面积的 64.80%，占研究区总面积的 9.74%。纳帕海湿地区北部的主湖区仍然是越冬水禽主要的明水面景观栖息地。西南部明水栖息地呈孤岛状分布，其余小斑块明水面栖息地较为分散。明水面景观作为主要的水禽越冬栖息地，随着水禽数量的逐年增多，其面临的生态压力也在逐渐增大，有关部门应该加强对人为扰动的控制，以最大明水面栖息地为恢复目标逐渐释放空间，为保护物种提供更多生境。

6) 2012 年 7～8 月纳帕海植被调查结果显示，纳帕海湿地共记录湿地植物 131种，隶属于 37 科 88 属。其中，蕨类植物 1 科 1 属 1 种，苔藓植物 1 科 1 属 1 种，种子植物 35 科 86 属 128 种。湿地区存在的主要优势物种为蕨麻与木里苔草。纳帕海湿地区淹水频率在 2.1% 以下的区域为中生草甸；淹水频率在 2.1%～50.0% 的区域为沼泽和湿草甸；湿地区淹水频率在 50.0% 以上范围内的区域为明水面湿地。人为扰动在淹水频率较低的区域对湿地植被生物多样性的影响更加显著。湿地区边缘，淹水频率较低区域凸显出生态交错带具有的边缘效应。这种边缘效应能够反映出湿地生态系统与陆生生态系统的边界，为湿地的界定提供新的依据。

参 考 文 献

韩联宪. 2009. 纳帕海地区鸟类多样性. 北京: 中国林业出版社.

韩奔, 冯理, 韩联宪, 等. 2009. 纳帕海越冬水鸟数量与水域面积的关系. 西南林业大学学报, 29(2): 44-46.

胡金明, 李杰, 袁寒, 等. 2010. 纳帕海湿地季节性景观格局动态变化及其驱动. 地理研究, 29(5): 900-908.

李杰. 2010. 纳帕海湿地多时空尺度景观格局变化及其驱动机制研究. 云南大学硕士学位论文.

田昆. 2004. 云南高原纳帕海湿地土壤退化过程及驱动机制. 中国科学院东北地理与农业生态研究所博士学位论文.

吴后建, 郭克疾, 但新球, 等. 2010. 江西药湖湿地水禽栖息地保护与恢复规划设计. 林业调查规划, 35(1): 102-107.

张佰莲, 田秀华, 刘群, 等. 2009. 崇明东滩自然保护区越冬白头鹤警戒行为的观察. 东北林业大学学报, 37(7): 126-136.

张昆, 田昆, 吕宪国, 等. 2009. 旅游干扰对纳帕海湖滨草甸湿地土壤水文调蓄功能的影响. 水科学进展, 20(6): 800-805.

Chen G F, Qin D Y, Ye R, et al. 2011. A new method of rainfall temporal downscaling a case study on sanmenxia station in the Yellow River Basin. Hydrol. Earth Syst. Sci. Discuss, 8(2): 2323-2344.

Gao B. 1996. NDWI——A normalized difference water index for remote sensing of vegetation liquid water from space. Remote Sensing of Environment, 58(3): 257-266.

Gleason R A, Tangen B A, Laubhan M K, et al. 2007. Estimating Water Storage Capacity of Existing and Potentially Restorable Wetland Depressions in a Subbasin of the Red River of the North. US Geological Survey Open-File Rep: 007-1159.

Hayash M, van der Kamp G. 2000. Simple equations to represent the volume–area–depth relations of shallow wetlands in small topographic depressions. Journal of Hydrology, 237(1-2): 74-85.

Huang S, Young C, Feng M, et al. 2011. Demonstration of a conceptual model for using LiDAR to improve the estimation of floodwater mitigation potential of Prairie Pothole Region wetlands. Journal of Hydrology, 405(3): 417-426.

Jin C X. 1993. Determination of basin lag time in rainfall-runoff investigations. Hydrological Processes, 7(4): 449-457.

Liu Q, Yang J, Yang X, et al. 2010. Foraging habitats and utilization distributions of Black-necked Cranes wintering at the Napahai Wetland, China. J. Field Ornithol, 81(1): 21-30.

McFeeters S K. 1996. The use of Normalized Difference Water Index (NDWI) in the delineation of open water features. International Journal of Remote Sensing, 17(7): 1425-1432.

Minke A, Westbrook C, van der Kamp G. 2010. Simplified volume-area-depth method for estimating water storage of prairie potholes. Wetlands, 30(3): 54-551.

Wiens L. 2001. A surface area-volume relationship for prairie wetlands in the Upper Assiniboine river basin, Saskatchewan. Canadian Water Resources Journal, 26(4): 503-513.

Xu H. 2006. Modification of normalised difference water index (NDWI) to enhance open water features in remotely sensed imagery. International Journal of Remote Sensing, 27(14): 3025-3033.

4 纳帕海湿地不同类型土壤养分差异

4.1 纳帕海湿地土壤类型划分及采样预处理方法

4.1.1 纳帕海湿地土壤类型划分及样品采集

基于纳帕海湿地景观的季节变化特征，结合地貌、水文和地表植被类型的分异，设计 4 条样带，每条样带 6~8 个样地，共计 28 个样地(图 4-1)，根据湿地区的土壤剖面性状、地表植被类型、土壤水分状况等特征的调查，可以将 28 个样地的土壤大致划分为沼泽土(marsh soil，MS)、湿草甸土(wet meadow soil，WMS)、

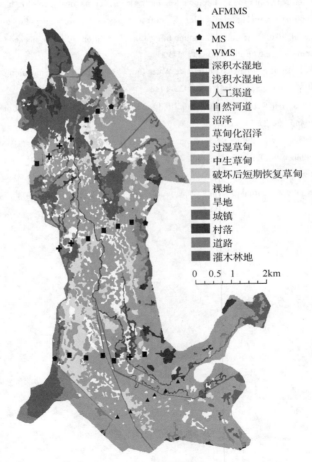

图 4-1 纳帕海湿地区景观与采样点示意图(彩图请扫封底二维码)

中生草甸土(mesophytic meadow soil,MMS),以及由弃耕形成的弃耕地-中生草甸土(abandoned farmland mesophytic meadow soil,AFMMS)主要4类。

根据野外调查记录的水文-植被信息,4类土壤对应的水分-植被生态状况分别为:AFMMS为常年偏干、植被覆盖度和多样性低,且具有清晰的耕作垄存留;MMS为旱季偏干、雨季土壤水分含量较高但多数达不到饱和状态,植被覆盖度和多样性略高于AFMMS,但明显低于WMS;WMS为雨季积水、旱季部分时段土壤水分含量达饱和或较高、植被覆盖度和多样性最高;MS为常年积水或水分饱和,植被覆盖度和多样性与WMS相近。

由于纳帕海湿地区不同季节水文情势和植被生长状态的变化,湿地土壤碳氮要素会发生变化,本研究分别于雨季初(2009年6月)、旱季初(2009年11月~12月)和旱季中后期(2010年3月)进行了三次采样,野外采样时利用GPS测定样地经纬度,并记录样地水文信息(积水、过湿、干燥等),三次采样同一样地为同一位置,三次采样测得的土壤碳氮要素的均值反映该湿地区土壤碳氮要素的基本特征。在雨季中期(2009年7~10月)未进行采样,主要因为这一时期湿地水位高,样线1和样线2的大部分样地淹水都达到40~50cm甚至1m以上,难以通行和精确定位取样,因此未在雨季中期(7~10月)采集土壤样品。对于样带上常年性的明水湿地(河道、深积水湿地等)也未采集土壤样品。

我国国内的相关湿地(如三江平原、青藏及云南高原等)土壤剖面要素垂向分异研究结果表明,各类湿地土壤要素的垂向剖面显著分异一般都发生在0~30cm层位,而30cm以下层位垂向分异小;即使是不同类型湿地之间,其剖面30cm以下对应层位的土壤生源要素间的差异也极小(白军红等,2002;孙志高和刘景双,2009;孙志高等,2009)。因此,本研究确定土壤采集剖面深度为0~30cm,以分析土壤碳氮要素的分异特征。

每个样地随机选3个剖面(0~30cm深)采样,每个剖面都按10cm分层(0~10cm、10~20cm、20~30cm)取样,并记录各层土壤基本性状(颜色、根系、湿度等),每个土壤剖面采集1kg的土样,将同一样地3个土壤剖面同一层位的新鲜样品混合,用四分法取样1kg代表相应样地的土壤样品,装袋、标记带回实验室自然风干。三个季节共采集到弃耕地-中生草甸土、中生草甸土、湿草甸土、沼泽土每一层位的混合样本数分别为18、39、18、9。同时,在纳帕海湿地植物生长的高峰期(7~8月)对所有样地植被进行调查,方法按吕宪国(2005)提供的湿地植物及其群落调查方法,调查植物物种数、多度(个体数量)、高度、盖度,盖度估计使用Braun-Blanquet scale(Maarel,1978),调查中不认识的植物采集标本、编号、带回鉴定,调查样方大小为50cm×50cm,每个样地随机做5个样方,获取样地植物群落信息。

4.1.2 土壤样品的预处理要求

将野外取回的样品放在木盘中或塑料布上,摊成薄薄的一层,置于室内通风阴干。在土壤半干时，将大土块捏碎，以免完全干后结成硬块，难以磨细。风干场所力求干燥通风，并防止酸蒸汽、氨气和灰尘的污染。样品风干后，倒入木盘上，用木棍研细，拣去动植物残体(如根、茎、叶、虫体等)和石块、结核(石灰、铁、锰)，如果石块过多，应当将拣出的石块称重，记下所占的百分比。将研细的土壤过 2mm 的分样筛，充分混匀后用四分法取出 80g，放入自封袋内标记好并密封保存。剩余的土壤放入瓷研钵内研磨，过 100 目的分样筛(筛径为 0.149mm)，充分混匀后用四分法取出 30g，放入自封带内标记好并密封保存。2mm 的土样用来测定溶解有机碳、溶解有机氮、速效氮、铵态氮、硝态氮、pH；100 目的土样用来测定有机碳、活性有机碳、全氮。

4.1.3　土壤样品的实验室测定

经预处理的样品送中国科学院东北地理与农业生态研究所分析测试中心测试，测定土壤样品分析项目主要有土壤有机碳(soil organic carbon，SOC)、活性有机碳(labile organic carbon，LOC)、溶解有机碳(dissolved organic carbon，DOC)、全氮(total nitrogen，TN)、速效氮(rapid available nitrogen，RAN)、溶解有机氮(dissolved organic nitrogen，DON)、铵态氮(ammonium nitrogen，AN)、硝态氮(nitrate nitrogen，NN)、pH。下文图表中碳氮及其组分均采用上述缩写形式表达。

有机碳的测定方法采用重铬酸钾测定法(中国国家林业标准，1999)；活性有机碳采用重铬酸钾法(鲁如坤，2000)；溶解有机碳采用水浸、燃烧法，测定的国家标准代号为 GB/T 13193—91 水质 TOC 测定；全氮采用凯氏定氮法，测定的标准代号为 LY/T 1228—1999《森林土壤全氮的测定》；速效氮采用碱解扩散法，测定的标准代号为 LY/T 1229—1999《森林土壤水解性氮的测定》，在有些研究中也常常称为碱解氮；溶解有机氮采用 1mol/L KCl 浸提和过硫酸钾氧化法(杨绒，2006)；铵态氮和硝态氮采用比色法，测定的标准代号为 LY/T 1231—1999《森林土壤铵态氮的测定》和 LY/T 1230—1999《森林土壤硝态氮的测定》；pH 采用电位法，水土比 1∶5，测定的标准代号为 LY/T 1239—1999《森林土壤 pH 值的测定》。

4.1.4　土壤碳氮要素分异特征的分析

各要素的基本统计和制图基于 Excel，各组分含量差异和各组分间相关显著性检验基于 SPSS 独立样本 t 检验和 Pearson 单侧检验。各土壤每一层位样品数分别为 18、39、18、9，图表中不再标注。文中将各土壤剖面的 0～10cm、10～20cm、20～30cm 层位分别记为上层(表层)、中层和下层，图表中分别记为(1)、(2)、(3)，如 SOC(1)、LOC/SOC(1)、SOC-TN(1)分别表示 0～10cm 层位土壤 SOC 含量、0～10cm 层位 LOC 含量占 SOC 含量比例、0～10cm 层位 SOC 和 TN 相关系数，其他均类推。

4.2 不同类型土壤碳素分异特征

4.2.1 SOC 分异特征

图 4-2 表明,4 类土壤间 SOC 含量存在明显分异,3 层 SOC 含量都为:AFMMS <MMS<WMS<MS,与土壤退化程度明显对应;其中 MS 各层(尤其中层、下层)SOC 含量显著高于其他 3 类土壤对应层的 SOC 含量($P<0.01$),这与 MS 长期积水利于 SOC 积累和受到的人为干扰较低等有关。AFMMS、MMS 和 WMS 3 类土壤之间,上层 SOC 含量差异显著($P<0.05$),AFMMS 上层 SOC 含量仅分别为 MMS 和 WMS 的 47.46%、35.42%;相较上层而言,AFMMS 中、下层位 SOC 含量略低于 MMS 对应层位,约为 80.29%、86.42%,但只有 WMS 对应层位 SOC 含量的 48.97%、58.09%,这主要是此前的疏水排干和耕作导致 AFMMS 土壤(特别是表层)SOC 的损失。

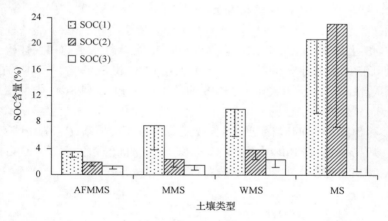

图 4-2　纳帕海湿地区 4 类土壤不同层位 SOC 含量及其标准差

4 类 SOC 含量的剖面垂向分异很明显。AFMMS、MMS 和 WMS 的 SOC 含量剖面垂向分异一致,由表层向下依次降低,中层 SOC 含量较上层大幅降低,而下层 SOC 含量较中层也有降低但变幅小,表明这 3 类 SOC 含量都存在显著的上层富集现象。

MS 与其他 3 类土壤不同,其中层的 SOC 含量较上层略高,至下层又较中、上层显著下降,表现为中上层的相对富集;在其他区域的沼泽湿地研究中也发现了类似现象,如高俊琴等(2006)发现,若尔盖沼泽土 SOC 整体上从表层向下呈下降趋势,但在中间 16~18cm 处出现高值点;泥炭土 SOC 沿土壤剖面并没有呈现同样的下降趋势,而是从表层向下至 22cm 呈现升高趋势,22cm 向下才呈现下降趋势。沼泽土 SOC 含量在剖面垂向上的分异,一方面受区域气候和局地地貌-水文条件的制约,另一方面受到地上植物群落类型及其根系在土壤剖面垂向分布上的重要影响(Jobbagy and Jackson,2002),因而不同区域沼泽土 SOC 含量随土壤剖面深度的变化可能不同。

　　图 4-2 的各层 SOC 含量负标准差表明，MS 各层 SOC 含量分异大，这与采集样地环境分异明显有关联，3 个 MS 样地分别为泥炭沼泽、草甸化沼泽、受人为干扰大的典型沼泽，3 个样地在水文地貌-植被、人为干扰等方面都存在显著差异，因此 MS 各层 SOC 含量的分异明显。AFMMS 各层 SOC 含量分异最小，其上层 SOC 含量标准差仅为 MMS 和 WMS 同层 SOC 含量标准差的 26.2%、22.9%，而中、下层的 SOC 含量标准差为 MMS 和 WMS 对应层 SOC 含量标准差的34.7%~54.2%。MMS和 WMS 各层 SOC 含量标准差较为接近，但这两类 SOC 含量标准差都由表层向下层大幅锐减，表明在不同样地间该两类土壤表层 SOC 分异要比下面两层大。

4.2.2　LOC 分异特征

　　图 4-3 表明，水平方向上，除 AFMMS 中、下层的 LOC 含量略高于 MMS 对应层的 LOC 含量外，4 类土壤间相应层的土壤 LOC 含量变化都与 SOC 含量总体变化趋势相一致；同样，4 类土壤的 LOC 含量垂向变化趋势也与 SOC 变化趋势（图4-2）一致，这是由于 LOC 含量与 SOC 含量可能有显著关联。表 4-1 显示，MMS和 MS 的 3 个层位、WMS 下层的土壤 LOC 与 SOC 含量在 0.01 显著性水平上正相关；WMS 上层的 LOC 和 SOC 含量通过 0.05 显著性水平的相关性检验，其中层未通过 0.05 显著性水平的检验。这三类土壤 LOC 和 SOC 含量基本都在 0.05 甚至 0.01 显著性水平上正相关。AFMMS 的各层土壤 LOC 和 SOC 含量相关系数都未通过 0.05 显著性水平检验。可见，对于未受严重干扰的 3 类土壤，土壤剖面各层的 LOC 和 SOC 含量的确存在极显著或显著的正相关关系（$P<0.01$ 或 $P<0.05$）；而高强度耕作后的 AFMMS 土壤 LOC 与 SOC 含量间的相关性低，这可能是耕作改变了 AFMMS 土壤 SOC 和 LOC 含量间的对应关系。

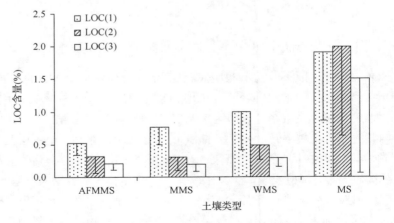

图 4-3　纳帕海湿地区 4 类土壤不同层位 LOC 含量及其负标准差

　　表 4-1 还表明，AFMMS 各层 LOC/SOC（%）都明显高于其他 3 类土壤对应层的LOC/SOC（%），AFMMS 各层 LOC 含量都很低（图4-3）；MMS 各层 LOC/SOC（%）

又都略高于 WMS；MS 各层 LOC/SOC（%）最低，其各层 LOC 含量都最高（图 4-3）。由此可见，当水文、植被和人为干扰等因素存在明显分异时，不同类型的土壤间对应层的 LOC/SOC（%）存在明显分异。

表 4-1　纳帕海湿地区 4 类土壤不同层位 LOC/SOC（%）及两者的相关系数

土壤类型	(1)		(2)		(3)	
	LOC/SOC (%)	$R_{LOC\text{-}SOC}$	LOC/SOC (%)	$R_{LOC\text{-}SOC}$	LOC/SOC (%)	$R_{LOC\text{-}SOC}$
AFMMS	14.726	0.138	16.766	0.223	15.238	0.255
MMS	10.233	0.868**	13.043	0.725**	13.023	0.832**
WMS	9.970	0.461*	12.676	0.296	12.760	0.878**
MS	9.175	0.827**	8.604	0.818**	9.473	0.846**

**通过 0.01 显著性水平的相关性检验，*通过 0.05 显著性水平的相关性检验

4.2.3　DOC 分异特征

纳帕海湿地区 4 类土壤各层 DOC 含量分异如图 4-4 所示。在 3 个层位上，土壤 DOC 含量依次为 AFMMS＜MMS＜WMS＜MS。4 类土壤间上层的 DOC 含量分异显著（$P<0.05$），而 MS 的 3 个层位 DOC 含量都显著高于其他 3 类土壤对应层的 DOC 含量（$P<0.05$）。在 AFMMS、MMS 和 WMS 之间，中、下层的 DOC 含量存在一定的分异但并不显著。

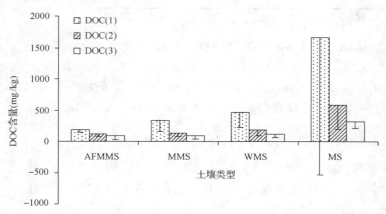

图 4-4　纳帕海湿地区 4 类土壤不同层位 DOC 含量及其负标准差

4 类土壤 DOC 含量在垂向剖面上的变化规律一致，都是由上向下减少。4 类土壤上、中层间的 DOC 含量全部呈锐减变化，减量绝对值由低到高仍依次为 AFMMS、MMS、WMS 和 MS；其中 MS 上、中层间的 DOC 含量减量超过 1000mg/kg，这与 MS 上、中层位 SOC（图 4-2）和 LOC（图 4-3）含量呈增加变化明显不同。相对于上、中层而言，该区 4 类土壤中、下层间的 DOC 含量减量绝对值要小得多，但减幅仍然较高，依次为 AFMMS（19.026%）、MMS（28.020%）、WMS（38.275%）和 MS（44.930%）。

表 4-2 显示,纳帕海湿地区 4 类土壤各层 DOC 含量仅为 SOC 含量的 0.205%～0.802%,无论是受到人为强烈干扰的 AFMMS,还是保持相对自然状态的 MS,DOC/SOC 差异都不明显。4 类土壤各层 DOC 含量占活性碳库的比例也不高,MS 上层 DOC/LOC(%)最高,达 8.736%,但其中、下层很低;其他 3 类土壤各层 DOC/LOC(%)变化于 3.640%～4.989%,无论是不同土壤类型间,还是同一类型不同层位间,这一比值都无明显分异。

表 4-2　纳帕海湿地区 4 类土壤不同层位 DOC 占 SOC 和 LOC 百分比及其相关系数

层位	AFMMS				MMS			
	DOC/SOC (%)	$R_{DOC-SOC}$	DOC/LOC (%)	$R_{DOC-LOC}$	DOC/SOC (%)	$R_{DOC-SOC}$	DOC/LOC (%)	$R_{DOC-LOC}$
(1)	0.536	0.458[*]	3.640	0.535[*]	0.447	0.512[**]	4.372	0.562[**]
(2)	0.621	0.294	3.707	−0.104	0.591	0.770[**]	4.533	0.743[**]
(3)	0.714	0.697[**]	4.685	0.268	0.650	0.519[**]	4.989	0.686[**]

层位	WMS				MS			
	DOC/SOC (%)	$R_{DOC-SOC}$	DOC/LOC (%)	$R_{DOC-LOC}$	DOC/SOC (%)	$R_{DOC-SOC}$	DOC/LOC (%)	$R_{DOC-LOC}$
(1)	0.468	0.415[*]	4.692	0.352	0.802	0.393	8.736	0.129
(2)	0.495	0.576[**]	3.905	0.292	0.255	0.687[*]	2.969	0.470
(3)	0.514	0.719[**]	4.029	0.712[**]	0.205	0.501	2.167	0.297

**通过 0.01 显著性水平的相关性检验,*通过 0.05 显著性水平的相关性检验

表 4-2 所示,MMS 各层 DOC 与 SOC、LOC 全部在 0.01 显著性水平上正相关。WMS 的 DOC 和 SOC 达 0.01 或 0.05 显著性水平上正相关;其 DOC 与 LOC 仅在下层高度正相关($P<0.01$),其他两层都未达到 0.05 显著性水平。而 AFMMS、MS 的 DOC 与 SOC、LOC 仅在个别层位达到 0.01 或 0.05 显著性水平。

4.2.4　纳帕海湿地区的有机碳素分异与土壤退化程度

土壤中有机碳含量变化决定于有机碳输入量和输出量的相对大小,有机碳的输入量依赖于有机残体归还量的多少及有机残体的腐殖化系数(林心雄和文启孝,1991),输出量则主要包括分解和侵蚀损失,受各种生物和非生物条件的控制(白军红等,2002)。纳帕海湿地区 4 类 SOC 含量为 1.33%～23.10%,与吉林向海霍林河流域湿地(白军红等,2003)及洞庭湖湿地(杜冠华等,2009)SOC 含量相比,纳帕海湿地 SOC 含量相对较高,这也说明了高寒湿地区陆地生态系统的土壤碳储量大(王文颖等,2007)。

图 4-2～图 4-4 表明,纳帕海湿地区 4 类土壤的有机碳素都表现为上层的显著富集,而 MS 中层也为显著富集。4 类土壤间,各层的有机碳素含量水平在总体上表现为 AFMMS<MMS<WMS<MS;相对于中层和下层而言,4 类土壤上层有机碳素的分异极为显著。这一特征反映了纳帕海湿地区的微地貌分异和人为干

扰(疏水排干、放牧、垦殖等)强度的分异。AFMMS 分布区受疏水排干、长期垦殖和退耕的影响,土壤常年偏干、植被覆盖度和多样性最低,其有机碳素的含量基本上最低。MMS 分布区因地貌部位较高,受此前的疏水排干影响大,基本常年偏干,且一直受大型牲畜放养的影响,其植被覆盖度和多样性低于 WMS 但高于AFMMS,其上层有机碳素的含量明显高于 AFMMS 上层而低于 WMS。WMS 分布区因地貌部位低、受疏水排干的影响小于 AFMMS 和 MMS,在雨季为长期积水,其植被覆盖度和多样性最高,土壤(上层)有机碳素的含量明显高于 AFMMS、MMS。MS 基本常年积水或水分饱和,土壤有机质分解速率低,其有机碳素含量都极显著高于其他 3 类土壤。

湿地区 AFMMS(尤其是上层)有机碳素的含量明显低于其他 3 类土壤,这主要是此前的疏水排干和耕作导致了该类土壤有机碳素的损失。Huang 等(2010)研究表明,沼泽湿地向农业用地的转变所导致的土壤有机碳变化可以用一阶分解动力学分室模型来表达,其中:0~20cm 层活性碳素(active-C)的初始分形系数(initial fraction)和一阶分解速率(decay rate)都明显高于 20~40cm 层;0~20cm层惰性碳(slow-C)的一阶分解速率也高于 20~40cm 层;进而发现垦殖后 0~20cm和 20~40cm 层的土壤活性碳库半衰期分别约为 3 年和 4 年,对应的惰性碳库半衰期分别约为 346 年和 462 年,沼泽湿地垦殖 15 年将导致 0~20cm 和 20~40cm层约分别损失 60%、37%的有机碳,表层有机碳素的损失更严重。在纳帕海湿地区,AFMMS 垦殖前的状况最接近于 MMS,部分甚至来自于疏水排干后的 WMS,比较这 3 类土壤上层的有机碳素含量发现,AFMMS 上层 SOC、LOC、DOC 含量分别为 MMS 上层对应组分含量的 47.46%、68.30%、56.87%,为 WMS 上层对应组分含量的 35.42%、52.31%、40.59%,这与 Huang 等(2010)研究发现沼泽湿地垦殖 15 年后 0~20cm 层的 SOC 含量减少 60%较接近。

纳帕海湿地区自 20 世纪 60 年代以来经历了长期的疏水排干等强烈干扰,湿地区水位明显下降,湿地面积也大幅萎缩,部分 WMS 因受水位下降等的影响而演替为MMS(胡金明等,2010;李杰等,2010)。本研究表明,MMS 上层 SOC、LOC、DOC含量分别为 WMS 上层对应组分含量的 74.62%、76.59%、71.37%。因此,人为改变水文情势驱动下,湿地区 WMS 向 MMS 的演替必然会带来土壤有机碳素的损失。

纳帕海湿地自 20 世纪 80 年代中期设立省级自然保护区以来就开始逐步退耕,湿地区的弃耕和自然生态恢复已达 10 多年,但水文情势的变化,再加上长期过度放牧和旅游马匹践踏,导致土壤紧实度增加(常凤来等,2005)等,均不利于该类土壤的有机质(碳)的累积。这表明,如果没有水文-生态等调控修复措施的配合,仅仅是自然撂荒和自我生态恢复,并不能有效地提高湿地区土壤(特别是 AFMMS)有机碳素含量的水平。

4.2.5　纳帕海湿地区活性碳素分异的指示意义

土壤 LOC 是土壤有机碳库中活性较高的组分总称,是响应于环境变化(分异)

较敏感的指标(Wang et al.,2005;Laik et al.,2009),比有机碳对区域微环境变化的响应更为敏感(高俊琴等,2006),且LOC/SOC(%)被认为是反映土壤生物活性有机碳库周转速率的重要指标(万忠梅等,2009)。土壤 DOC 主要来源于植物枯枝落叶等凋零物的归还、地下根系的分泌物和死亡根系的分解、土壤自身有机质可溶性组分的淋溶、土壤动物及微生物的新陈代谢产物等(Kalbitz et al.,2000),是土壤 LOC 中最为活跃的组分之一。因此,土壤 LOC 和 DOC 含量的分异和变化,是反映自然环境分异及变化(水文情势、植被类型及其生长状况、土壤微生物类型等)和人类活动干扰(如疏水排干、农业利用、放牧等)的重要指标。

　　本研究表明,受到疏水排干和耕作影响的 AFMMS 上层 LOC 含量明显低于其他 3 类土壤;而在中下层,AFMMS 的 LOC 含量比 MMS 对应层的 LOC 含量略高,但都明显低于 WMS 和 MS 对应层的 LOC 含量。总体来看,在 4 类土壤间,各对应层的 LOC 含量分异均为 AFMMS<MMS<WMS<MS,与 4 类土壤的水文情势(干、中生、过湿或积水、长期积水)有着很好的对应关系。

　　表 4-1 还显示,在纳帕海湿地区,AFMMS 剖面各层 LOC 和 SOC 含量的相关性都未通过 0.05 水平的显著性检验,而其他 3 类土壤 LOC 和 SOC 含量基本上都具有较好的正相关关系,这可能是耕作改变了 AFMMS 土壤 SOC 和 LOC 含量间的对应关系。4 类土壤各层 LOC/SOC(%)分异与其水文-植被生态的对应关系表明,土壤越干,生物量越低,其生物活性有机碳库的周转速率就越高。万忠梅等(2009)研究也发现,三江平原毛苔草湿地 LOC 与土壤 TOC 呈显著正相关关系,而且小叶章湿地(季节性积水)LOC/SOC(%)高于毛苔草湿地(长期积水)。这两个案例研究表明,相对自然状态下的湿地土壤,其 LOC、LOC/SOC(%)与土壤水分状况(在一定程度上影响植物生物量)有着很好的对应关系,而且 LOC 和 SOC 含量呈显著性相关($P<0.01$ 或 $P<0.05$)。剔除受人为高强度干扰的 AFMMS,湿地区土壤的分层 SOC 和 LOC 含量(ln 对数化)关系如图 4-5 所示,可见 ln(SOC)、ln(LOC)之间具有显著的正相关关系($P<0.01$,$n=66$)。

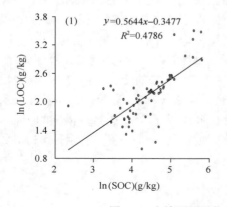
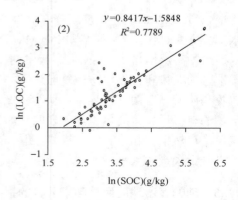

图 4-5　土壤不同层位 ln(SOC)和 ln(LOC)对应关系

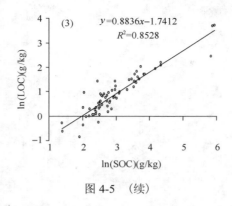

图 4-5　（续）

Huang 等（2010）发现，湿地土壤有机碳库中活性碳半衰期远低于惰性有机碳库，而惰性有机碳库半衰期长达 346 年（0～20cm）和 462 年（20～40cm）。本研究（表 4-1）显示，纳帕海湿地区 4 类土壤的 LOC/SOC（%）变化于 8.6%～16.8%，其有机碳库中 80% 以上应为相对惰性的有机碳库，除 AFMMS 之外的其他 3 类土壤各层 LOC 和 SOC 含量基本呈显著性相关（$P<0.05$ 或 $P<0.01$）。基于上述分析我们认为，在研究湿地土壤有机碳库的变化时，相对于 SOC（较高比例的惰性有机碳）而言，LOC 是十分合适的指标，其不仅可有效表征自然湿地土壤活性有机碳库的大小，还可以间接表征湿地土壤总有机碳库的变化；而 LOC/SOC（%）可反映土壤生物活性有机碳库的周转速率，并且其在不同土壤类型间的分异与环境因子（如水文情势）还具有明确的对应关系。当然，本次研究所得出的这一认识仅仅是基于纳帕海湿地区的 4 类土壤而言的，对于其他类型的自然土壤是否具有类似的规律还值得进一步探索，如果这一现象在不同区域、不同类型的自然土壤中都能得到验证，那么将具有重要的科学意义。

4.3　不同类型土壤氮素分异特征

4.3.1　TN 分异特征

图 4-6 显示，纳帕海湿地区 4 类土壤的上层和中层 TN 含量变化于 1.94～12.52g/kg。其中，MMS、WMS、MS 的上层 TN 含量高于 5.48g/kg。4 类土壤上、中、下 3 层 TN 含量都呈现出 AFMMS＜MMS＜WMS＜MS 的分异特征。MS 各层 TN 含量都显著高于其他 3 类土壤对应层的 TN 含量（$P<0.01$）。AFMMS 的上层 TN 含量显著低于其他 3 类土壤上层 TN 含量（$P<0.05$ 或 $P<0.01$）；而其中层和下层 TN 含量与 MMS 对应层 TN 含量差异不显著（$P>0.05$），但显著低于 WMS（$P<0.05$）和 MS（$P<0.01$）对应层的 TN 含量。MMS 和 WMS 之间，上、中层 TN 含量差异显著（$P<0.05$），而下层 TN 含量差异不显著。

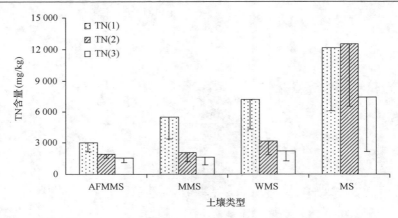

图 4-6　纳帕海湿地区 4 类土壤不同层位 TN 含量及其负标准差

4 类土壤 TN 含量在剖面垂向上的分异明显。除 MS 外，其他 3 类土壤 TN 含量剖面变化都由上向下递减，上层显著大于中、下层（$P<0.05$），但中、下层之间差异不显著，即在剖面 0～20cm 深出现 TN 含量锐减现象，这与其他区域湿地（刘景双等，2003；孙志高等，2009；于君宝等，2010）和纳帕海湿地（田昆等，2004；张昆等，2007，2009）以往的研究结果基本一致。而 MS 的 TN 含量在剖面垂向上的变化为先微增、后锐减，与其他 3 类土壤 TN 含量的剖面垂向变化不同，这体现了该类湿地的有机质及其氮素剖面累积分异上的差异；在东北的向海保护区潜育沼泽（白军红等，2002）和三江平原草甸化沼泽（孙志高和刘景双，2009）土壤 TN 剖面的分异研究也表现出 20cm 层位出现增加的特征。

表 4-3 表明，MS 各层位 TN 含量的变异系数都最大，这与采集样地环境分异较明显有关，3 个沼泽样地分别为草甸化沼泽、泥炭沼泽、受人为干扰较大的典型沼泽，3 个样地在水文地貌-植被、人为干扰等方面都存在显著差异，因此 MS 各层土壤 TN 含量分异明显。AFMMS 各层 TN 含量分异最小，其上层 TN 含量变异系数在 3 个层位中最大，表明 AFMMS 表层土壤 TN 含量相对其均值离散程度较高，说明表层土壤 TN 含量分布受环境因素影响较大，TN 含量的空间分异较大。

表 4-3　纳帕海湿地区 4 类土壤不同层位 TN 含量的变异系数

层位	AFMMS	MMS	WMS	MS
(1)	29.30	38.00	39.96	49.60
(2)	21.08	44.24	40.89	47.74
(3)	28.76	47.07	42.28	71.58

4.3.2　RAN 分异特征

土壤 RAN 主要包括无机的矿物态氮（如铵态氮、硝态氮及少量的亚硝态氮）和部分有机质中易分解的、比较简单的有机态氮的总和，它是反映土壤养分供应水平的重要指标。图 4-7 显示，纳帕海湿地区 4 类土壤的 RAN 含量变化于 194.7～

1072.2mg/kg，4 类土壤间各对应层 RAN 含量存在分异；而分层 RAN 含量占 TN 含量的百分比变化于 8.17%～10.89%。

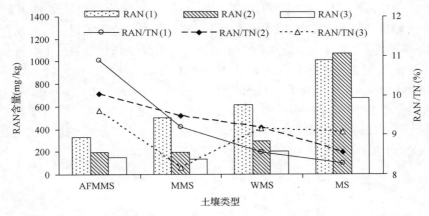

图 4-7　纳帕海湿地区 4 类土壤不同层位 RAN 含量及 RAN/TN

图 4-6 和图 4-7 表明，4 类土壤间 AFMMS 下层 RAN 含量略高于 MMS 下层 RAN 含量，其他都为 AFMMS＜MMS＜WMS＜MS，可见 4 类土壤各层 TN 含量水平对 RAN 含量有着直接的影响。各对应层 RAN 含量分异也有一定的不同，其中上层 RAN 含量在 4 类土壤间的差异性显著($P<0.05$)、MS 各层 RAN 含量都显著($P<0.05$)高于其他 3 类土壤对应层 RAN 含量，特别是 MS 中层和下层 RAN 含量分别为其他 3 类土壤对应层 RAN 含量的 3.71～5.53 倍、3.34～4.50 倍；而 AFMMS、MMS、WMS 之间，中、下层 RAN 含量差异并不显著。

4 类土壤 RAN 和 TN 在剖面垂向上变化较一致，AFMMS、MMS、WMS 都为中、上层之间锐减($P<0.05$)，下、中层之间减幅不显著($P>0.05$)；而 MS 的 RAN 由上而下先微增($P>0.05$)、后锐减($P<0.05$)，可见土壤 RAN 和 TN 含量在剖面垂向上的变化存在一定的关联。表 4-4 显示，MS 下层 RAN 和 TN 含量未通过 0.05 水平相关显著性检验、MS 上层 RAN 和 TN 含量通过了 0.05 水平相关显著性检验，其他全部通过 0.01 水平相关显著性检验。由此可见，研究区 4 类土壤各层 RAN 和 TN 含量基本呈显著甚至极显著的正相关关系，土壤 TN 含量对土壤 RAN 含量有着直接的影响。

表 4-4　纳帕海湿地区 4 类土壤不同层位 RAN、DON、TN 含量的相关性

层位	RAN-TN			DON-TN			DON-RAN		
	(1)	(2)	(3)	(1)	(2)	(3)	(1)	(2)	(3)
AFMMS	0.870**	0.704**	0.734**	−0.047	0.498*	0.784**	−0.091	0.318	0.645**
MMS	0.786**	0.688**	0.629**	0.603**	0.711**	0.163	0.580**	0.566**	0.319*
WMS	0.754**	0.867**	0.891**	0.465*	0.562**	0.727**	0.480*	0.620**	0.760**
MS	0.746*	0.950**	0.561	0.266	0.573*	0.656*	0.365	0.426	0.450

**通过 0.01 显著性水平的相关性检验，*通过 0.05 显著性水平的相关性检验

4.3.3　DON 分异特征

相对于土壤中含量极低的无机矿质氮而言，大量的有机氮经过溶解成为 DON，才能被植物和微生物直接吸收利用，或由微生物转化成无机矿质氮再被吸收利用(李博等，2005)。土壤 DON 是植物和土壤微生物利用的最主要氮素养分来源，是土壤中关键的养分因子，特别是在无机氮养分较为贫乏的土壤环境中 (Zhong and Makeschin，2003；Murphy et al.，2000；Jones et al.，2004)。研究区 4 类土壤的分层 DON 含量变化于 5.39～32.13mg/kg，各层的 DON 占 TN 含量的百分比变化于 0.16%～0.52%(图 4-8)，总的来看 DON 占 TN 含量的百分比较低，各层的 DON 占 RAN 含量的百分比变化于 1.94%～4.73%。

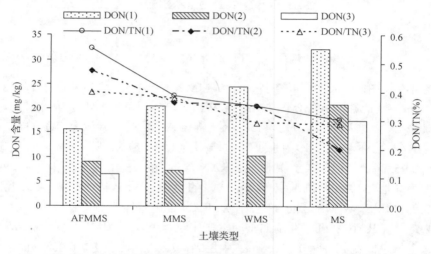

图 4-8　纳帕海湿地区 4 类土壤不同层位 DON 含量及 DON/TN

4 类土壤各层 DON 与 TN、RAN 含量的相关系数如表 4-4 所示。WMS 各层都呈显著正相关；MMS 除了下层的 DON 和 TN 未通过 0.05 水平的显著性检验外，其他都呈显著正相关；MS 中、下层的 DON 与 TN 含量为显著正相关，而 DON 和 RAN 含量、上层的 DON 和 TN 含量都未达到显著相关；AFMMS 上层 DON 与 TN、RAN 含量呈负相关，而下层呈显著正相关。这表明，不同土壤类型之间及剖面不同层位之间，其 DON 与 TN 和 RAN 含量的相关性存在一定分异。

图 4-8 所示，4 类土壤间 MS 各层 DON 含量均显著高于其他土壤对应层 DON 含量($P<0.05$)；上层 DON 含量为 AFMMS＜MMS＜WMS＜MS($P<0.05$)；而在 AFMMS、MMS、WMS 之间，中、下层 DON 含量分异不显著，中层 DON 含量为 WMS＞AFMMS＞MMS，下层 DON 含量为 AFMMS＞WMS＞MMS。4 类土壤各对应层 DON/TN 均为 AFMMS＞MMS＞WMS＞MS。

在剖面垂向上，4 类土壤 DON 含量、DON 占 TN(除 MS 中层外)含量的百分比的变化趋势一致，即由上至下降低，且中、上层之间锐减($P<0.05$)，下、中层之间减幅较小。MS 的 DON 剖面垂向变化与其 TN、RAN 明显不同，其他 3 类土壤 DON 垂向变化与各自 TN、RAN 含量一致。

4.3.4　IN 分异特征

土壤无机氮(inorganic nitrogen，IN)包括 NH_4^+-N、NO_3^--N 和极少量的亚硝态氮，是土壤中可被植物和微生物直接有效利用的无机氮养分，部分 DON 经过微生物转化成为无机氮后再被吸收利用。

图 4-9 表明，纳帕海湿地区 4 类土壤各层的 IN 含量变化区间为 4.56～40.59 mg/kg，占 TN 含量的百分比变化区间为 0.18%～0.34%，相较于 DON 而言，IN 占 TN 含量的百分比更低。

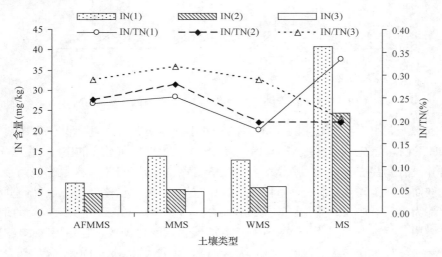

图 4-9　纳帕海湿地区 4 类土壤不同层位 IN 含量及 IN/TN

图中 IN 为 NH_4^+-N、NO_3^--N 含量的和

水平方向上，除 WMS 上层 IN 含量略小于 MMS 上层 IN 含量外，各类土壤间相应层的 IN 含量变化都与 TN 含量总体变化趋势相一致。MS 各层 IN 含量都显著($P<0.05$)高于其他土壤对应层的 IN 含量；AFMMS、MMS 和 WMS 之间对应的中、下层 IN 含量没有明显差异，但 AFMMS 上层 IN 含量明显低于其他 3 类土壤的上层 IN 含量。

剖面垂向上，4 类土壤间，除 WMS 中层 IN 含量略低于下层外，其他都为上层＞中层＞下层；MS 的 IN 含量变化与 TN、RAN 含量先微增、后锐减明显不一致，但与其 DON 含量变化一致；其他 3 类土壤 IN 含量都表现出上层和中层锐减、下层和中层含量极为接近的分异特征。

4.3.4.1　NH$_4^+$-N 分异

图 4-10 表明,纳帕海湿地区 4 类土壤各层 NH$_4^+$-N(AN)含量变化区间为 3.18～33.27mg/kg, 占 TN 含量的百分比变化区间为 0.138%～0.274%。

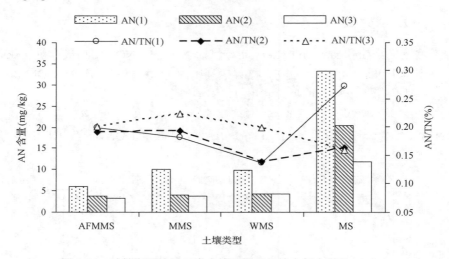

图 4-10　纳帕海湿地区 4 类土壤不同层位铵态氮含量及 AN/TN

水平方向上,4 类土壤间,MS 各层 NH$_4^+$-N 含量都显著高于其他土壤对应层的 NH$_4^+$-N 含量($P<0.01$);AFMMS、MMS 和 WMS 之间对应的中、下层 NH$_4^+$-N 含量并没有明显差异,而且 MMS 和 WMS 之间的上层 NH$_4^+$-N 含量也极为接近。

剖面垂向上,4 类土壤间,除 WMS 中层 NH$_4^+$-N 含量略低于下层外,其他整体上都为上层＞中层＞下层,MS 的 NH$_4^+$-N 含量变化与其 TN、RAN 含量所呈现的先微增、后锐减明显不一致,但与其 DON 含量变化一致,且各层间 NH$_4^+$-N 含量分异显著($P<0.05$);其他 3 类土壤 NH$_4^+$-N 和 TN、RAN、DON 含量都表现出中、上层锐减,但下、中层之间 NH$_4^+$-N 含量极为相近,其中 AFMMS 各层间 NH$_4^+$-N 含量分异不明显,MMS 和 WMS 上层 NH$_4^+$-N 含量显著高于($P<0.05$)各自的中、下层 NH$_4^+$-N 含量,但中、下层之间的 NH$_4^+$-N 含量极为接近。

4 类土壤间,各对应层 NH$_4^+$-N/RAN(%)差异小,没有明显分异。4 类土壤各自的 NH$_4^+$-N/RAN(%)在剖面垂向相邻层位间的分异不一,MS 为上层大于中、下层,而其他 3 类土壤总体上为上、中层小于下层,但分异并不明显。

4.3.4.2　NO$_3^-$-N 分异

图 4-11 表明,纳帕海湿地区 4 类土壤 NO$_3^-$-N(NN)含量变化区间为 1.05～7.42mg/kg,占 TN 含量的百分比变化区间为 0.033%～0.096%,占 RAN 含量的百分比变化区间为 0.35%～1.17%。

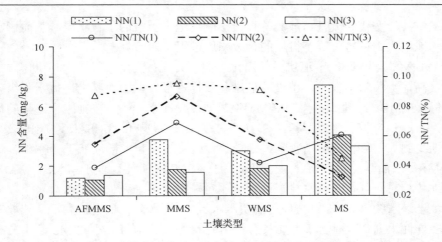

图 4-11　纳帕海湿地区 4 类土壤不同层位 NN 含量及 NN/TN

水平方向上，4 类土壤间，MS 各层 NO$_3^-$-N 含量都明显高于其他 3 类土壤对应层 NO$_3^-$-N 含量；WMS 上层 NO$_3^-$-N 含量低于 MMS 的上层 NO$_3^-$-N 含量，其他各对应层 NO$_3^-$-N 含量均表现为 AFMMS＜MMS＜WMS＜MS，但 AFMMS、MMS、WMS 之间对应的中、下层 NO$_3^-$-N 含量差异不显著（P＞0.05）。

剖面垂向上，4 类土壤 NO$_3^-$-N 含量变化不尽一致；AFMMS 三层之间 NO$_3^-$-N含量差异小，为下层＞上层＞中层，这与其他氮素组分的含量变化不一致；其他3 类土壤的上层 NO$_3^-$-N 含量仍显著（P＜0.05）高于中层和下层 NO$_3^-$-N 含量，而中、下层之间差异不显著。

4 类土壤间，各对应层位 NO$_3^-$-N/RAN（%）的分异不显著，但 MMS 略高于其他类型。4 类土壤各自的 NO$_3^-$-N/RAN（%）在剖面垂向相邻层位间的差异较小，MS为上层＞下层＞中层，而其他 3 类都为上层＜中层＜下层。

4.3.5　土壤氮素含量分异与湿地退化的关联

土壤氮素含量主要与土壤氮源、土壤内各组分含量的相对比例、各组分的周转速率等有关（Reddy and Delaune，2008），但水文情势分异（影响土壤有机质的分解和积累过程）、植物类型分异（影响有机质的归还过程）、人为干扰等都会影响土壤氮素含量的分异与变化。图 4-6～图 4-11 表明，纳帕海湿地区 4 类土壤氮素各组分含量水平总体上表现为 AFMMS＜MMS＜WMS＜MS，而上层（氮素富集层）分异最为明显，4 类土壤上层氮素分异与其所受到的人为干扰态势直接相关。

由剖面向下，相对自然状态下的 MS，其 TN 和 RAN 在上层、中层表现出显著的富集，但 DON 和 IN 由上层向下逐渐降低。其他 3 类土壤都表现为上层的明显富集，由上层向下逐渐降低，但中下层的减幅小。而且，除了 MS 外，其他 3类土壤对应中下层的氮素含量的分异不显著，这意味着湿地区的人为干扰如耕作、大牲畜放养、疏水排干等，对各类土壤氮素含量的影响应该主要体现在上层，因为水文情势的变化和大牲畜放养等直接影响到地表植被的生长状况，从而影响到地上和地下生物量对土壤有机质的有效归还过程。

AFMMS 是长期垦殖-退耕后的退化土壤，其分布区受疏水排干和耕作的干扰强度最高，土壤常年偏干，植被覆盖度和多样性最低，因而其上层氮素各组分含量最低。MMS 分布区地势与 AFMMS 类似，受疏水排干、湿地水位下降的影响较大，基本常年偏干，在大水年(月)份可能受洪泛的影响；MMS 未受耕作的影响，但长期受到大型牲畜放养啃食和践踏，其植被覆盖度和多样性高于 AFMMS 但低于 WMS，因而其上层氮素含量仍明显高于 AFMMS 上层但低于 WMS。WMS 分布区地势相对较低，受疏水排干的影响相对较小，雨季为长期积水，旱季部分时段因地下潜水的水力联系(与周边的明水水域)土壤水分含量也较高，其植被覆盖度和多样性最高，因而土壤上层具有较高的氮素含量(除 IN 外)。MS 基本分布在低洼地带，受湿地水位下降的影响最小，因其常年积水或水分饱和，土壤有机质的累积效应最强，因而 MS 各层的氮素组分含量都显著高于其他各类土壤对应层位的氮素组分含量。因此，纳帕海湿地区 4 类土壤间(特别是上层)氮素的分异特征，在一定程度上反映了微地貌分异制约下，人为干扰改变湿地水文情势(水位下降)、加剧氮素流失等所产生的影响，当然 4 类土壤间氮素的分异还与成土母质、成土时的环境和过程等有关。

4.3.6　速效氮组分分异的指示意义

纳帕海湿地区 4 类土壤中，MS 因长期积水、有机质不易分解，各层速效氮及 3 类组分(DON、NH_4^+-N 和 NO_3^--N)的含量都显著高于其他 3 类土壤。RAN、DON 含量在其他 3 类土壤的上层分异明显，且与土壤水分-地上植物生物量具有明显的低-低、高-高对应关系；但中、下层的分异及其与土壤水分-地上植物生物量的对应关系不明显。

两类无机氮组分(NH_4^+-N 和 NO_3^--N)在 MMS 和 WMS 各对应层的分异都不明显，AFMMS 略低于前两者，但 3 类土壤间中、下层的无机氮组分含量分异极小；除 MS 外，其他 3 类土壤间无机氮组分分异与土壤水分-地上植物生物量的对应关系不明显。

总体来看，MS 受长期积水环境的影响，其速效氮及各类组分含量与其他 3 类土壤都有明显的分异；土壤水分、植物等对本湿地区其他 3 类土壤的速效氮和 DON 总量的分异也有明显影响，但对无机氮分异的影响较小；耕作导致速效氮组分的下降。

4.3.7　可溶性有机氮识别/测定的重要意义

本湿地区 4 类土壤无机氮总量占速效氮的比例都低于 4.1%。在东北三江平原小叶章湿地土壤研究中发现：生长初期和中期，两类小叶章湿地土壤无机氮占碱解氮的比例变化于 3.65%～4.66%；在生长末期这一比例变化于 10.24%～11.77%(孙志高和刘景双，2009)。在东北向海保护区潜育沼泽土(8～10 月采样)研究中发现：草根层、腐殖质层、潜育层的无机氮占碱解氮的比例分别为 9.47%、12.79%、21.25%(白军红等，2002)。三个案例研究表明，虽然不同湿地区(类型)土壤无机氮占速效氮的比例差异明显，但其比例都较低，即便是案例研究中最高的向海沼泽土潜育层，其无机氮总量占速效氮的比例也仅为 21.25%。因此，利用碱解扩散法(标准方法)测定的土壤速效氮，除了较低的无机氮组分外，其主要组分为可溶性有机氮(soluble organic nitrogen)，或可溶性有机氮经水解而形成的溶解有机氮(DON)。

由于土壤无机氮基本为水(盐)溶性的，利用水或(中性)盐溶液浸提法(标准方法)测得的无机氮含量应较真实地反映土壤中的无机氮含量。而对于土壤中的可溶性有机氮而言，目前还没有标准的或被一致认可的测定方法，这可能是因为土壤中的可溶性有机氮组分本身较为复杂。本研究利用 KCl 盐溶液浸提和过硫酸钾氧化法(杨绒，2006)测定了纳帕海湿地区 4 类土壤的 DON 含量，实质是经过盐溶液水溶(解)后的溶解有机氮含量，其占土壤速效氮的比例低于 5%，反映了 4 类土壤可溶性有机氮的极少部分含量。由于土壤中可溶性有机氮经过溶解，成为溶解有机氮(DON)后，可被植物和土壤微生物等直接利用，或者经由微生物转化为无机氮再被吸收利用(Jones et al.，2004；李博等，2005)。因此，在土壤速效氮素及其组分的研究中，相较于较低含量的无机氮而言，可溶性有机氮组分的识别与测定对于判识土壤速效氮素养分的供应能力(变化)具有重要意义。

4.3.8 土壤 DON 的养分供应和重要指示意义

铵态氮和硝态氮是土壤中可被植物、微生物等有效利用的氮素，且两者都极易随土壤水分运移而进入水体，带来富营养化威胁，在以往研究中受到了广泛关注(Bashkin and Howarth，2003)。但图 4-12 显示，本研究 4 类土壤中，MS 中上层、WMS 下层 DON 含量略低于无机氮含量(DON/IN 变化于 0.79～0.95)，其他都超过无机氮(DON/IN 变化于 1.02～2.17)。王成等(2010)在九寨沟国家级自然保护区的云杉林土壤研究中发现，林窗样地和对照样地土壤的腐殖质层和 0～10cm 层的 DON/IN 变化于 1.04～2.41。Jones 等(2004)针对普通灰化土、不饱和潜育土、饱和始成土三类草地土壤的人工培养试验研究发现，培养初期 DON 为三类土壤溶液的主要氮库，分别占三类土壤可溶性氮(soluble N)的 90%、50%、48%。这些案例研究都表明，土壤中的 DON 含量一般都高于无机氮组分含量。由于 DON 是土壤重要的速效氮素养分的来源之一(Jones et al.，2004；李博等，2005)，因此DON 在土壤氮素养分的供应中应该具有更重要的指示意义，特别是在无机氮含量较低的土壤中，因为无机氮养分供应的限制，土壤微生物和植物根系可能会竞争利用土壤溶液中的 DON。

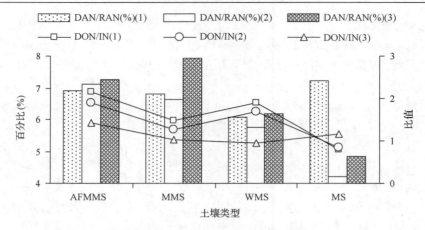

图 4-12　纳帕海湿地区 4 类土壤不同层位速效氮组分含量比较

DAN 为 DON、AN、NN 含量和；IN 为 AN、NN 含量和

　　土壤中的 DON 在陆地生态系统的氮素循环中还具有重要的环境指示意义，如南美洲未污染的森林流域的土壤研究表明，DON 可能是其土壤氮素的主要流失途径，以 DON 形式流失的氮占全氮损失的 61%～97%，而这些流失的 DON 会成为影响流域下游水体水质的重要因素（Perakis and Hedin，2001，2002）。本湿地区 4 类土壤间的 DON/RAN（%）分异（图 4-13）与土壤水文情势（野外调查的土壤水分定性判识）对应关系明确，土壤水分越低（高），土壤 DON 占 RAN 比例高（低），意味着土壤中易随水分运移而发生流失的 DON 相对比例越高（低）。因此，湿地的旱化可能会增大湿地区土壤 DON 的相对流失率，从而降低自然湿地生态系统的氮素吸纳和拦截能力，并提高速效氮素的矿化率。当然，本研究中 4 类土壤的 DON/RAN（%）与土壤水分的对应关系还只是一个初步的定性分析，对于其他湿地区域（类型）的湿地土壤、非湿地区的其他各类土壤而言，是否存在类似的对应关系值得进一步探索。

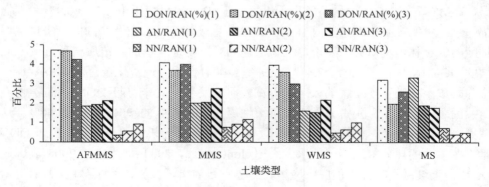

图 4-13　纳帕海湿地区 4 类土壤不同层位 DON、NH_4^+-N、

NO_3^--N 含量占 RAN 含量的百分比

有关生态系统土壤 DON 或其来源、土壤可溶性有机氮的含量动态及归宿（fate）的研究开始受到关注，近年来有关土壤 DON 及其环境效应的研究多集中在森林（Zhong and Makeschin，2003；Perakis and Hedin，2001，2002）、草地（Jones et al.，2004）、农田（Murphy et al.，2000）等生态系统的土壤中。针对湿地土壤 DON 的研究（杨文燕等，2006）刚得以重视，湿地土壤 DON 的时空分异、迁移转化过程、影响因素，以及湿地土壤 DON 流失的环境效应等研究还几乎空白。由于湿地是陆生和水生两大系统间物质循环的"汇-源"过渡系统，对地处流域中上游的湿地而言，如滇西北及青藏高原山地高原区的湿地，土壤 DON 不仅维持湿地的生态健康，其流失对下游水体等还具有重要影响。因此，流域中上游高原山地区湿地土壤 DON 动态变化研究，对认识陆地系统的氮素循环及其对下游水体氮素水平的影响具有重要指示意义。

4.4 纳帕海湿地区土壤碳氮要素耦合关系

4.4.1 C/N 值分异特征

土壤 SOC 和 TN 含量的比值，即碳氮比（C/N 值），土壤碳氮比是土壤质量的敏感指标，而且其影响土壤中有机碳和氮的循环，常被用于指示土壤质量及土壤氮素的固定和矿化状况。以往的研究已经表明，土壤 SOC 通常与 TN 呈显著正相关（白军红等，2002；田昆等，2004；曾从盛等，2009）。本区 4 类土壤各层 SOC 和 TN 呈显著正相关（表4-5），除 AFMMS 上层 SOC 和 TN 含量通过 0.05 水平显著性检验外（$R = 0.439$），其他都通过 0.01 水平显著性检验（$R > 0.70$），其中 WMS 各层 SOC 和 TN 含量相关系数都高于 0.91。

表4-5 纳帕海湿地区 4 类土壤各层有机碳与全氮、活性有机碳与速效氮、溶解有机碳与溶解有机氮相关系数

层位	SOC-TN			LOC-RAN			DOC-DON		
	(1)	(2)	(3)	(1)	(2)	(3)	(1)	(2)	(3)
AFMMS	0.439*	0.709**	0.891**	0.130	−0.074	0.314	0.458*	0.489*	0.465*
MMS	0.931**	0.957**	0.714**	0.769**	0.565**	0.705**	0.611**	0.730**	0.625**
WMS	0.912**	0.920**	0.913**	0.491*	0.236	0.861**	0.600**	0.520*	0.657**
MS	0.843**	0.951**	0.719**	0.812**	0.956**	0.525	0.636**	0.873**	0.696*

**通过 0.01 显著性水平的相关性检验，*通过 0.05 显著性水平的相关性检验

图 4-14 所示，本区 4 类土壤各层 C/N 值位于 8.3～22.9，总体水平相对较低，其中 MS 的下层 C/N 值高于 20.0，其他变化于 8.32～16.69。水平方向上，4 类土壤对应层的 C/N 值都为 AFMMS < MMS < WMS < MS，这与 4 类土壤的水文情势有着明确的对应关系，即土壤水分越低，则土壤 C/N 值越低。其中，MS 的各层

C/N 值都显著($P<0.05$)高于其他 3 类土壤对应层的 C/N 值；AFMMS 和 MMS 之间、MMS 和 WMS 之间，各对应层 C/N 值差异并不显著；但 AFMMS 的各层 C/N 值均显著($P<0.05$)小于 WMS 和 MS 对应层的 C/N 值。

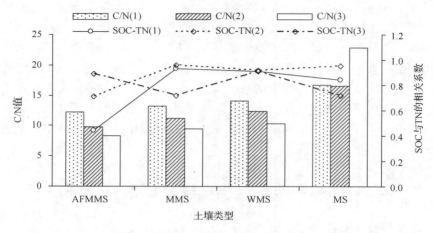

图 4-14　纳帕海湿地区 4 类土壤不同层位 C/N 值及相关关系

在剖面垂向上，MS 上、中层的 C/N 值极为接近，中层略小于上层，而下层 C/N 值显著高于上、中层($P<0.05$)。其他 3 类土壤 C/N 值在剖面垂向上都为上层＞中层＞下层，各层间的 C/N 值分异均通过 0.05 水平显著性检验。

4.4.2　LOC/RAN 分异特征

LOC 与 RAN 的相关关系表明（表 4-5），除 AFMMS 三个层位、WMS 中层和 MS 下层的 LOC-RAN 含量未通过 0.05 水平显著性检验外，其他都通过 0.05 或 0.01 水平显著性检验。由此可见，对于未受严重干扰的 3 类土壤，土壤剖面各层的 LOC 和 RAN 含量大体上存在极显著或显著的正相关关系($P<0.01$ 或 $P<0.05$)；而受人为干扰程度较强的 AFMMS 土壤 LOC 与 RAN 含量之间的相关性低，且中层呈负相关，人为干扰可能改变了该类土壤 LOC 和 RAN 含量间的相关关系。

图 4-15 所示，研究区 4 类土壤各层 LOC/RAN 位于 14.58～24.65，其中 MS 下层 LOC/RAN 最高，为 24.65。水平方向上，4 类土壤间，对应层位 LOC/RAN 分异不明显。除 MS 下层 LOC/RAN 显著高于 MMS 下层 LOC/RAN 外($P<0.05$)，其他均不具有显著性差异($P>0.05$)。

在剖面垂向上，AFMMS、MMS、WMS 的 LOC/RAN 都呈现先增加后减少的趋势，MS 的 LOC/RAN 变化为下层(24.65)＞上层(19.27)＞中层(17.52)，4 种土壤类型各层间的 LOC/RAN 分异均不显著($P<0.05$)。

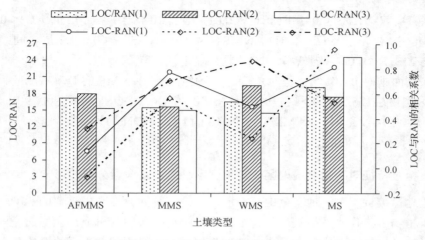

图 4-15 纳帕海湿地区 4 类土壤不同层位 LOC/RAN 及相关关系

4.4.3 DOC/DON 分异特征

DOC 和 DON 是土壤溶解有机质的主要组成部分。4 类土壤各层 DOC 和 DON 含量的相关性分析表明(表4-5),4 类土壤各层 DOC 和 DON 含量都呈显著($P<0.05$)或极显著($P<0.01$)正相关,即研究区 4 类土壤各层 DOC 和 DON 含量具有较好的正相关关系。

图 4-16 所示,本区 4 类土壤各层 DOC/DON 位于 13.32~42.49,其中 MS 上层 DOC/DON 最高,为 42.49,其他变化于 13.32~26.39。水平方向上,除 MS 下层 DOC/DON 低于 WMS 和 MMS 对应层位 DOC/DON 外,其他对应层的 DOC/DON 都为 AFMMS<MMS<WMS<MS,这可能与 4 类土壤的水文情势有着对应关系,即土壤水分越低,土壤 DOC/DON 越低。其中,AFMMS 上层与 MMS

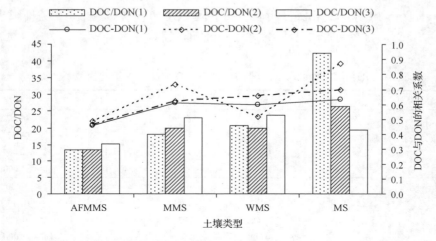

图 4-16 纳帕海湿地区 4 类土壤不同层位 DOC/DON 及相关关系

($P<0.01$)、WMS($P<0.05$)和 MS($P<0.01$)上层,MMS 上层与 MS 上层($P<0.01$),AFMMS 中层与 MMS($P<0.01$)、WMS($P<0.01$)、MS($P<0.01$)中层之间,MMS 中层与 MS($P<0.05$)中层 DOC/DON 具有显著性差异。

在剖面垂向上,4 类土壤 DOC/DON 变化不尽一致,MS 的 DOC/DON 为上层 (42.49)>中层(26.39)>下层(19.26),MMS 的 DOC/DON 为上层(17.98)<中层 (19.83)<下层(23.01),AFMMS 和 WMS 的 DOC/DON 均为下层>上层>中层,4 个土壤类型 3 层间的 DOC/DON 差异性未通过 0.05 水平显著性检验。

4.4.4　植被特征对纳帕海湿地区 4 类土壤碳、氮要素含量分异的影响

湿地植被特征对湿地土壤中有机质及全氮的空间分异产生重要的影响,沉积作用、植物吸收作用及植被生长特征都会对湿地土壤中有机质及全氮的空间分异产生影响,植被对有机质及氮素的持留作用与地表径流和地下潜流有关,对于地表径流来说,影响其持留量的关键因子是植被密度,高密度植被可减少水流速度,降低水的输送能力;而对于地下潜流,植被通过改变土壤结构、组成及渗透能力进而影响其持留量(白军红等,2002)。4 类土壤 3 个层位 SOC 及 TN 含量都为 AFMMS<MMS<WMS<MS,根据野外植被调查发现,4 类土壤中,AFMMS 植被覆盖度、高度最低;MMS 植被覆盖度、高度略高于 AFMMS,但明显低于 WMS;WMS 植被覆盖度最高;MS 植被覆盖度与 WMS 相近,但该类土壤常年处于积水或水分饱和状态。由此可见,植被特征对土壤 SOC 和 TN 产生了重要的影响。

4.4.5　土壤 pH 与纳帕海湿地区 4 类土壤碳、氮要素含量分异的关系

土壤 pH 是影响土壤理化性质的一个重要化学指标,通常通过影响微生物的活动显著影响土壤有机质及全氮的含量及空间分异,微生物最适宜在中性环境下活动,在强酸或强碱条件下其活动受到抑制(黄瑞农,1994)。纳帕海湿地区土壤 pH 为 5.14~8.02,相关分析表明研究区 SOC、TN 含量与 pH 相关性很小(表4-6),SOC、TN 的分布似乎并不受土壤 pH 的限制。

表 4-6　纳帕海湿地区表层土壤 pH、SOC、TN 及 C/N 值的相关系数矩阵

土壤类型	参数	pH	SOC	TN	C/N
AFMMS	pH	1.000	−0.345	−0.185	−0.022
	SOC	−0.345	1.000	0.439*	0.547**
	TN	−0.185	0.439*	1.000	−0.487*
	C/N	−0.022	0.547**	−0.487*	1.000
MMS	pH	1.000	0.052	0.066	−0.008
	SOC	0.052	1.000	0.931**	0.617**
	TN	0.066	0.931**	1.000	0.323*
	C/N	−0.008	0.617**	0.323*	1.000

续表

土壤类型	参数	pH	SOC	TN	C/N
WMS	pH	1.000	−0.268	−0.052	−0.495[*]
	SOC	−0.268	1.000	0.912[**]	0.289
	TN	−0.052	0.912[**]	1.000	−0.102
	C/N	−0.495[*]	0.289	−0.102	1.000
MS	pH	1.000	−0.083	−0.382	0.457
	SOC	−0.083	1.000	0.843[**]	0.635[*]
	TN	−0.382	0.843[**]	1.000	0.361
	C/N	0.457	0.635[*]	0.361	1.000

[**]通过 0.01 显著性水平的相关性检验，[*]通过 0.05 显著性水平的相关性检验

4.4.6　土壤 C/N 值

　　土壤 C/N 值是反映土壤碳氮循环、氮素固定和矿化水平的重要指标。标记土壤微生物净氮矿化作用和净氮吸收之间分界线的临界 C/N 值为 25（李博等，2005）；当土壤 C/N 值在 20～30 时，微生物对氮的固定和矿化作用基本处于平衡；当 C/N 值低于 20 时，微生物对氮的固定作用要明显低于矿化作用，从而导致氮的净释放；当 C/N 值高于 30 时，微生物从土壤中净吸收矿质氮。图 4-14 表明，本区 4 类土壤各层 C/N 值位于 8.3～22.9，总体水平相对较低，这说明该区土壤有机质的腐殖化程度高，有机氮更容易矿化。除了 MS 下层 C/N 值达到 22.86 外，其他各层土壤 C/N 值都低于 17，说明淹水条件下的 MS 处于还原条件下，利于有机物质的形成和积累，矿化较弱，所以 MS 的有机质和氮都处于积累状态。因此，除 MS 下层氮素的固定和矿化基本保持平衡外，其他都表现为氮素的净释放。这也反映了人为干扰下土壤养分的变化，MS、WMS、MMS、AFMMS 4 类土壤，随着人为干扰强度的增大，C/N 值依次降低。

　　纳帕海湿地区 4 类土壤的上、中、下 3 层 C/N 值都为 AFMMS＜MMS＜WMS＜MS，AFMMS、MMS、WMS、MS 水分状况由干至湿（积水），这意味着土壤水分越低，其氮素的矿化作用越强、微生物固氮作用越弱，从而氮素净释放率就越高。这与白军红等（2002）结论（洪泛区天然湿地土壤碳氮比大小序列为百年一遇洪泛区＞五年一遇洪泛区＞一年一遇洪泛区＞常年淹水与一年一遇洪泛区交界＞十年一遇洪泛区，湿地土壤碳氮比呈现出随土壤湿度增加而减小的趋势）不太一致，但与耿远波等（2001）研究草原土壤碳氮比和白军红等（2003）研究霍林河流域湿地土壤碳氮比所得结论一致。

4.4.7　土壤 DOC 与 DON 耦合关系

　　土壤 DOM 与微生物量有着密切的联系，DOC 是微生物生命的主要能量来源，而 DON 则被看成微生物代谢的主要产物（黄靖宇，2008）。DOC/DON 也被人们提

出并作为评价土壤质量的一个指标,这样能更好地说明土壤的养分状况,更接近土壤有机质的利用状况。

本研究发现,纳帕海湿地区 4 类土壤各层 DOC/DON 位于 13.32~42.49,高于土壤 C/N 值,这与 Qualls 等(1991)研究发现(森林表层土壤具有较高的 DOC/DON)相似。研究区 4 类土壤各层 DOC 与 DON 都具有较好的正相关关系,说明土壤中 DOC 与 DON 存在一定的关联,这与黄靖宇(2008)所得结果(三江平原不同土地利用方式下土壤 DOC、DON 呈显著的正相关关系)一致。可见,大多土壤的碳循环和氮循环都是在微生物的作用下同步进行的,两者以微生物为主要纽带存在着相互耦合关系。

以往很多研究都把 DOC 与 DON 作为一个耦合体系来评价土壤,但至于用什么方式耦合、代谢机制是怎样的还不是十分的清楚,因此有关 DOC 与 DON 的耦合关系还需要进一步的探索。

4.4.8　土壤碳、氮要素影响因素

土壤碳、氮要素的分异是自然因素和人为因素共同作用的结果。本研究发现土壤 pH 与 SOC、TN 相关性很小,这与白军红等(2002)对内蒙古乌兰泡湿地环带状植被区土壤有机质及全氮与 pH 关系的研究结果(湿地土壤 pH 不是影响土壤有机质及全氮分异的主要因子)一致。植被特征对土壤碳、氮要素分异产生重要影响,植被盖度、植被类型及植物残体输入量等都会对氮素的动态产生影响,同时氮素含量也直接影响着植被类型、植物的生产力及湿地的富营养化程度(白军红等,2002)。除此之外,土壤含水量、气候类型、土壤母质等自然因素都会影响土壤碳、氮要素的分异特征。纳帕海湿地是一个退化比较严重的湿地,无序旅游、过度放牧等人为因素对纳帕海湿地土壤碳、氮要素的空间分异也产生了重大影响,尤其是过度放养家猪,一方面造成植物残体量的相对减少,另一方面家猪在找食时将下层土壤成片翻拱至表面,使表层土壤碳、氮要素充分暴露在空气中,致使土壤温度和湿度条件发生改变,从而极大地促进了土壤呼吸作用,使土壤碳、氮要素的矿化分解速率加快。

4.5　小　　结

1)AFMMS、MMS、WMS、MS 4 类土壤间,除 AFMMS 的中、下层 LOC 含量接近并略高于 MMS 对应层 LOC 含量外,各层位的 SOC、LOC、DOC 含量都为 AFMMS<MMS<WMS<MS,与 4 类土壤的水文-植被生态有着很好的对应关系。其中 AFMMS 上层的 SOC、LOC 和 DOC 含量都明显低于相对自然状态下的 MMS,可见耕作给表层土壤有机碳带来损失,尽管经过弃耕后长达 10 多年的自然恢复过程,其 SOC 及活性组分含量都未能恢复到 MMS 的相应水平。

2)剖面(0~30cm 深)由上向下 3 层位间，AFMMS、MMS、WMS 的 SOC、LOC、DOC 含量均由上向下减少，上、中层位间锐减，表现为上层的显著富集；而 MS 的 SOC、LOC 含量呈先增后减的趋势，中层也为显著富集，但其 DOC 含量为由上向下减少，上层也呈锐减变化。

3)4 类土壤 LOC/SOC(%)值变化于 8.6%~16.8%，各层 LOC/SOC(%)均为 AFMMS>MMS>WMS>MS，与其水分状况(干-积水)有着很好的对应关系，即土壤越干，其生物活性有机碳库的周转速率越高，有机碳损失越严重。因此，在未来纳帕海湿地的恢复与保护管理过程中，必须采取必要的水文-生态等修复措施防止湿地旱化的发展。4 类土壤中，MMS、WMS、MS 的 LOC 和 SOC 相关性高，但 AFMMS 的 LOC 和 SOC 相关性低，可见相对自然状态下土壤 LOC 和 SOC 间有较高的关联性，而高强度耕作后 AFMMS 的 LOC 与 SOC 含量之间相关性低，这可能是耕作改变了 AFMMS 土壤 SOC 和 LOC 含量间的对应关系。

4)除 MS 上层 DOC/LOC(%)最高为 8.736%外，4 类土壤其他各层的 DOC/SOC(%)、DOC/LOC(%)变化区间为 0.21%~0.80%、3.64%~4.99%。4 类土壤各层 DOC 与 SOC、LOC 的相关性存在明显分异。这在一定程度上表明：虽然土壤中 SOC 和 LOC 必然会影响 DOC 含量，但可能还受到其他诸多环境因子的影响。

5)纳帕海湿地区 4 类土壤之间的氮素组分(TN、RAN、DON、IN)含量具有明显的分异特征。4 类土壤上层的氮素含量基本表现为 AFMMS<MMS<WMS<MS，与土壤退化程度明显对应；中下层氮素含量在 AFMMS、MMS、WMS 之间的分异不显著，但 MS 各层氮素含量都明显高于本区其他 3 类土壤对应层位的氮素含量。

6)剖面垂向上，AFMMS、MMS、WMS 的氮素组分分异总体趋势表现为上层相对富集、上层和中层氮素含量减幅大、中层和下层氮素含量减幅较小。MS 的 TN 和 RAN 在剖面垂向上表现为上层至中层增加、中层至下层下降，而其 DON 和 IN 与其他 3 类土壤剖面垂向分异一致。

7)湿地区 4 类土壤 DON 和 IN 占 RAN 的比例分别变化于 1.94%~4.73%、2.10%~4.04%，两者占 RAN 的比例都很低。因此，在土壤速效氮素养分的研究中，除了目前研究较多的 DON 和 IN 外，还有更多的其他速效氮素组分值得关注。

8)湿地区 4 类土壤上层氮素含量的显著性分异、土壤 C/N 值的变化范围和分异等，都在一定程度上反映了湿地区的人为干扰所驱动的土壤退化态势，而且土壤上层氮素分异与土壤水分状况及植被生态分异具有明显的对应关系。总体上看，水分越低，土壤上层的氮素组分含量越低，而速效氮素组分(RAN、DON)占 TN 的比例却越高，意味着土壤中极易随水分运移而发生流失的氮素组分相对比例越高。因此，湿地的旱化将加速湿地区土壤上层氮素组分的流失。

9)纳帕海湿地区 4 类土壤各层 C/N 值位于 8.3~22.9，总体水平相对较低，利于土壤腐殖化和有机氮矿化。土壤 C/N 值表明，除 MS 下层氮素固定和矿化保持平衡外，其他都为氮素的净释放。

10）土壤碳、氮要素的分异特征受多种因素的制约，在本研究区土壤 pH 不是引起纳帕海湿地区 4 类土壤碳、氮要素含量分异的一个主要因子；土壤含水量、植被特征、气候类型、土壤母质等自然因素，以及无序旅游、过度放牧等人为因素都会对土壤碳、氮要素含量的分异产生影响。

11）纳帕海湿地区 4 类土壤碳、氮要素的分异特征及其与水文情势的对应关系表明，纳帕海湿地旱化将加剧湿地区土壤的退化，必须采取必要的调控措施防止湿地旱化的发展。

参 考 文 献

白军红, 邓伟, 朱颜明, 等. 2002. 湿地土壤有机质全氮含量分布特征对比研究: 以向海与科尔沁自然保护区为例. 地理科学, 22(2): 231-237.

白军红, 邓伟, 朱颜明, 等. 2003. 霍林河流域湿地土壤碳氮空间分布特征及生态效应. 应用生态学报, 14(9): 1494-1498.

常凤来, 田昆, 莫剑锋, 等. 2005. 不同利用方式对纳帕海高原湿地土壤质量的影响. 湿地科学, 3(2): 132-135.

杜冠华, 李素艳, 郑景明, 等. 2009. 洞庭湖湿地土壤有机质空间分布及其相关研究. 现代农业科学, 16(2): 21-23.

高俊琴, 欧阳华, 白军红, 等. 2006. 若尔盖高寒湿地土壤活性有机碳垂直分布特征. 水土保持学报, 20(1): 76-79.

耿远波, 章申, 董云社, 等. 2001. 草原土壤碳氮含量及其与温室气体通量的相关性. 地理学报, 56(1): 44-53.

胡金明, 李杰, 袁寒, 等. 2010. 纳帕海湿地景观格局的季节动态及其驱动. 地理研究, (29)5: 899-908.

黄靖宇. 2008. 三江平原土地利用方式对土壤活性碳、氮组分的影响研究. 中国科学院东北地理与农业生态研究所博士学位论文.

黄瑞农. 1994. 环境土壤学. 北京: 高等教育出版社: 145, 146.

李杰, 胡金明, 董云霞, 等. 2010. 1994—2006 年滇西北纳帕海流域及其湿地景观变化研究. 山地学报, 28(2): 247-256.

林心雄, 文启孝. 1991. 秸秆对土壤肥力的影响. 中国土壤科学的现状与展望. 南京: 江苏科学技术出版社.

刘景双, 杨继松, 于君宝, 等. 2003. 三江平原沼泽湿地土壤有机碳的垂直分布特征研究. 水土保持学报, 17(3): 5-8.

鲁如坤. 2000. 土壤农业化学分析方法. 北京: 中国农业科技出版社.

吕宪国. 2005. 湿地生态系统观测方法. 北京: 中国环境科学出版社: 82-94.

孙志高, 刘景双. 2009. 三江平原典型小叶章湿地土壤氮的垂直分布特征. 土壤通报, 40(6): 1342-1348.

孙志高, 刘景双, 于君宝. 2009. 三江平原小叶章湿地土壤中碱解氮和全氮含量的季节变化特征. 干旱区资源与环境, 23(8): 145-149.

田昆, 常凤来, 陆梅, 等. 2004. 人为活动对云南纳帕海湿地土壤碳氮变化的影响. 土壤学报, 41(5): 681-686.

万忠梅, 宋长春, 杨桂生, 等. 2009. 三江平原湿地土壤活性有机碳组分特征及其与土壤酶活性的关系. 环境科学学报, 29(2): 406-412.

王成, 庞学勇, 包维楷, 等. 2010. 低强度林窗式疏伐对云杉人工纯林地表微气候和土壤养分的短期影响. 应用生态学报, 21(3): 541-548.

王文颖, 王启基, 王刚, 等. 2007. 高寒草甸土地退化及其恢复重建对植被碳、氮含量的影响. 植物生态学报, 31(6): 1073-1078.

杨绒. 2006. 土壤可溶性有机氮含量及影响因素研究. 西北农林科技大学硕士学位论文.

杨文燕, 宋长春, 张金波, 等. 2006. 沼泽湿地孔隙水中溶解有机碳、氮浓度季节动态及与甲烷排放的关系. 环境科学学报, 26(10): 1745-1750.

于君宝, 陈小兵, 孙志高, 等. 2010. 黄河三角洲新生滨海湿地土壤营养元素空间分布特征. 环境科学学报, 30(4): 855-861.

曾从盛, 钟春棋, 仝川, 等. 2009. 闽江口湿地不同土地利用方式下表层土壤 N, P, K 含量研究. 水土保持学报, 23(3): 87-91.

张昆, 田昆, 莫剑锋, 等. 2007. 水文周期对纳帕海高原湿地草甸土壤碳素的影响. 湖泊科学, 19(6): 705-709.

张昆, 田昆, 吕宪国, 等. 2009. 纳帕海湖滨草甸湿地土壤氮动态对水文周期变化的响应. 环境科学, 30(8): 2216-2220.

Bashkin V N, Howarth R W. 2003. Modern Biogeochemistry. New York: Kluwer Academic Publishers: 109-125.

Chapin F S, Matson P A, Mooney H A. 2005. 陆地生态系统生态学原理. 李博, 赵斌, 彭容豪, 等译. 北京: 高等教育出版社.

Huang Y, Sun W J, Zhang W, et al. 2010. Marshland conversion to cropland in northeast. China from 1950 to 2000 reduced the greenhouse effect. Global Change Biology, 16(2): 680-695.

Jobbagy E G, Jackson R B. 2002. The vertical distribution of soil organic carbon and its relation to climate and vegetation. Ecological Application, 10(2): 423-436.

Jones D L, Shannona D, Murphyb D V, et al. 2004. Role of dissolved organic nitrogen (DON) in soil N cycling in grassland soils. Soil Biology & Biochemistry, 36(5): 749-756.

Laik R, Koushlendra Kumar, Das D K, et al. 2009.Labile soil organic matter pools in a calciorthent after 18 years of afforestation by different plantations.Applied Soil Ecology, 42:71-78.

Maarel E. 1978. The Braun Blanquest approach. In: Whittaker R H. Classification of Plant Communities. Hague: Dr. W. Junk bv Pub.

Murphy D V, Macdonald A J, Stockdale E A, et al. 2000. Soluble organic nitrogen in agricultural soils. Biology and Fertility of Soils, 30(5-6): 374-387.

Perakis S S, Hedin L O. 2001. Fluxes and fates of nitrogen in soil of an unpolluted old-growth temperate forest, Southern Chile. Ecology, 82(8): 2245-2260.

Perakis S S, Hedin L O. 2002. Nitrogen loss from unpolluted South American forests mainly via dissolved organic compounds. Nature, 415(6870): 416-419.

Qualls R Q, Haines B L. 1991. Geochemistry of dissolved organic nutrients in water percolating through a forest ecosystem. Soil Science Soc. Am. J., 55(4): 1112-1123.

Reddy K R, DeLaune R D. 2008. Biogeochemistry of Wetlands: Science and Applications. Boca Raton: CRC Press: 257-324.

Wang S P, Zhou G S, Gao S H, et al. 2005. Soil organic carbon and labile carbon along a precipitationgradient and their responses to some environmental changes. Pedosphere, 15(5): 676-680.

Zhong Z K, Makeschin F. 2003. Soluble organic nitrogen in temperate forest soils. Soil Biology & Biochemistry, 35(2): 333-338.

5 纳帕海湿地表土碳、氮组分地统计分析

本书第 4 章对纳帕海湿地 4 种不同类型土壤的多个养分指标进行了垂向分析，并对其差异与人为干扰进行了结合分析讨论，揭示了人类活动对土壤理化性质的影响。

5.1 湿地土壤养分地统计分析方法

5.1.1 土壤样品网格采样

本章研究于 2012 年 7 月在纳帕海湿地区开展土壤样品采集。采用网格布点法(图 5-1)将湿地区划分为 1km×1km 的网格单元(公里网格)，基于各网格单元的景观特征(地貌、植物群落、土壤湿度等)的实地调查，根据典型性和代表性，在每个网格单元内均匀选取 3~5 个样点并利用 GPS 精确定位，采集表层(0~20cm)土样。本研究共采集湿地区表土样品 141 个，记录各采样点的空间位置和其他信息(地貌特征、土地利用和覆被、水文情势、人为干扰等)。当网格单元内景观差异显著时，适当增设采样点的数量。由于北部主湖区明水面面积较大、难以通行和定位，该区并未采样。

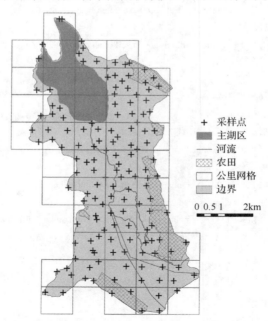

图 5-1 纳帕海湿地区土壤采样点空间示意图(彩图请扫封底二维码)

将野外采集的土壤样品带回实验室，置于室内通风阴干。风干场所力求避光且干燥通风，并防止酸蒸汽、氨气和灰尘对土样造成污染。待样品完全风干后，去除杂物(根、茎、叶、虫体、石块等)，研磨后分别过 2mm、1mm、0.5mm、0.149mm 分样筛，采用四分法收集过筛后的样品，用自封袋封装并标记，用于化学分析。

5.1.2　土壤样品实验室测定

将预处理后的样品送中国科学院东北地理与农业生态研究所分析测试中心测试。测定的土壤样品分析指标有土壤有机碳(soil organic carbon，SOC)、易氧化有机碳(easily oxidized organic carbon，EOC)、溶解有机碳(dissolved organic carbon，DOC)、全氮(total nitrogen，TN)、速效氮(rapid available nitrogen，RAN)、溶解无机氮(dissolved inorganic nitrogen，DIN，即铵态氮和硝态氮之和)、溶解有机氮(dissolved organic nitrogen，DON)。各指标测定方法见表 5-1。

表 5-1　土壤样品测定方法

项目	测定方法	标准代号及名称	单位
SOC	重铬酸钾外加热法	LY/T 1237—1999《森林土壤有机质的测定及碳氮比的计算》	g/kg
EOC	高锰酸钾法	土壤农业化学分析方法(鲁如坤，1999)	g/kg
DOC	水浸、燃烧法	GB/T 13193—9 总有机碳的测定	mg/kg
TN	半微量开氏法	LY/T 1228—1999《森林土壤全氮的测定》	g/kg
RAN	扩散法	LY/T 1229—1999《森林土壤水解性氮的测定》	mg/kg
DIN	酚二磺酸比色法、2mol/L KCl 法	LY/T 1230—1999《森林土壤硝态氮的测定》 LY/T 1231—1999《森林土壤铵态氮的测定》	mg/kg
DON	过硫酸钾氧化法	土壤中可溶性有机氮含量及影响因素研究(杨绒，2006)	mg/kg

获得上述指标后，进而分析组合指标，即 EOC/SOC(%)、DOC/SOC(%)、RAN/TN(%)、DIN/TN(%)、DON/TN(%)、DIN/RAN(%)、DON/RAN(%)、C/N值、DOC/DON 分别表示 EOC、DOC 占总有机碳库的比例，RAN、DIN、DON占土壤全氮的比例，DIN、DON占速效氮的比例，碳氮比、溶解有机质碳氮比。在下文及图表中，上述各单项指标(表 5-1)和组合指标(9 个)均指纳帕海湿地区0～20cm 表土土壤样品的碳氮组分指标，不再特别标注和说明。

5.1.3　描述性统计分析

描述性统计将实验或调查得到的大量数据简缩成有代表性的数字，使其能客观、全面地反映数据的情况，并将其所提供的信息充分挖掘出来，为进一步统计分析和研究提供可能(宋晓梅，2011)。描述性统计分析一般包括最大值、最小值、平均值、中值、标准差、变异系数、偏度、峰度等。在具体问题上，全面地考虑随机变量的变异规律是没有必要的，只需选择不同的统计指标来描述数据的基本特征(江厚龙，2011)。如何正确使用描述性统计来表征数据的变异特征是较难把握的问题。

本研究对纳帕海湿地区表土碳氮组分的 7 个单项指标、9 个组合指标进行统计分析。利用最大值(max)和最小值(min)表征各指标的变化范围，利用标准差(S.D.)和变异系数(CV)来表征各指标的离散和变异程度，利用平均值(mean)来表征各指标的含量水平。这些描述性统计量可以把握数据的整体特征，为后续的地统计分析做准备。应用 SPSS 的频数统计分析模块开展纳帕海湿地区表土碳氮组分的相关描述性统计，结果见表 5-5。

5.1.4　正态分布和离群值检验

地统计学分析(如半方差函数、空间局部插值法等)需要对原始样本数据进行正态分布检验。在半方差函数分析中，如果原始数据不符合正态分布，则会产生比例效应，使半方差函数产生畸变，基台值和块金值增大，估计精度明显降低，导致某些结构特征不明显(王志刚等，2010；史文娇等，2012)。同样，数据的正态分布也直接影响到空间插值结果的精度(安乐生，2012)。

首先，对湿地区表土碳氮组分指标的原始样本数据(单项及组合指标)进行正态分布检验。利用偏度系数和峰度系数(刘晓梅等，2011；吴秀芹等，2007)、K-S 检验渐进型分布检验进行判识：当原始数据平均值与中值近似相等，偏度系数接近于0、峰度系数绝对值小于 3、K-S 检验(渐进型分布检验)渐进型分布检验的显著性水平(双侧检验)大于 0.05，则基本符合正态分布(刘晓梅等，2011；吴秀芹，张洪岩，李瑞改，2007)。

其次，如果原始数据不符合正态分布，则需要对原始数据进行数据变换后再进行检验。有关研究表明，对原始数据进行自然对数转换可以消除比例效应(王政权，1999)。因此，本研究对不符合正态分布的样本数据需进行对数转换，再检验对数转换后的数据的正态分布特征。

由于土壤是典型的时空连续变异体，自身存在显著的时空变异。而在土壤采样时，由于样地选择的人为性、采样时间的不同、样品实验室测定条件的改变及系统误差等，土壤测试数据会存在一定数量的离群值，在正态分布检验时也需要分析可能的离群值。

Normal QQPlot 图可直观地判识样本原始(或对数转换后)数据的离群值，如图5-2 所示，对湿地区表土 DIN 原始数据的离群值分析，高亮显示的点为可能的离群值数据。样本原始(或对数转换后)数据的离群值可利用"均值±2 个标准差"来进行判识。本研究利用 SPSS 软件的频数分布统计和单变量 K-S 渐进分布检验模块对所有单项和组合指标进行正态分布和离群值的检验，结果见表 5-2。

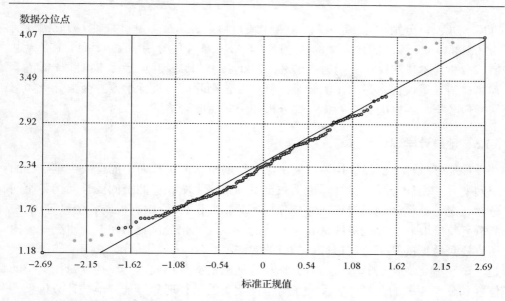

图 5-2 纳帕海湿地区表土 DIN 原始数据 Normal QQPlot 图（彩图请扫封底二维码）

表 5-2 纳帕海湿地区表土碳氮组分的正态分布检验

项目	转换方式	偏度	峰度	K-S 检验显著性水平	分布类型
SOC (g/kg)	对数转换	0.922	4.527	0.380	对数正态
EOC (g/kg)	对数转换	0.566	4.104	0.360	对数正态
DOC (mg/kg)	对数转换	−0.421	4.827	0.720	对数正态
EOC/SOC (%)	对数转换	−0.284	12.22	0.200	对数正态
DOC/SOC (%)	未转换	0.431	2.738	0.620	正态分布
TN (g/kg)	对数转换	0.695	4.139	0.213	对数正态
RAN (mg/kg)	对数转换	0.539	4.612	0.062	对数正态
DIN (mg/kg)	对数转换	0.641	3.227	0.059	对数正态
DON (mg/kg)	对数转换	0.281	3.138	0.415	对数正态
RAN/TN (%)	对数转换	−0.352	3.737	0.882	对数正态
DIN/TN (%)	对数转换	0.139	3.777	0.319	对数正态
DON/TN (%)	对数转换	−0.107	3.016	0.456	对数正态
DIN/RAN (%)	对数转换	0.264	0.650	0.607	对数正态
DON/RAN (%)	对数转换	0.071	0.363	0.748	对数正态
C/N	对数转换	−0.211	2.876	0.862	对数正态
DOC/DON	对数转换	−0.107	2.383	0.146	对数正态

由表 5-2 可知，只有 DOC/SOC（%）属于正态分布，其他均不符合正态分布，剔除离群值对数转换后，符合或基本符合正态分布。其中，SOC、EOC、DOC、

EOC/SOC（%）分别剔除 12、12、1、4 个离群值，占总样本量（141 个）的比例分别为 8.51%、8.51%、0.71%、2.84%；TN、RAN、C/N 值分别剔除 8、11、1 个离群值，占总样本量的比例分别为 5.67%、7.80%、0.71%；其他指标未剔除离群值。因离群值数量占样本量的比例较小，将离群值剔除后再进行半方差函数分析和空间插值分析，不影响其空间相关性分析和空间插值的结果。

5.1.5　地统计学理论与方法

描述性统计分析只能描述区域土壤属性的总体情况，而不能反映土壤属性的空间变异和空间分异等特征，更无法定量地描述土壤属性的空间变异结构和空间分布状况。地统计学已经被证明是分析区域化变量（如土壤有机碳、全氮等）的空间分异特征及其变异规律的最有效方法之一。区域化变量是指在一个研究区域内所有样点数据的某个特定指标（属性）的实测值（一个区域化值），其相应的函数就是一个区域化变量（郭军玲，2010）。与普通随机变量不同，区域化变量指与空间位置和分布相关的变量，它反映了与空间相关的某种现象特征。地统计分析就是要研究区域化变量的行为特征，即在区域内不同位置处的区域化变量取值的相关特征，其最显著的特征就是它的结构性和随机性。因此，本研究中，纳帕海湿地区土壤属性的空间变异特征研究采用半方差函数分析，湿地区土壤属性的空间分布特征采用空间插值生成相关属性的空间分布图谱来分析。

5.1.5.1　区域化变量理论

半方差函数是用以描述区域化变量空间变异特征及其控制性因素（结构性和随机性）的方法，其中块金值（C_0）、基台值（C_0+C）、块金效应、变程是半方差函数的重要参数，可用来表征区域化变量在一定尺度上的空间变异和空间相关性程度。

在（基本）满足二级平稳和本征假设的条件下，将半方差函数定义为

$$r(h) = \frac{1}{2N(h)} \sum_{i=1}^{N(h)} \left[Z(x_i) - Z(x_i + h) \right]^2 \tag{5-1}$$

式中，$r(h)$ 为半方差函数；h 为采样点空间距离，称为步长；$N(h)$ 为间隔距离为 h 的样点对数；$Z(x_i)$ 和 $Z(x_i+h)$ 分别为区域化变量 $Z(x)$ 在空间位置 x_i 和 x_i+h 处的实测值。

理论上讲，土壤在空间上是连续变异的，土壤相关性质的半方差函数图像也应该是连续的。而在实际研究中，土壤样品的实测值在半方差函数图像上表现为不连续的散点，则需要采用相应的理论模型（如球状模型、指数模型、高斯模型等）进行拟合，进而完成对区域化变量的空间无偏最优估计（空间局部插值片）。相关理论拟合模型公式如下。

球状模型（Spherical Model）

$$r(h) = \begin{cases} 0 & h = 0 \\ C_0 + C\left[\dfrac{3}{2}\left(\dfrac{h}{a}\right) - \dfrac{1}{2}\left(\dfrac{h}{a}\right)^3\right] & 0 < h < a \\ C_0 + C & h \geqslant a \end{cases} \tag{5-2}$$

当 $h \leqslant a$ 时，任意两点之间的观测值有相关性，且相关性随 h 的增大而减小，当 $h > a$ 时，$r(h) = C_0 + C$，该模型的变程为 a。

指数模型（Exponential Model）

$$r(h) = \begin{cases} 0 & h = 0 \\ C_0 + C\left[1 - e^{\left(-\frac{h}{a}\right)}\right] & h > 0 \end{cases} \tag{5-3}$$

当 $h = 3a$ 时，$r(h) \approx C_0 + C$，此时对应变程为 $3a$。

高斯模型（Gaussian Model）

$$r(h) = \begin{cases} 0 & h = 0 \\ C_0 + C\left(1 - e^{\frac{h^2}{a^2}}\right) & h > 0 \end{cases} \tag{5-4}$$

当 $h = \sqrt{3}\,a$ 时，$r(h) \approx C_0 + C$，此时变程为 $\sqrt{3}\,a$；当 $h \leqslant \sqrt{3}\,a$ 时，任意两个观测值有相关性，且相关性随 h 的增大而减小；当 $h > \sqrt{3}\,a$ 时，任意两个观测值无空间相关性。

决定系数可反映半方差函数理论模型拟合程度的高低，公式为

$$R^2 = \frac{\sum_{i=1}^{n}\left[R(h_i) - \overline{r(h)}\right]^2}{\sum_{i=1}^{n}\left[r(h_i - \overline{r(h)})\right]^2} \tag{5-5}$$

式中，R^2 为决定系数；$R(h_i)$ 为理论模型半方差函数的计算值；$r(h_i)$ 为实验半方差函数的计算值；$\overline{r(h)}$ 为实验半方差函数的平均值。

5.1.5.2 半方差函数的参数表征

根据半方差函数理论模型拟合结果，可得到变程 (a)、块金值 (C_0)、基台值 $(C_0 + C)$、分维数 (D)。

变程 (a) 是半方差函数达到稳定变异的最小距离，即空间最大相关距离，用来判断区域化变量空间自相关的最大空间范围。

分维数(D)可由半方差函数 $r(h)$ 和步长(h)之间的关系来确定,用来表示半方差函数的特性,分维数(D)值越大,说明区域化变量的空间变异复杂程度越高,反之,空间变异复杂程度越低(Cambardella et al.,1994)。

C_0 为采样(或监测)点间距 h 为 0 时的半方差函数值,表示由实验误差和小于采样尺度引起的变异,即表征随机性因素对区域化变量系统变异的控制。C_0+C 为相对稳定时的半方差函数值,表征区域化变量系统内的总变异。

$C_0/(C_0+C)$ 表征由随机性因素引起的空间变异占系统总变异的比例,常被称为块金效应系数,是半方差函数分析中最重要的参数。当该值小于 25%,区域化变量具强烈的空间自相关性;当该值介于 25%～75%,区域化变量具有中等程度的空间自相关性;当该值大于 75%,区域化变量的空间自相关性很弱(Kevin et al.,2001);当该值接近于 1,区域化变量则在整个区域尺度上具有恒定的变异(Mohammadi and Motaghian,2011;施加春,2006)。

在区域土壤属性的空间变异研究中,C_0 通常表示由土壤样品的实验测试误差、采样样地布设的人为性、人类活动对土壤系统的干扰(土地利用、施肥、旅游践踏、管理)等随机性因素引起的土壤属性空间变异;C 通常表示由土壤母质、地形地貌、气候、植被等结构性因素引起的土壤属性空间变异;C_0+C 通常表示土壤系统内的总变异。当 $C_0/(C_0+C)$ 小于 25%,土壤属性为强空间自相关,结构性因素对土壤系统变异起主导作用;当 $C_0/(C_0+C)$ 大于 75%,土壤属性为弱空间自相关,随机性因素对土壤系统变异起主导作用;当介于 25%～75%,土壤属性为中等空间自相关,结构性因素与随机性因素共同作用于系统变异(贺鹏等,2013;刘晓梅等,2011;彭景涛等,2012)。

5.1.5.3　趋势性分析

受成土因素的影响,区域土壤属性的空间分异常呈明显的趋势特征和向异性分布,在空间插值(如 Kriging)前需分析趋势性特征。运用 ArcGIS 9.3 Geostatistical Analyst 模块的趋势分析和向异性轴的轴向自动搜索功能,获取纳帕海湿地区表土碳氮组分的趋势效应特征参数(表 5-3)。通常,趋势效应分为 0(无趋势)、常量(沿一定方向呈常量增加或减少)、一阶趋势(沿一定方向呈线性变化)、二阶或多阶趋势(沿一定方向呈多项式变化)(黄元仿等,2004)。

表 5-3　纳帕海湿地区表土碳氮组分趋势效应分析

类别	项目	特征参数	趋势效应
碳素	SOC(g/kg)	2	二阶趋势
	EOC(g/kg)	1	一阶趋势
	DOC(mg/kg)	1	一阶趋势
	EOC/SOC(%)	3	三阶趋势
	DOC/SOC(%)	2	二阶趋势

续表

类别	项目	特征参数	趋势效应
	TN（g/kg）	0	无趋势
	RAN（mg/kg）	0	无趋势
	DIN（mg/kg）	0	无趋势
	DON（mg/kg）	1	一阶趋势
氮素	RAN/TN（%）	1	一阶趋势
	DIN/TN（%）	0	无趋势
	DON/TN（%）	1	一阶趋势
	DIN/RAN（%）	0	无趋势
	DON/RRAN（%）	0	无趋势
碳氮比	C/N	0	无趋势
溶解有机质碳氮比	DOC/DON	1	一阶趋势

　　以湿地区表土 SOC 为例，其趋势性分析如图 5-3 所示，X 轴表示正东方向，Y 轴表示正北方向，Z 轴表示各样点实测值大小，左后投影面上的绿色线表示东—西方向的全局性趋势效应变化，右后投影面上的蓝色线表示南—北方向的全局性趋势效应变化。如果投影面上的线呈"U 形"或近似"U 形"，则认为变量在沿曲线走势方向上呈二阶趋势性变化（Johnston et al.，2001；Krivoruchko，2011）。图 5-3 表明，纳帕海湿地区表土 SOC 含量在东—西方向上呈不明显的"倒 U 形"变化趋势，在南北方向上呈"U 形"趋势，意味着纳帕海湿地区 SOC 含量在东—西和南—北两个方向上均呈一定程度的二阶趋势性变化。

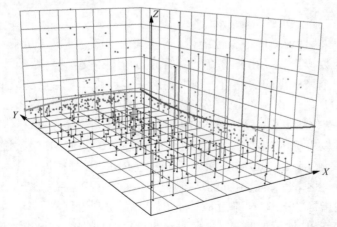

图 5-3　纳帕海湿地区表土 SOC 含量的趋势性分析（彩图请扫封底二维码）

5.1.5.4　克里金(Kriging)插值

地统计学空间插值即通过对已知样点赋权值来求得未知样点的值，并且将求得的值转化为连续的数据曲面，以便与其他空间现象分布模式进行比较。克里金插值，是以半方差函数理论和结构分析为基础，在有限区域内对多区域化变量进行无偏最优估计的一种方法，分为简单克里金、普通克里金、泛克里金、协同克里金、贝叶斯克里金等。克里金方法的适用范围为区域化变量存在空间相关性，即如果半方差函数和结构分析的结果表明区域化变量存在空间相关性，则可以利用克里金方法进行内插或外推(Liu et al.，2013；彭景涛等，2012；王政权，1999；吴秀芹等，2007)。

在地统计学中，克里金插值是应用最广泛的一种估值方法，它是利用实测数据和半方差函数的结构性对未采样点进行无偏最优估计的一种方法。克里金插值方法有普通克里金、泛克里金、析取克里金、协同克里金等，其中以普通克里金(ordinary Kriging)空间插值最为常见。不同方法有各自适用的条件，当数据量足够多时，各种插值方法所得结果基本相同。

如果半方差函数和相关分析表明区域化变量存在空间相关性，则可利用普通克里金进行空间插值，公式为

$$Z^*(x_0) = \sum_{i=1}^{n} \lambda_i Z(x_i) \tag{5-6}$$

式中，$Z^*(x_0)$ 为待估测点 x_0 处的估测值；$Z(x_i)$ 表示样地 x_i 处实测值；λ_i 是每个实测值的权重且 $\Sigma \lambda_i = 1$；n 为参与估测 x_0 处实测变量样点数目。

本研究根据 GS+5.1 中所得半方差函数理论模型和相关参数，利用 ArcGIS 9.3 中 Geostatistical Analyst 模块完成相关土壤养分指标的空间插值。

5.1.5.5　精度检验

本研究中采用 ArcGIS 9.3 地统计分析模块中的交互检验(cross validation)来评价半方差函数拟合效果和普通克里金插值的精度。交互检验是通过重复从已知数据中删除一个采样点的实测值，利用剩余采样点估计删除点的数值，并计算平均误差(MEAN)、平均标准误差(ASE)、标准化平均误差(MSE)、均方根误差(RMSE)和标准化均方根误差(RMSSE)，根据以上 5 个指标判断插值精度的高低。交互检验遵循以下标准：①MEAN 绝对值最接近于 0；②MSE 最接近于 0；③ASE 与 RMSE 最接近(或 RMSE/ASE 接近于 1)；④RMSSE 最接近于 1。

纳帕海湿地区表土碳氮组分的地统计分析的交互检验结果见表 5-4。由表 5-4 可知，各相关指标的 MEAN 都近似等于 0，MSE 也都近似等于 0，ASE 均近似等于 RMSE，RMSSE 均近似等于 1，表明普通克里金插值后的预测值与实测值均具有较好的相关性，说明半方差分析所得模型和参数适合空间插值。

表 5-4   纳帕海湿地区表土碳氮组分的地统计分析的交互检验

项目	平均误差	均方根误差	平均标准误差	RMSE/ASE	标准化平均误差	标准化均方根误差
SOC (g/kg)	0.062	60.230	54.130	1.113	0.001	1.110
DOC (g/kg)	0.026	100.600	90.180	1.116	0.0001	1.112
EOC (mg/kg)	0.025	5.124	4.739	1.081	0.006	1.078
EOC/SOC (%)	−0.071	3.450	3.446	1.001	−0.012	0.966
DOC/SOC (%)	0.001	0.159	0.149	1.069	0.006	1.071
TN (g/kg)	−0.003	3.943	3.553	1.110	−0.001	1.107
RAN (mg/kg)	−0.069	267.600	231.600	1.155	0.001	1.143
DIN (mg/kg)	−0.058	11.160	10.550	1.058	−0.005	1.057
DON (mg/kg)	−0.016	19.140	18.130	1.056	−0.0003	1.058
RAN/TN (%)	−0.038	1.992	1.883	1.058	−0.018	1.049
DIN/TN (%)	−0.012	0.316	0.298	1.060	−0.062	1.052
DON/TN (%)	−0.003	0.391	0.389	1.006	−0.008	1.004
DIN/RAN (%)	−0.034	3.198	2.790	1.146	−0.011	1.134
DON/RAN (%)	−0.033	4.492	4.454	1.009	0.007	1.009
C/N	0.004	3.348	3.027	1.106	0.001	1.115
DOC/DON	−0.001	3.676	3.674	1.001	−0.001	1.002

5.2   纳帕海湿地区表土碳氮组分描述性统计分析

5.2.1   碳素组分

纳帕海湿地区表土碳氮组分的描述性统计结果如表 5-5 所示。

表 5-5   纳帕海湿地区表土碳氮组分描述性统计

项目	最大值	最小值	平均值	中值	标准差	变异系数
SOC (g/kg)	352.060	4.285	51.596	32.240	60.582	1.174
EOC (g/kg)	29.660	0.490	4.950	3.400	5.185	1.047
DOC (mg/kg)	550.140	9.760	155.360	131.440	97.018	0.624
EOC/SOC (%)	39.392	2.387	10.388	9.994	3.385	0.326
DOC/SOC (%)	0.943	0.036	0.403	0.389	0.176	0.436
TN (g/kg)	23.075	0.698	4.561	3.430	3.899	0.855
RAN (mg/kg)	1932.000	84.000	367.910	302.400	260.370	0.708
DIN (mg/kg)	58.650	3.260	13.539	10.410	10.695	0.790
DON (mg/kg)	139.180	5.050	26.377	21.880	18.451	0.700
RAN/TN (%)	16.831	3.901	8.828	8.745	1.998	0.226
DIN/TN (%)	2.173	0.045	0.380	0.310	0.322	0.848
DON/TN (%)	2.435	0.129	0.694	0.612	0.386	0.557
DIN/RAN (%)	22.526	0.573	4.215	4.375	3.160	0.750
DON/RAN (%)	32.036	1.535	7.936	6.858	4.401	0.555
C/N	42.808	6.060	10.240	9.556	3.425	0.334
DOC/DON	22.612	1.497	6.916	6.085	3.852	0.557

表 5-5 中，湿地区 SOC 变化于 4.285～352.060g/kg，平均值为 51.596g/kg，远高于全国一级平均水平(全国土壤普查办公室，1998)；变异系数大于 1，属强变异，说明湿地区土壤中 SOC 含量的差异较大，其主要原因湿地区植被类型多样，微地貌控制下的土壤理化环境差异较大，不同环境下 SOC 累积量不同。

EOC 变化于 0.490～29.660g/kg，平均值为 4.950g/kg，约为若尔盖高寒湿地沼泽土含量的一半(高俊琴等，2006)，但高于青藏高原贡嘎南山-拉轨岗日山南坡高寒草原生态系统[(2.499±0.786)g/kg](王建林等，2009)；变异系数大于 1，属强变异。

DOC 变化于 9.760～550.140mg/kg，平均值为 155.360mg/kg，远低于东北三江平原毛苔草湿地(1120.67mg/kg)、小叶章湿地(605.33mg/kg)和岛状林湿地(498.78mg/kg)(万忠梅等，2009)，与三江平原天然沼泽垦殖后含量相当(黄靖宇等，2008)；变异系数为 0.624，属中等变异。

土壤活性有机碳占土壤总有机碳的比率被称作该种活性有机碳的分配比例，它比活性有机碳总量更能反映不同人为干扰强度下土壤的稳定性差异(宇万太等，2007)。表 5-5 中，EOC/SOC(%)和 DOC/SOC(%)分别表示 EOC 分配比例、DOC 分配比例。总体上，土壤活性有机碳占土壤总有机碳含量的比例不高，但对于维持土壤肥力及土壤碳储量变化方面具有重要作用(Blair et al.，1997)。EOC/SOC(%)变化于 2.387%～39.392%，平均值约为 SOC 含量的 1/10，与六盘山天然次生林活性有机碳分配比例相当，变异系数为 0.326，属中等变异。DOC/SOC(%)变化于 0.036%～0.943%，平均值为 0.403%，DOC 占总有机碳库的比例很小，但对于维持土壤微生物群落组成和功能稳定具有重要作用(万忠梅等，2009)，变异系数为 0.436，属中等变异。

5.2.2　氮素组分

由表 5-5 可知，湿地区氮素组分含量丰富。TN 变化于 0.698～23.075g/kg，平均值为 4.561g/kg，高出全国一级水平(全国土壤普查办公室，1998)2.25 倍，与胡金明等(2012)对湿地区的研究有所不同，TN 平均值与弃耕地-中生草甸土含量相当，但远低于中生草甸土、湿草甸土和沼泽土，主要原因可能在于两次采样无论是在时间上还是空间上都存在很大差异，胡金明等根据湿地区地貌、水文和地表植被类型分异，布设 4 条平行样带，3 次土样采集时间均不在生长季，而本研究采用网格法，在空间上保证了足够大的样本量，且采样时间正处生长季，生长季植物和微生物对氮素的利用较大，并且本研究样本量较大，所以对应 TN 平均值较低；TN 变异系数为 0.855，属中等变异。

RAN 变化于 84.000～1932.000mg/kg，平均值为 367.910mg/kg，高于全国一级水平(全国土壤普查办公室，1998)2 倍多，也高于黑土区(李文凤等，2011；张少良等，2008；赵军等，2005)1.5 倍左右；变异系数为 0.708，属中等变异。

　　DIN 变化于 3.260~58.650mg/kg，平均值为 13.539mg/kg，略低于湿地区弃耕地-中生草甸土(董云霞，2011)，远低于湿地区中生草甸土、湿草甸土和沼泽土；变异系数为 0.790，属中等变异。

　　DON 变化于 5.050~139.180mg/kg，平均值为 26.377mg/kg，远低于三江平原天然小叶章湿地表层土壤 DON 含量[(48.5±2.1)mg/kg](黄靖宇等，2008)；变异系数为 0.700，属中等变异。

　　RAN/TN(%)变化区间为 3.901%~16.831%，平均值为 8.828%，远低于湿地区 4 种不同土壤(弃耕地-中生草甸土、中生草甸土、湿草甸土和沼泽土)RAN/TN(%)(董云霞，2011)，这是因为本研究采样时间恰逢生长季，植物对表土速效氮利用较高，RAN 占 TN 的质量分数相对较小；变异系数为 0.226，处于中等变异水平。DIN/TN(%)变化于 0.045%~2.173%，平均值为 0.380%；变异系数为 0.848，处于中等变异水平。DON/TN(%)变化于 0.129%~2.435%，平均值为 0.694%，约为 DIN/TN(%)的 2 倍，说明土壤全氮库以有机态为主；变异系数为 0.557，属中等变异。DIN/RAN(%)变化于 0.573%~22.526%，平均值为 4.125%，约为 DON/RAN(%)的 50%，说明土壤溶解氮主要以有机态为主；变异系数为 0.750，属中等变异。

5.2.3　碳氮比

　　土壤中碳氮比即土壤中有机碳含量与全氮含量的比值。比值的大小可用于表征土壤微生物在分解有机质过程中的碳氮转化关系，也通常被认为是土壤氮素矿化能力的标志(Lupwayi and Haque，1998)。通常微生物分解的最佳碳氮比介于 25~30(Baer et al.，2006)，如果土壤碳氮比高于 25，则该土壤碳素的累积速度高于氮素，土壤氮含量不足以满足土壤微生物生长所需，这种情况下腐败菌类大量繁殖并通过加速分解有机质来提供更多的氮(Drenovsky and Richards，2004)，此时土壤具有"碳汇"功能，反之，碳氮比低于 25，则说明土壤有机质腐殖化程度高，利于微生物分解，有机氮易矿化，土壤具有"碳源"功能。纳帕海湿地区 C/N 值变化区间为 6.060~42.808，平均值为 10.240，小于三江平原环形湿地(15~22)(刘吉平等，2006)，而且本研究中 C/N 值小于 25 的土样占总样品的 99.291%，小于等于平均值的土样占总样品的 67.375%，可认为湿地区土壤有利于微生物分解，有机碳处于分解态势，有机氮更容易矿化，土壤具有"碳源"功能，将释放出大量的 CO_2、N_xO、CH_4 等温室气体；C/N 值变异系数为 0.334，属中等变异。

5.2.4　溶解有机质碳氮比

　　Wang 等(2004)等通过研究澳大利亚库鲁拉国家公园不同树种对土壤表土(0~10cm)溶解有机碳的影响，发现表土 DOC/DON 分别与土壤 C/N 值($R^2=0.886$，$P<0.01$)、地表凋落物 C/N 值($R^2=0.768$，$P<0.01$)存在显著正相关关系，指出溶解有

机质主要来源于凋落物、土壤有机质的分解和溶解。纳帕海湿地区表土 DOC/DON 变化于 1.497～22.612，平均值为 6.916，与 C/N 值（$R^2=0.099$）正相关关系很弱，变异系数为 0.557，处于中等变异水平。

5.3　各向同性下纳帕海湿地区表土碳氮组分的空间变异特征

根据步长（h）和 $r(h)$，采用线性模型、球状模型、指数模型、高斯模型进行拟合，得到湿地区表土土壤碳氮组分各向同性半方差函数模型，其函数相关参数及图像分别见表 5-6 和图 5-4。

表 5-6　纳帕海湿地区表土碳氮组分各向同性半方差函数最佳理论模型及参数

项目	理论模型	块金值	基台值	块金效应(%)	变程(km)	决定系数	残差	分维数
SOC	高斯模型	0.229	1.044	21.935	0.125	0.999	2.790×10^{-5}	1.782
EOC	高斯模型	0.372	2.143	17.359	0.202	0.957	8.233×10^{-4}	1.870
DOC	高斯模型	0.134	0.506	26.482	0.202	0.621	1.510×10^{-3}	1.896
EOC/SOC(%)	指数模型	0.023	0.045	49.890	1.999	0.795	1.612×10^{-5}	1.922
DOC/SOC(%)	高斯模型	0.080	0.941	8.502	0.201	0.998	7.724×10^{-6}	1.727
TN	球状模型	0.103	0.453	22.737	0.212	0.934	5.524×10^{-4}	1.794
RAN	指数模型	0.069	0.312	22.258	0.231	0.956	4.851×10^{-5}	1.854
DIN	指数模型	0.123	0.290	42.403	0.194	0.932	4.689×10^{-5}	1.910
DON	球状模型	0.099	0.198	49.747	0.284	0.748	1.200×10^{-4}	1.930
RAN/TN(%)	球状模型	0.012	0.043	26.559	0.273	0.874	5.803×10^{-6}	1.845
DIN/TN(%)	球状模型	0.118	0.593	19.899	0.209	0.981	2.883×10^{-4}	1.765
DON/TN(%)	指数模型	0.069	0.173	39.735	0.208	0.995	1.115×10^{-6}	1.912
DIN/RAN(%)	球状模型	0.109	0.360	30.278	0.209	0.984	6.535×10^{-5}	1.826
DON/RAN(%)	球状模型	0.054	0.128	42.275	0.205	0.907	3.726×10^{-5}	1.881
C/N	球状模型	1.570	5.266	29.814	0.195	0.945	5.870×10^{-2}	1.823
DOC/DON	球状模型	0.035	0.164	21.306	0.047	0.998	4.748×10^{-6}	1.835

5.3.1　碳素组分

由表 5-6 可知，SOC、EOC、DOC/SOC 的块金效应 $C_0/(C_0+C)$ 均小于 25%，说明它们具有很强的空间相关性，结构性因素在空间变异中占绝对优势；DOC 和 EOC/SOC 的块金效应 $C_0/(C_0+C)$ 介于 25%～75%，说明二者具有中等程度空间相关性，空间变异受结构性因素和随机性因素共同作用。碳素各指标的变程变化于 0.125～1.999km，其中以 EOC/SOC 的变程最大（1.999km），SOC 的变程最小（0.125km）。碳素各指标分维数（D）变化于 1.727～1.922，其中 EOC/SOC 最大，DOC/SOC 最小，这与 SOC 和 EOC 的活性密切相关。

表 5-6 中碳素各指标中除 DOC（R^2=0.621）和 EOC/SOC（R^2=0.795）决定系数较小，其余均接近于 1，各指标的残差（RSS）均接近于 0，说明各向异性下，表 5-6 中碳素各指标所选模型均为最佳。

5.3.2 氮素组分

表 5-6 表明，TN、RAN 和 DIN/TN 的块金效应 $C_0/(C_0+C)$ 均小于 25%，说明这些指标的空间相关性均为最强，空间变异受结构性因素主导。DIN、DON、RAN/TN、DON/TN、DIN/RAN 和 DON/RAN 的块金效应 $C_0/(C_0+C)$ 介于 25%～75%，空间相关性为中等，空间变异由结构性因素和随机性因素共同作用。氮素各指标变程变化于 0.194～0.284km，其中 DON 的变程最大，DIN 的最小。氮素组分各指标的分维数（D）变化于 1.765～1.930，其中 DON 的分维数（D）最大，DIN/TN（%）的分维数（D）最小，说明 DON 的空间分异复杂程度最高，DIN/TN（%）的空间变异复杂程度最小。

氮素各指标的决定系数（R^2）均较高，除 DON（R^2=0.748）较低，其他均大于等于 0.874，且各指标的残差（RSS）均接近于 0，说明表 5-6 中所选拟合模型均为最优。

5.3.3 C/N 值和 DOC/DON

由表 5-6 可知，碳氮比（C/N 值）的块金效应 $C_0/(C_0+C)$ 大于 25%，小于 75%，说明其空间相关性为中等，系统总变异由结构性因素和随机性因素共同决定。C/N 值的变程为 0.195km，说明其在全方向上达到稳定变异的最小距离（小于 200m）。C/N 值分维数为 1.823，与氮素和碳素各指标相比，其复杂程度一般；决定系数（R^2）为 0.945，其残差近似等于 0，说明各向同性分析所选拟合模型为最优。

溶解有机质碳氮比（DOC/DON）的块金效应 $C_0/(C_0+C)$ 小于 25%，说明具有极强的空间相关性，结构性因素主导空间变异。DOC/DON 变程为 0.047km，说明在全方向上达到稳定变异的最小距离（不足 50m）。溶解有机质碳氮比的分维数（D）为 1.835，与碳素、氮素各指标相比，其复杂程度一般。DOC/DON 决定系数（R^2）高达 0.998，且其残差（RSS）近似等于 0，说明所选拟合模型为最优。

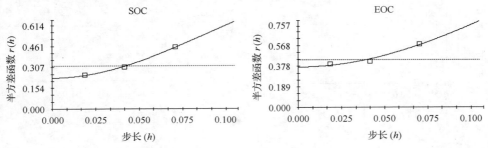

图 5-4 纳帕海湿地区表土碳氮组分各向同性半方差函数

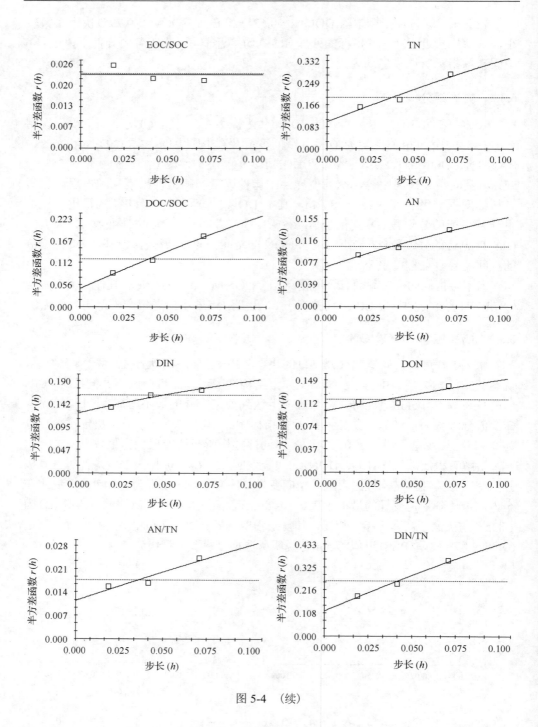

图 5-4 (续)

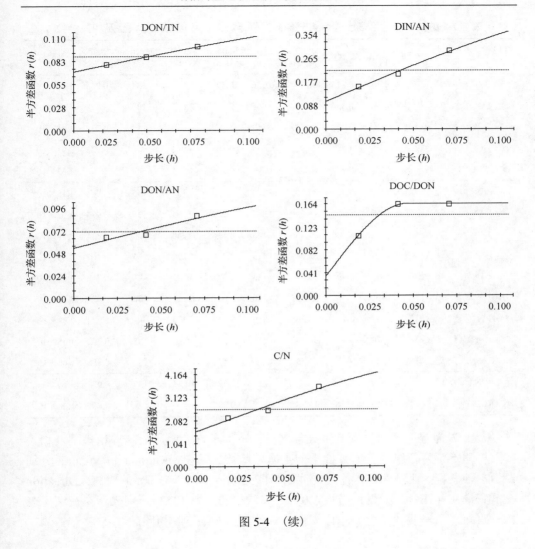

图 5-4 （续）

5.4 各向异性下纳帕海湿地区表土碳氮组分的空间变异特征

在较大尺度上，自然过程往往在不同的方向上控制着变量的空间变异性，使得空间变异表现出明显的方向性特征（刘付程等，2010），半方差函数分析将区域化变量在各个方向上的差异称为各向异性（van Kessel Clough and van Groenigen，2009）。各向同性是相对的，而各向异性则是绝对的（Kalbitz et al.，2000）。通常，将主轴变程（Major.a）与亚轴变程（Minor.a）的比值称为各向异性比（k），如果各向异性比等于或接近 1，说明区域化变量在各个方向上表现为向同性，否则为各向异性（D'Amore et al.，2010；van Kessel et al.，2009）。

表 5-7　纳帕海湿地区表土碳氮组分各向异性半方差函数最佳理论模型及相关参数

项目	理论模型	块金值	基台值	块金效应(%)	Minor.a (km)	Major.a (km)	各向异性比	Direction (°)	决定系数	残差
SOC	高斯模型	0.25	0.813	30.754	0.156	0.592	3.8	135	0.968	1.60×10^{-2}
EOC	球状模型	0.087	0.334	26.143	0.065	0.172	2.637	135	0.832	1.68×10^{-2}
DOC	指数模型	0.121	0.372	32.528	0.153	0.17	1.115	135	0.739	1.45×10^{-2}
EOC/SOC(%)	指数模型	0.014	0.03	45.295	0.037	0.183	4.925	45	0.723	3.98×10^{-4}
DOC/SOC(%)	指数模型	0.036	0.277	13.01	0.23	0.235	1.021	90	0.94	1.63×10^{-2}
TN	高斯模型	0.156	1.326	11.769	0.183	0.942	5.148	135	0.97	1.15×10^{-2}
RAN	球状模型	0.083	0.24	34.599	0.245	2.255	9.204	135	0.974	2.92×10^{-3}
DIN	指数模型	0.122	0.309	39.436	0.143	0.636	4.448	135	0.624	4.70×10^{-3}
DON	球状模型	0.108	0.274	39.363	0.476	2.489	5.229	135	0.767	5.43×10^{-3}
RAN/TN(%)	指数模型	0.016	0.098	15.858	0.183	0.491	2.683	45	0.712	4.20×10^{-5}
DIN/TN(%)	球状模型	0.159	0.725	21.943	0.246	1.651	6.711	135	0.839	2.15×10^{-2}
DON/TN(%)	球状模型	0.072	0.179	40.165	0.359	2.369	6.599	90	0.874	2.93×10^{-3}
DIN/RAN(%)	球状模型	0.122	0.396	30.792	0.216	0.566	2.62	135	0.752	1.35×10^{-2}
DON/RAN(%)	球状模型	0.058	0.168	34.531	0.272	0.725	2.665	135	0.888	4.60×10^{-4}
C/N	球状模型	1.899	5.823	32.61	0.218	2.228	10.22	135	0.958	9.20
DOC/DON	球状模型	0.066	0.58	11.385	0.245	0.245	1	90	0.875	1.28×10^{-1}

表 5-7 为湿地区表土碳氮组分各向异性下的半方差函数最佳理论模型及相关参数，图 5-5 为各组分各向异性下的半方差函数。其中，Major.a 和 Minor.a 分别表示主轴变程、亚轴变程，各向异性比(k)为 Major.a 与 Minor.a 的比值。Direction 表示变量在存在各向异性的方向，0°、45°、90° 和 135° 分别表示东—西、东北—西南、南—北、西北—东南方向，其他参数与表 5-6 相同。

5.4.1　碳素组分

由表 5-7 可知,碳素组分相关指标中,DOC(k=1.115)和 DOC/SOC(%)(k=1.021)的各向异性比接近于 1，说明 DOC 和 DOC 存在一定的各向异性，但更趋于各向同性。SOC、EOC 和 EOC/SOC(%)的各向异性比均远大于 1，说明存在明显的各向异性。SOC、EOC、DOC、EOC/SOC(%)、DOC/SOC(%)分别在西北—东南、西北—东南、西北—东南、东北—西南、南—北方向上存在各向异性。

碳素组分相关指标的基台值(C_0+C)均为正值且远大于块金值(C_0)，说明由采样误差引起的块金效应很小(Zheng et al.，2008)。DOC/SOC(%)的块金效应 $C_0/(C_0+C)$ 小于 25%，说明具有极强的空间相关性，系统变异受结构性因素影响显著。EOC 的块金效应介于 25%～75%，但其值仅为 26.143(%)，说明各向异性下 EOC 的空间变异受结构性因素和随机性因素共同作用，但随机性因素在系统总变异中贡献很小。SOC、DOC 和 EOC/SOC（%）的块金效应 $C_0/(C_0+C)$ 均介于 25%～75%，说明具有中等程度空间相关性，系统变异受结构性因素和随机性因素共同作用。

碳素组分相关指标中只有 DOC 和 EOC/SOC（%）的决定系数（R^2）较小，其余均大于 0.832，且所有指标的残差（RSS）都趋近于 0，说明表 5-7 中碳素组分相关指标所选理论模型均为最佳拟合模型。

5.4.2　氮素组分

氮素组分各指标的各向异性比（k）均远大于 1，表明具有明显的各向异性。TN、RAN、DIN、DON、DIN/TN（%）、DIN/RAN（%）和 DON/RAN（%）在西北—东南（135°）方向存在各向异性，DON/TN 在南—北（90°）方向上存在各向异性，RAN/TN 在东北—西南（45°）方向上存在各向异性。

氮素组分各指标中 TN、RAN/TN（%）和 DIN/TN（%）的块金效应 $C_0/(C_0+C)$ 小于 25%，其空间相关性程度极高，结构性因素在系统总变异中起决定作用。而 RAN、DIN、DON、DON/TN（%）、DIN/RAN（%）和 DON/RAN（%）的块金效应 $C_0/(C_0+C)$ 均介于 25%～75%，但 RAN 和 DIN 的块金指数 $C_0/(C_0+C)$ 均小于 41%，说明各向异性下各指标的系统变异由结构性因素和随机性因素共同作用，但结构性因素较随机性因素贡献稍大。

氮素组分各指标中除 DIN 的决定系数 R^2（0.624）较小，其余各指标均大于 0.712，部分指标趋近于 1，并且各指标所对应的残差（RSS）近似等于 0，说明各向异性下半方差函数所选拟合模型均为最佳。

5.4.3　C/N 值和 DOC/DON

各向异性分析结果表明，碳氮比（C/N 值）的各向异性比远大于 1，Direction 为 135°，说明 C/N 值在西北—东南方向上各向异性显著。C/N 值的块金效应介于 25%～75%，具有中等程度空间相关性，结构性因素和随机性因素共同作用系统总变异。各向异性下，决定系数（R^2）和残差（RSS）满足半方差函数最佳拟合模型选择标准，说明所选拟合模型（表 5-7）为最佳。

溶解有机质碳氮比（DOC/DON）的各向异性比（k）等于 1，Direction 为 90°，说明 DOC/DON 在南—北方向上存在各向同性，而无各向异性。各向异性下，溶解有机质碳氮比（DOC/DON）的块金效应小于 25%，具有极强的空间相关性，母质、地质地貌、植被、气候、土壤类型等结构性因素控制系统总变异。由表 5-7 可知，决定系数（R^2）和残差（RSS）均满足半方差函数最佳拟合模型选择标准，说明本研究中所选拟合模型均为最佳。

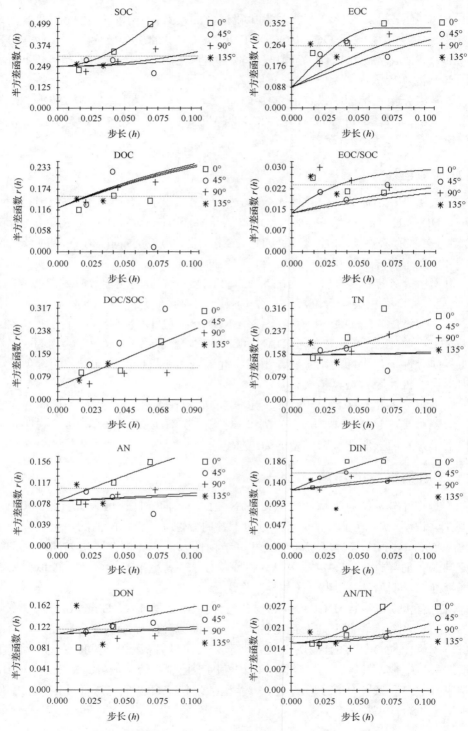

图 5-5　纳帕海湿地区表土碳氮组分各向异性半方差函数

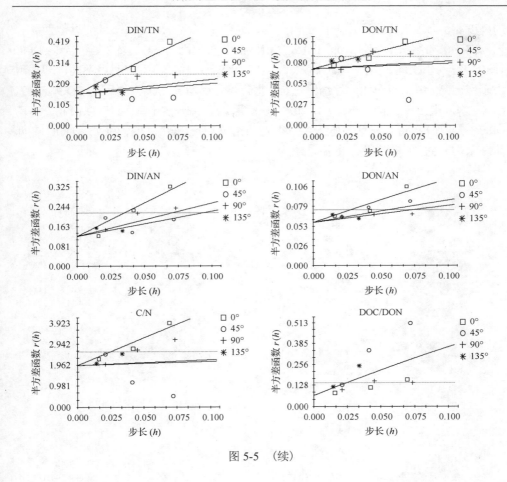

图 5-5　（续）

5.5　纳帕海湿地区表土碳氮组分的空间分异特征

　　将半方差函数模型及相关参数（表 5-7）输入 ArcGIS 9.3 Geostatistical Analyst 模块中进行普通克里金插值，碳素、氮素组分及其相关指标的插值结果如图 5-6（碳素组分及相关指标）、图 5-7（氮素组分）和图 5-8（氮素组合指标）、图 5-9（碳、氮耦合指标）所示。

5.5.1　碳素组分

　　湿地区表土 SOC～EOC、SOC～DOC 的相关系数分别为 0.929、0.741，在 0.01 水平上（双侧检验）极显著相关，这与相关研究的结论一致（Yang et al.，2009；柳敏等，2006）。由图 5-6 可知，SOC（图 5-6a）和 EOC（图 5-6b）的水平空间分异格局高度相似，表现为由西南—南部向东北—北部呈现高—低—高—低的近似西北—东南向的条带状分布特征，但 EOC 高值区的分布范围与 SOC 不完全一致。DOC（图 5-6c）水平空间分异与 SOC、EOC 整体上有一致性，但也有明显不同，即表现为东南部高，由东南向西北逐渐降低、西北向东北逐渐升高。综上所述，SOC、EOC、DOC 均表现出由西南—南部向东北—北部呈现高—低—高—低的近似西北—东南向的条带状分布特征，这与 5.2 章节得到的结果一致，即 SOC、EOC、DOC 在西北—东南方向（135°）上存在各向异性。

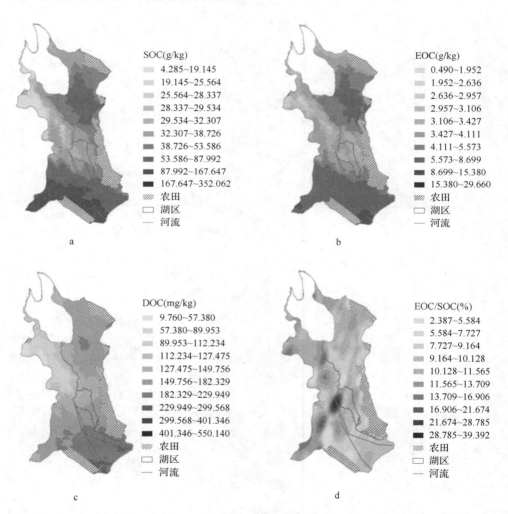

图 5-6　纳帕海湿地区表土碳素组分空间分异图（彩图请扫封底二维码）

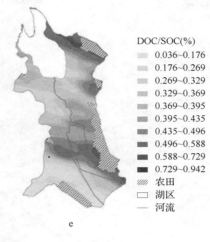

DOC/SOC(%)
- 0.036~0.176
- 0.176~0.269
- 0.269~0.329
- 0.329~0.369
- 0.369~0.395
- 0.395~0.435
- 0.435~0.496
- 0.496~0.588
- 0.588~0.729
- 0.729~0.942
- 农田
- 湖区
- 河流

e

图 5-6 (续)

　　活性有机碳含量比值的空间分异格局明显不同，EOC/SOC(%)的水平空间分异(图 5-6d)呈若干椭圆斑块状分布，整体上表现出近似西南—东北向条带、由东南向西北的高—低—高—低变化。DOC/SOC(%)(图 5-6e)空间分异格局较为特殊，近似西北—东南向条带，但由西南向东北表现为低—高—低—高变化，而西侧整体上较东侧低，与 SOC、EOC、DOC 和 EOC/SOC(%)的空间分异明显不同。

5.5.2 氮素组分

　　湿地区表土 TN～SOC 的相关系数为 0.948，在 0.01 水平上(双侧检验)极显著相关，这与已有相关研究的结论一致(全国土壤普查办公室，1998；白军红等，2002；田昆等，2004；曾从盛，2009)。图 5-6a 和图 5-7a 表明，湿地区表土 SOC 和 TN 含量的水平空间分异格局极其相似，这与上述结论一致，即由西南—南部向东北—北部呈现高—低—高—低的近似西北—东南向的条带状分布，与 SOC 一样，TN 在西北—东南(135°)方向上表现为各向异性。SOC 高值区出现于西南部泥炭地和南部弃耕地-中生草甸，低值区出现于中部和西北部湿草甸。

　　湿地区表土 RAN(图 5-7b)整体上表现为由西南—南部向东北—北部呈现高—低—高—低的近似西北—东南向的条带状分布特征，且这种分布特征较碳素组分和 TN 更加明显，这与 5.2.4 章节所得结果一致，即 RAN 在西北—东南(135°)方向上表现为各向异性。RAN 高值区出现于西南部泥炭地，呈西北—东南走向的条带状，低值区出现于中西部地势低洼地区，也呈西北—东南走向的条带状。

　　DIN(图 5-7c)水平空间分异格局整体呈现出一定的西北—东南走向趋势，由北到南呈现高—低—高—低—高的分布特征，高值区以条带状分布于南部中生草甸和南部季节性淹没区，低值区出现于中西部和中东部。

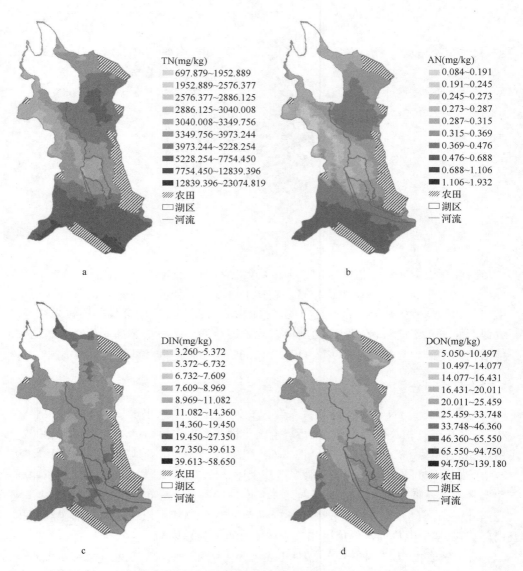

图 5-7　纳帕海湿地地区表土氮素组分空间分异图(彩图请扫封底二维码)

DON(图 5-7d)的水平空间分异格局较简单，表现为明显的西北—东南走向，除东南部高值区(泥炭地)外，南部、中部及北部区域各斑块含量相差不大，低值区呈明显的西北—东南走向，这与各向异性分析所得结果一致，即在西北—东南方向上表现为各向异性。

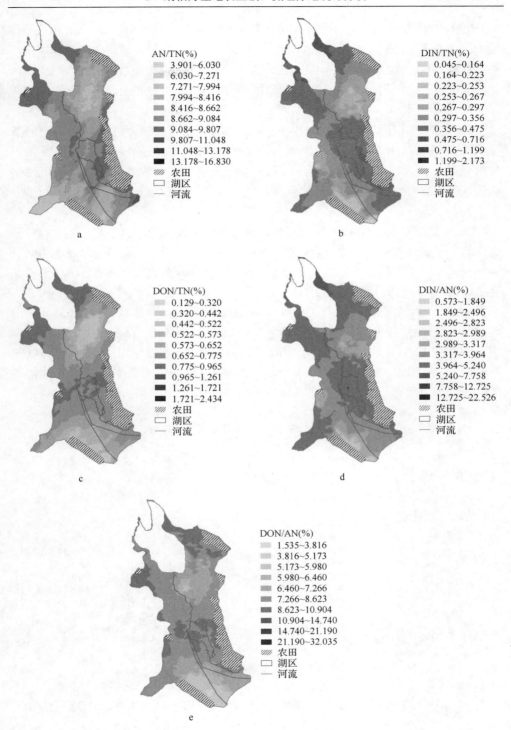

图 5-8 纳帕海湿地区表土氮素组合指标空间分异图(彩图请扫封底二维码)

RAN/TN（%）（图 5-8a）水平空间分异格局相对复杂，除西南部、西北部和北部有较大面积的斑块呈东北—西南方向走势外，其他地区无明显分布规律，整体而言，RAN/TN（%）在东北—西南方向在一定程度上表现为各向异性。其高值区出现于湖区附近季节性淹没区和东部农田边缘，低值区以孤岛状零星分布于西南部泥炭地和西北部沼泽地。

DIN/TN（%）（图 5-8b）水平空间分异格局表现出明显的西北—东南走向的条带状分布格局，由南向北表现为低—高—低—高的分布趋势，这与各向异性下分析结果一致，即 DIN/TN（%）在西北—东南方向上表现为各向异性。高值区出现于东北部湖区附近，该地区属于季节性淹水区，低值区出现于南部弃耕地-中生草甸。

DON/TN（%）（图 5-8c）水平空间分异格局整体上表现为近似东北—西南（45°）走向的条带状分布趋势，这与半方差分析所得结果有所不同，由南至北表现为低—高—低—高的变化趋势。高值区出现于中部、西北部和东北部，低值区出现于南部弃耕地-中生草甸和西北部沼泽区。

DIN/RAN（%）（图 5-8d）与 DIN/TN（%）的水平空间分异格局相似，高值区多出现在季节性淹水区和河网交错的中部区域，低值区位于南部靠近农田的弃耕地。

DON/RAN（%）（图 5-8e）水平空间分异格局较为特殊，由南向北表现为低—高—低—高的变化趋势，高值区呈斑块状散布于湿地区中部、西北部和东北部，低值区位于南部弃耕地和中旱生草甸。

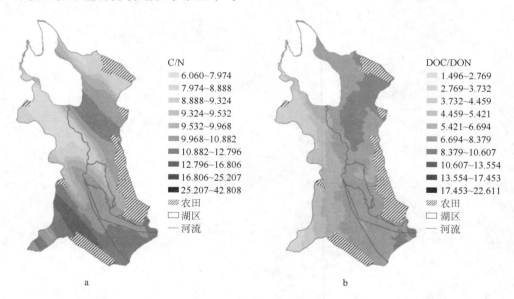

图 5-9　纳帕海湿地区表土碳氮比和溶解有机质碳氮比空间分异图（彩图请扫封底二维码）

5.5.3　C/N 值和 DOC/DON

湿地区表土 C/N 值(图 5-9a)整体上表现为西北—东南走向的条带状分布格局,由西南向东北方向表现为低—高—低—高—高—低的分布趋势,这与半方差分析章节中所得结果一致,即 C/N 值在 135°方向上存在各向异性。高值区(12.796~16.806)分布于西南部,低值区(6.060~7.974)分布于西北部、北部季节性淹水区。

DOC/DON(%)(图 5-9b)水平空间分异格局较为特殊,整体表现为北部与南部相差不大,东部高于中部,中部高于西部,即在东—西(90°)方向上存在各向同性。高值区(10.607%~22.616%)位于东南部和东北部,西南部泥炭地至湖区西南部为低值区(1.496%~4.459%)。

5.6　关于纳帕海湿地区表土碳氮组分空间分异的讨论

5.6.1　碳素组分

5.6.1.1　碳素组分含量水平

表 5-5 表明,湿地区表土 SOC 平均值约为 51.596g/kg,低于全国山地草甸土水平(58.300kg/kg),但高于山地草原草甸土平均水平(36.600g/kg)(全国土壤普查办公室,1998);如剔除部分沼泽土采样点,则湿地区表土 SOC 平均水平为35.500g/kg,甚至低于山地草原草甸土的 SOC 平均值。

与有关区域的沼泽和湿草甸土壤相比,纳帕海湿地区表土活性有机碳含量偏低,如 EOC 含量约为若尔盖高寒湿地沼泽土 EOC 含量的一半(高俊琴等,2006),但湿地区的泥炭土、沼泽土和部分典型沼泽化草甸土(15 个点位)的表土 EOC 含量变化于 8.0~30.0g/kg,与若尔盖高寒湿地区的沼泽土、泥炭土相当。考虑纳帕海湿地区土壤在整体上为亚高山草甸土,我们选择了两个案例进行比较。对宁夏六盘山林区牧草地 0~10cm、10~20cm 层土壤采样分析(高锰酸钾氧化比色法),0~10cm、10~20cm 层土壤 EOC 含量均值分别为 1.156g/kg、1.959g/kg(吴建国等,2004)。对藏北典型草地区的正常、轻度退化和严重退化草地 0~10cm、10~20cm 层土壤采样,分析其 EOC 含量(重铬酸钾—硫酸氧化法),三类草地土壤上下两层 EOC 含量均值分别变化于 0.777~0.802g/kg、0.953~1.312g/kg(蔡晓布等,2013)。相较于海拔更高和纬度偏北的藏北高寒草地、纬度偏北且由半湿润向半干旱区过渡的六盘山林区牧草地而言,纳帕海湿地区的亚高山草甸土表层土壤EOC 含量均值较高。

纳帕海湿地 DOC 含量远低于三江平原毛苔草湿地、小叶章湿地和岛状林湿地土壤 DOC 含量(新鲜土—水溶法)(万忠梅等,2009;Zhang et al.,2006),但纳帕

海湿地区的泥炭土、沼泽土、典型沼泽化湿草甸土表层土壤 DOC 含量变化于
307.14～550.14mg/kg，接近三江平原、岛状林和小叶章湿地表土 DOC 含量均值
(155.360mg/kg)。从亚高山草甸土整体来看，纳帕海湿地区表土 DOC 含量均值明
显高于藏西北典型草地区(蔡晓布等，2013)的三类草地土壤 0～10cm、10～20cm
层的 DOC 均值含量(2.710～2.970mg/kg、3.520～4.520mg/kg)。

5.6.1.2　碳素组分空间变异特征与采样间距

　　土壤是空间与时间的变异体，通常，土壤养分存在各向异性。由表 5-7 可知，
SOC、EOC、DOC 三者的块金效应 $C_0/(C_0+C)$ 均大于 25%，却远小于 75%，说明
SOC、EOC、DOC 空间相关性虽处于中等程度，但母质、植被、地形地貌、土壤
水分等结构性因素作用明显，放牧、旅游马匹践踏等随机性因素对系统总变异的
贡献较小。土壤活性有机碳占总有机碳的比例被称为该种活性有机碳的分配比例，
它比活性有机碳总量更能反映不同人为干扰下土壤的稳定性差异(宇万太等，
2007)。湿地区 EOC 和 SOC 的块金效应均小于 40%，但 EOC/SOC(45.295%)较大，
这与湿地区近年来采取的防洪措施、放牧制度和旅游措施等干扰密不可分，说明
EOC/SOC(%) 在反映不同人为干扰对土壤稳定性的影响时较 EOC 灵敏。
DOC/SOC(%) 和 DOC/EOC(%) 的空间相关性程度均处于强水平，这与结构性因
素(地形因子)密切相关，即土壤含水量较低的区域 DOC 含量较高，淹水持续时
间较长或终年淹水的区域 DOC 易随水发生运移进入水体，土壤 DOC 含量降低。

　　SOC、EOC、DOC 均在西北—东南(135°)方向上存在各向异性，且三者各向异
性比 SOC>EOC>DOC，说明在进行湿地区土壤有机碳及其活性组(EOC、DOC)
后续研究时，样点布设需要考虑方向性和密度。SOC 的采样间距为 0.156～0.592km，
在西北—东南方向上采样点可以较稀疏，东北—西南方向上采样点应较密集。
EOC 的采样间距为 0.065～0.172km，采样策略与 SOC 相似。DOC 的采样间距
为 0.153～0.170km，采样策略与 SOC 和 EOC 相似，即在西北—东南方向上较为
稀疏、东北—西南方向上可适当增加采样点。

5.6.1.3　碳素活性水平及其指示意义

　　纳帕海湿地区表土 EOC/SOC(%) 均值为 10.388%。对比有关研究，不同土壤
类型表土 SOC、EOC 含量差异虽然较大，但 EOC/SOC(%) 均值较接近，如若尔
盖湿地区沼泽和泥炭表土 EOC/SOC(%) 均值为 9.22%、8.31%(高俊琴等，2006)；
藏西北典型草地区的三类草地 0～10cm、10～20cm 土壤 EOC/SOC(%) 均值分别
变化于 10.82%～11.13%、10.87%～11.58%(蔡晓布等，2013)；六盘山 8 类土壤类
型 0～10cm、10～20cm 层土壤 EOC/SOC(%) 均值变化于 10.0%～12.5%、9.8%～
12.9%(吴建国等，2004)。从亚高山草甸土来看，较草地(蔡晓布等，2013)和森林
(吴建国等，2004)土壤，纳帕海湿地区表土 EOC 含量较高，EOC/SOC(%) 略低；

而相较典型泥炭土和沼泽土(高俊琴等，2006)则正好相反。

　　纳帕海湿地区表土 DOC/SOC(%)均值为 0.403%(0.036%~0.943%)，所有点位均低于1%。对比相关研究案例(Zhang et al.，2006；万忠梅等，2009；Xu et al.，2010；Wang et al.，2012；蔡晓布，2013)，利用风干土或湿土(field moist soil)，经常温水溶测试得到的若干土壤类型的表土 DOC/SOC(%)均值基本低于1.5%。相对于 EOC 而言，土壤 DOC 对水分的分异和变化响应更敏感。将 DOC/SOC(%)由低至高排序，将 20 个低值和 20 个高值(对应的 DOC)点位挑选出来；同样将 DOC 由高至低排序，将 20 个高值和 20 个低值[对应的 DOC/SOC(%)]点位挑选出来。两者的对应关系如图 5-10 所示。

　　结合野外调查记录，以 DOC/SOC(%)排序筛选(图 5-10a)为例分析。在 DOC/SOC(%)低的 20 个点位中，尽管有 6 个点位 DOC 含量较低，但这 20 个点位分别为沼泽或泥炭地(9 个)、湿草甸(10)或位于水域边缘(1 个)。DOC/SOC(%)高的 20 个点位中，DOC 含量基本偏低，这些点位中有 10 个为中生草甸或为局地高地或靠近农田/公路，其余 10 个为湿草甸。图 5-10b 也显示出一定的对应关系，特别是 DOC 高值的 7 个点全部为泥炭土、沼泽土或典型的湿草甸土，对应的 DOC/SOC(%)明显较低。Zhang 等(2006)也指出，湿地土壤表土 DOC 含量要较森林、农田、弃耕地及其他类型土壤表土 DOC 含量高，但 DOC/SOC(%)明显要低。

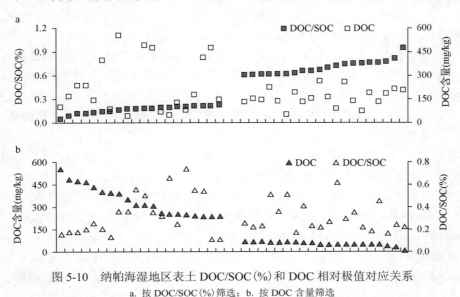

图 5-10　纳帕海湿地区表土 DOC/SOC(%)和 DOC 相对极值对应关系
a. 按 DOC/SOC(%)筛选；b. 按 DOC 含量筛选

　　综合本研究和其他案例研究，自然发育土壤表土 LOC 组分含量绝对值和相对值(占 SOC 比例)应表现为一定程度上的负相关特征；典型湿地土壤和其他类型土壤(如森林、草地等)的两者对应关系表明，水分条件是最重要的决定因子之一；相较 LOC 组分含量绝对值而言，LOC/SOC(%)特别是 DOC/SOC(%)可能对外界环境(特别是水分)的分异及其变化的响应更敏感,但外来干扰可能会改变这一对应关系。以本研究 DOC 为例,141 个点位 DOC 和 DOC/SOC(%)相关系数仅为 −0.023,未通过 0.05 显著性检验,可能与其他因素对土壤的影响有关。

以上分析也得出,气候变干或人为的疏水排干会导致湿地向中生草甸演替,从而带来湿地区土壤 LOC(特别是 DOC)组分含量下降,但土壤有机碳活性水平增加,加剧向下游水体的碳输送。DOC 是水域生态系统重要的降解资源,且能吸附污染物、衰减 UV-B 辐射,促进水生生物生长,进而影响水体水质。高纬或高寒湿地土壤 DOC 含量一般较高,是向河流和海洋输送有机碳极为重要的碳库,气候变化和人类活动驱动下湿地土壤 DOC 含量及输送通量的变化应予以加强。

5.6.1.4　碳素组分水平空间分异的影响因素

半方差函数分析中,影响土壤属性空间变异的因素被分为结构性因素和随机性因素。结构性因素主要有土壤母质、植被类型、地貌、水文情势等,自然状态下发育的土壤受以结构性因素为主的控制,土壤属性具有强的空间相关性。随机性因素主要来自人为活动、土壤采样的随机性和土样测试误差等,削弱了土壤属性的空间相关性。在纳帕海湿地区,微地貌分异整体上控制着湿地区水文和植被生态的分异,是决定湿地区表土 SOC 及活性组分空间变异和分异最基本和最重要的因子。家畜过载散养、道路和水利工程建设、骑马观光旅游等人为活动必然削弱湿地区土壤属性的空间相关性。

湿地区的沟渠堤化、环湿公路建设和近年来日益增多的骑马观光(路线相对固定)等,显著改变了各自沿线的水文-生态情势,必然对土壤有机碳及其活性组分的空间变异和分异产生显著影响。特别是河渠堤化直接改变了湿地区的洪泛过程和区域,对 SOC、EOC 和 DOC 近似东南—西北条带走向分布产生了明显的影响。SOC 和 EOC 水平空间分异格局相似,整体上表现为南部和西南部最高、中部和西北部最低、东北部和北部次之,这种分异格局与土壤类型、植被类型、土壤水分梯度、地形地貌密切相关。高值区位于泥炭地和植物生物量较高的地区,低值区位于季节性淹水区,由于环湿公路和防洪沟渠的建设,雨季产汇流汇集于西部至西北部区域,该区域在生长季长时间淹水,大部分植物因无氧呼吸死亡,旱季(非生长季)时水位下降。家猪翻拱作用严重破坏了表层土壤,促进了土壤 SOC 和 EOC 的矿化,SOC 和 EOC 含量较其他区域低。由于环湿公路和防洪沟渠的建设,湿地区特殊的地形地貌促成了特有的水分梯度格局,即土壤含水量南部较北部低,东部较西部低,且 DOC 易发生运移,导致湿地区 DOC 水平空间分异格局与水分梯度格局相一致。

湿地区近万头大型家畜过载散养,长期践踏、翻拱和啃食等对湿地区水文、植物群落和土壤产生了显著影响,如在湿地区西北部靠近纳帕村一带,大型家畜长期散养导致该区地表植被稀疏,且形成大面积的破坏裸地,并形成表土有机碳及其活性组分的低值区。而且大型家畜的散养对湿地区土壤的影响在空间上是无序的，这必然增大湿地区土壤有机碳及其活性组分的空间变异和分异，削弱湿地区土壤属性变异的空间相关性，也会带来土壤碳素的流失。在地形地貌、植被、水文及人为干扰的共同影响下，湿地不同区域其理化环境有所不同，导致EOC/SOC(%)和DOC/SOC(%)水平空间分异更为特殊。EOC/SOC(%)(图 5-6d)高值区对应 SOC 和 EOC 的低值区，说明该区域活性有机碳库占土壤总有机碳库的比例较高，表现出一定的退化态势。相关研究表明，践踏导致土壤紧实度增加(常凤来等，2005)，不利于有机碳的积累。本研究中 DOC/SOC(%)(图 5-6e)高值区属于交通路径和旅游马匹践踏区，说明践踏导致土壤表土 DOC 占土壤总有机碳库的比例增高，这可能是因为践踏导致土壤紧实度增加后土壤孔隙水含量降低，土壤团聚体结构也发生变化，团聚体对 DOC 的固持增强，DOC 不易随土壤孔隙水发生运移。

5.6.2 氮素组分

5.6.2.1 氮素组分含量水平

表 5-5 表明，湿地区表土 TN 平均值为 4.561g/kg，按照全国第二次土壤普查养分分级标准(<0.5%)，水平很低(六级)。剔除沼泽地采样点后(4.132g/kg)，湿地区表土 TN 则与青海高原不同海拔梯度下高山草甸土平均水平(0.397%)(王长庭等，2005)相当，与高纬度典型亚高山草甸土(武小钢等，2013)含量(3.76～4.85g/kg)接近。

RAN 平均值为 367.910mg/kg，远高于全国平均一级水平(>150mg/kg)，与东北三江平原小叶章湿地水平相当(孙志高等，2009)，RAN/TN(%)平均值为8.828%，说明速效氮占全氮的质量分数约为 9%。

湿地区 DIN 平均值为 13.539mg/kg，约为全氮的 4/1000，作为植物可直接吸收利用的氮素形态，尽管所占比例较小，但对湿地区植物生长和群落分布格局至关重要。

有关研究表明，海洋生态系统和淡水生态系统中 DON 浓度高于 DIN(Berman and Bronk，2003)。湿地区 DON 平均值为 26.377mg/kg，约为 DIN 的 2 倍，其在全氮中所占比例约为溶解无机氮的 2 倍，说明湿地区溶解氮主要以有机态为主，这与前人研究相同。

5.6.2.2 氮素组分空间结构特征与采样间距

表 5-7 表明，TN 的块金效应远小于 25%，其空间相关性处于强水平，说明地形地貌、植被、水文等结构性因素对系统总变异起主导作用。RAN 的空间相关性程度处于中等水平，说明干扰等随机性因素对系统总变异具有影响，但结构性因素仍占

主控地位。DIN 和 DON 的块金效应近似相等，说明结构性因素和随机性因素对溶解无机氮和溶解有机氮的水平空间变异作用强度相同。RAN/TN（%）的空间相关性处于强水平，而 RAN 和 TN 的空间相关性分别处于中等水平、强水平，说明 RAN/TN（%）的空间相关性主要取决于 TN 的系统变异。DIN/TN（%）和 DON/TN（%）的空间相关性分别处于强水平、中等水平，说明 DON/TN（%）水平空间变异受结构性因素和随机性因素共同作用，高强度人为干扰等随机性因素对 DON/TN（%）的空间变异影响较大，说明 DON 较 DIN 在表征干扰等随机性因素对系统变异的作用强度时更适合。DIN/RAN（%）和 DON/RAN（%）的块金效应大小相近，均大于 25% 而小于 75%，空间相关性处于中等水平，说明结构性因素和随机性因素共同作用于系统总变异，结构性因素主导系统总变异。

　　表 5-7 还表明，TN 和 RAN 的采样间距分别为 0.183～0.942km、0.245～2.255km，样点布设可在西北—东南方向上较稀疏、东北—西南方向上较密集。DIN 和 DON 的采样间距分别为 0.143～0.636km、0.476～2.489km，后续研究采样时须在西北—东南方向上减少采样点，在东北—西南方向上加密采样点。

5.6.2.3　氮素组分水平空间分异指示意义

　　DON 是土壤可溶性氮的重要组分，是土壤生态系统中氮素迁移及其损失的方式之一（Rosenqvist et al.，2010；Lutz et al.，2011）。由于 DON 具有易流动、易分解、活性高等特点，既可被矿质土壤吸附，又可以随土壤水分运移而进入水体环境，对水生生态系统碳、氮循环产生重要影响（Evans et al.，2012；Stanley et al.，2012；Finstad et al.，2013）。相关研究表明，疏水排干是导致 DOC 和 DON 淋失的重要驱动因子（Kalbitz and Geyer，2002；Berman and Bronk，2003）。Jiao 等（2004）通过实验室模拟研究，指出农田表土（0～20cm）DON 的淋失量占全氮的 23%～56%。

　　与 DOC 类似，土壤 DON 对水分的分异和变化（Neal et al.，2005；Sommer，2006；Chen et al.，2013），特别对人为干扰下的水文情势变化更为敏感。将 DON/TN（%）由低到高排序，将 20 个低值和 20 个高值（对应的 DON）点位挑选出来；同样将 DON 由高到低排序，将 20 个高值和 20 个低值[对应的 DON/TN（%）]点位挑选出来。两者的对应关系如图 5-11 所示。

　　结合野外调查记录，以 DON/TN（%）排序筛选（图 5-11a）为例分析。在DON/TN（%）的 20 个高值点位分别为湿草甸（9 个）、高地或农田附近（9）或位于水域边缘（2 个）；DON/TN（%）的 20 个低值点位分别为沼泽（7 个）、浅明水（11 个）、中生草甸（1 个）、水域边缘（1 个）。图 5-11b 也显示出一定的对应关系，DON 的20 个高值点位中 17 个点位为高地、湿草甸-中生草甸，对应的 DON/TN（%）明显较低。综上所述，DON 对土壤水分的分异和变化敏感，人为干扰下的水分梯度格局势必影响湿地区 DON 空间分异格局，DON 向下游水体输送的变化应受到关注。DON 是土壤氮素循环中起主要调控作用的有机氮组分（Kalbitz et al.，2000；

Temmingho and van der Zee，2000），可经过微生物分解为无机养分而被植物吸收，而且还是土壤氮素向水生生态系统迁移和输送的重要方式之一（王清奎等，2005；van Kessel et al.，2009；Purvina et al.，2010）。

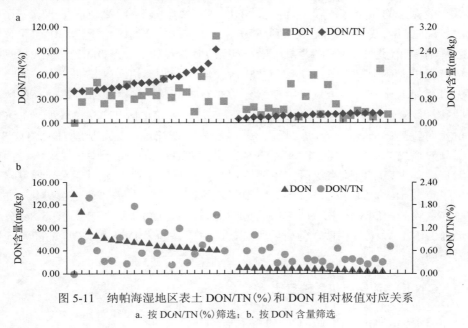

图 5-11　纳帕海湿地区表土 DON/TN（%）和 DON 相对极值对应关系
a. 按 DON/TN（%）筛选；b. 按 DON 含量筛选

5.6.2.4　氮素组分水平空间分异的影响因素

近年来，当地政府针为防洪而采取的一系列措施，使得湿地区的水文情势发生改变，渠化和疏浚河道等疏水排干工程加速下游表土侵蚀，加之当地畜牧业和旅游业的迅猛发展，放牧、旅游马匹践踏等高强度干扰势必影响湿地区表土氮素组分的水平空间分异格局。

图 5-7a 表明，特有的地形地貌、植被类型、土壤类型、水分梯度使得湿地区 TN 和 SOC 的分异格局极其相似，高值区位于西南部泥炭地和南部中生草甸，低值区位于中部和西北部，这种分异格局与湿地区地势地貌、植物生物量、水文情势密切相关。RAN（图 5-7b）水平空间分异格局较为特殊，高值区位于西南部泥炭地，低值区位于季节性淹水区，这主要是因为湿地区西部至西北部属集水区，速效氮组分易随水运移淋失。DIN（图 5-7c）水平空间分异格局整体表现为南部和北部高于中部，高值区位于地势较高的区域或泥炭地，低值区位于低洼淹水区或沼泽区，形成这种分异格局的主要原因是地形地貌。DON（图 5-7d）高值区位于西南部泥炭地，低值区位于洪泛区，这种人为干扰下的洪泛机制势必导致湿地区表土氮素以有机态的形式向下游大量输送，并导致湿地区土壤退化态势不断加剧。

RAN/TN（%）（图 5-8a）表明，湿地区湖区附近季节性淹水区速效氮在全氮中的质量分数较高，而西南部泥炭地和东北部沼泽地区则较低，说明季节性淹水可增高土壤表层速效氮在全氮中的比例，而长期淹水或过湿的泥炭地和沼泽地，其速效氮在全氮中的质量分数较小。湿地区 DIN/TN（%）（图 5-8b）高值区呈西北—东南走向，说明该区域 DIN 在全氮中所占质量分数较高；低值区位于南部中生草甸和东北部沼泽区，这主要是中生草甸表土全氮绝对含量较高，其 DIN 含量相对较低，其溶解无机氮在全氮中所占质量分数相应较低，东北部沼泽区长期淹水，表土溶解无机氮随水流失，在全氮中的质量分数相对较低。湿地区淹水频率较高的区域（湖区附近）其 DON/TN（%）（图 5-8c）较高，这是因为该地区 TN 含量较低，而 DON 含量相对较高；低值区位于东北部沼泽区和南部低洼地，这与驱动 DIN/TN（%）产生分异格局的机制类似。DIN/RAN（%）（图 5-8d）高值区位于湖区洪泛区、西南部泥炭地、中东部河流洪泛区，主要原因是排水疏干工程对湿地区水分梯度格局产生了重要影响，而这些区域多为季节性淹水区，干湿交替加速土壤矿化，DIN绝对含量较高，DIN 占 RAN 的质量分数相对较高。DON/RAN（%）（图 5-8e）分异格局与 DIN/RAN（%）相似，但有所不同，这主要是因为 DIN 和 DON 的随水迁移能力不同。

5.6.3　C/N 值、溶解有机质碳氮比

5.6.3.1　C/N 值、DOC/DON 的指示意义

土壤中碳氮比即土壤中有机碳含量与全氮含量的比值。比值的大小可以用于表征土壤微生物在分解有机质过程中的碳氮转化关系，也通常被认为是土壤氮素矿化能力的标志。由于微生物分解的最佳碳氮比为 25～30（Baer et al.，2006），如土壤碳氮比高于 25，则该土壤碳素的累积速度高于氮素，土壤氮素含量不足以维持微生物所需，这种情况下腐败菌类大量繁殖，加速有机质的分解来提供更多的氮（Drenovsky and Richards，2004）。全氮中约 90% 为有机氮，有机氮含量的高低及其矿化程度直接影响土壤氮素含量及供氮能力。碳氮比低，表明土壤有机质腐殖化程度高，有利于微生物分解作用，有机氮更易矿化。

表 5-5 表明，C/N 值变化于 6.060～42.808，平均值为 10.240，表明湿地区 C/N 值远低于 25，土壤有机质腐殖化程度较高，利于微生物分解，有机碳处于分解态势，有机氮更易矿化，土壤具有"碳源"功能，土壤处于退化趋势。

相关研究表明，高度退化的泥炭地其 DOC/DON 低于 C/N 值，土壤有机质矿化速率增高，加速 DON 的释放（Kalbitz and Geyer，2002）。由表 5-5 可知，DOC/DON 的平均值为 6.916，远低于 C/N 值（平均值 10.240），说明湿地区有机质处于分解状态，土壤呈退化态势。

5.6.3.2 C/N 值、DOC/DON 水平空间分异与湿地退化

图 5-9a 表明,湿地区大部分区域 C/N 值低于 13,只有西南部(12.796~16.806)较高,受疏水排干显著影响的区域(中西部和西北部)其 C/N 值(6.060~7.947)最低,说明湿地区表土有机质整体处于分解状态,疏水排干对湿地区表土 C/N 值分异格局产生了重要影响。西南部泥炭地出现低值斑块,说明该区域正处于退化状态,这与湿地区特有的放牧制度有关,家猪翻拱导致湿地区表土土壤结构变化,进而影响了表土的物化性质,加剧了土壤退化。

图 5-9b 表明,DOC/DON 低值区位于受疏水排干影响最为显著的西部,且该区域 DOC/DON 均小于 C/N 值,说明西部属于退化最严重的区域,这主要是因为 DOC 和 DON 易溶于水且随流水易发生淋失,而西部属于产汇流汇集区,流水携带 DOC 和 DON 向下游水体输送,导致该区域 DOC/DON 较其他地区更低。总体而言,湿地区西部退化程度最严重,南部和中部次之,东南部和西北部较低。

5.7 小 结

1)对湿地区 141 个样品碳素、氮素组分相关指标进行描述性统计,结果显示:SOC、EOC、DOC、TN、RAN、DIN、DON 的变化范围分别为 4.285~352.060g/kg、0.490~29.660g/kg、9.760~550.140mg/kg、0.698~23.075g/kg、84.000~1932.000 mg/kg、3.260~58.650mg/kg、5.050~139.180mg/kg。从变异系数来看,碳素组分中 SOC>EOC>DOC,氮素组分中 TN>DIN>RAN>DON。

2)在进行趋势分析和考虑各向异性条件下,空间相关性分析结果显示:碳素组分中 SOC、EOC、DOC 在西北—东南方向上存在各向异性,三者均具有中等程度空间相关性,结构性因素和随机性因素共同影响三者的水平空间分异,但结构性因素在系统总变异中贡献值较高。氮素组分中,TN 在西北—东南方向上存在各向异性,具有强烈的空间相关性,结构性因素在系统总变异中起主导作用。RAN 和 DIN 在西北—东南方向上存在各向异性,具有中等程度空间相关性,但结构性因素在系统总变异中贡献较大。DON 在东北—西南、西北—东南两个方向上存在各向异性,其空间相关性水平与 DIN 相当,系统总变异受结构性因素和随机性因素共同影响。

3)半方差分析结果表明,湿地区碳素、氮素组分空间变异后续研究中样点布设应进行相应优化:碳素组分,SOC 在西北—东南方向上的采样间距应小于等于 0.592km,东北—西南方向上的采样间距应小于等于 0.156km,并可根据实际需要适当增加样点数目。EOC 在西北—东南方向上采样间距应控制在 0.172km 以内,东北—西南方向上应小于等于 0.065km。DOC 在西北—东南方向上采样间距应小于等于 0.170km,在东北—西南方向上应控制在 0.153km 以内。氮素组分,TN 在

西北—东南方向上的采样间距小于等于 0.942km，在东北—西南方向上应增加样点数，但应控制在 0.183km 以内。RAN 在西北—东南方向上的采样间距应控制在 2.255km 以内，东北—西南方向上应小于等于 0.245km。DIN 在西北—东南方向上的采样间距应小于等于 0.636km，东北—西南方向上应小于等于 0.143km。DON 在西北—东南方向上的采样间距应控制在 2.489km 以内，东北—西南方向上应小于等于 0.476km。

4) 地形地貌、植被类型、土壤类型等结构性因素是影响湿地区碳、氮组分及相关指标水平空间分异格局的关键因子，而疏水排干、放牧、旅游践踏等高强度干扰则是影响区域表土碳、氮组分及相关指标空间分异的重要因子。

5) 碳氮比均值远低于 25，湿地区土壤有机碳加速矿化，土壤固碳能力降低，表现出一定的退化态势。湿地区大部分区域表土 DOC/DON 小于 C/N 值，总体而言，受排水疏干影响最显著的西部区域退化程度最高，南部和中部次之，东南部和西北部相对较低。

参 考 文 献

安乐生. 2012. 黄河三角洲地下水水盐特征及其生态效应. 中国海洋大学博士学位论文.

蔡晓布, 彭岳林, 于宝政, 等. 2013. 不同状态高寒草原主要土壤活性有机碳组分的变化. 土壤学报, 50(02):315-323.

常凤来, 田昆, 莫剑锋, 等. 2005. 不同利用方式对纳帕海高原湿地土壤质量的影响. 湿地科学, 3(2): 132-135.

董云霞. 2011. 纳帕海湿地区土壤碳氮要素分异特征研究. 云南大学硕士学位论文.

郭军玲. 2010. 基于 GIS 的不同尺度下农田土壤养分空间变异特征研究. 浙江大学硕士学位论文.

贺鹏, 张会儒, 雷相东, 等. 2013. 基于地统计学的森林地上生物量估计. 林业科学, (05): 101-109.

胡金明, 董云霞, 袁寒, 等. 2012. 纳帕海湿地不同退化状态下土壤氮素的分异特征. 土壤通报, 43(3): 690-695.

黄靖宇, 宋长春, 宋艳宇, 等. 2008. 湿地垦殖对土壤微生物量及土壤溶解有机碳、氮的影响. 环境科学, (05): 1380-1387.

江厚龙. 2011. 基于 GIS 小尺度下豫中烟田管理分区与推荐施肥研究. 河南农业大学博士学位论文.

李文凤, 梁爱珍, 张晓平, 等. 2011. 短期免耕对黑土有机碳, 全氮和速效养分的影响. 土壤通报, 42(3): 664-669.

刘吉平, 吕宪国, 杨青, 等. 2006. 三江平原环型湿地土壤养分的空间分布规律. 土壤学报, (02): 247-255.

刘晓梅, 布仁仓, 邓华卫, 等. 2011. 基于地统计学丰林自然保护区森林生物量估测及空间分析. 生态学报, 16(31): 4783-4790.

柳敏, 宇万太, 姜子绍, 等. 2006. 土壤活性有机碳. 生态学杂志, 11: 1412-1417.

鲁如坤. 1999. 土壤农业化学分析方法. 北京: 中国农业科技出版社.

全国土壤普查办公室. 1998. 中国土壤. 北京: 中国农业出版社.

施加春. 2006. 浙北环太湖平原不同尺度土壤重金属污染评价与管理信息系统构建. 浙江大学博士学位论文.

史文娇, 岳天祥, 石晓丽, 等. 2012. 土壤连续属性空间插值方法及其精度的研究进展. 自然资源学报, 27(1): 163-175.

宋晓梅. 2011. 基于数字地形分析的土壤养分状况研究. 西南大学硕士学位论文.

孙志高, 刘景双, 陈小兵. 2009. 三江平原典型小叶樟湿地土壤中硝态氮和铵态氮的空间分布格局. 水土保持通报, 23(3): 66-72.

孙志高, 刘景双. 2009. 三江平原典型小叶樟湿地土壤氮的垂直分布特征. 土壤通报, 40(6): 1342-1348.

田昆. 2004. 云南纳帕海高原湿地土壤退化过程及驱动机制. 中国科学院东北地理与农业生态研究所博士学位论文.

万忠梅, 宋长春, 杨桂生, 等. 2009. 三江平原湿地土壤活性有机碳组分特征及其与土壤酶活性的关系. 环境科学学报, 02: 406-412.

王长庭, 龙瑞军, 王启基, 等. 2005. 高寒草甸不同海拔梯度土壤有机质氮磷的分布和生产力变化及其与环境因子的关系. 草业学报, 14(4): 15-20.

王建林, 欧阳华, 王忠红, 等. 2009. 高寒草原生态系统表层土壤活性有机碳分布特征及其影响因素——以贡嘎南山-拉轨岗日山为例. 生态学报, 29(7): 3501-3508.

王清奎, 汪思龙, 冯宗伟. 2005. 杉木人工林土壤可溶性有机质及其与土壤养分的关系. 生态学报, 26(6): 1299-1305.

王志刚, 赵永存, 黄标, 等. 2010. 采样点数量对长三角典型地区土壤肥力指标空间变异解析的影响. 土壤, 42(3): 421-428.

吴建国, 张小全, 徐德应. 2004. 六盘山林区几种土地利用方式下土壤活性有机碳的比较. 植物生态学报, 28(5):657-664.

吴秀芹, 张洪岩, 李瑞改. 2007. Arcgis9 地理信息系统应用于实践. 北京: 清华大学出版社.

武小钢, 郭晋平, 田旭平, 等. 2013. 芦芽山亚高山草甸、云杉林土壤有机碳、全氮含量的小尺度空间异质性. 生态学报, 33(24): 1-9.

宇万太, 马强, 赵鑫, 等. 2007. 不同土地利用类型下土壤活性有机碳库的变化. 生态学杂志, (12): 2013-2016.

曾从盛, 钟春棋, 仝川, 等. 2009. 闽江口湿地不同土地利用方式下表层土壤 N,P,K 含量研究. 水土保持学报, 23(3):87-91.

张少良, 张兴义, 于同艳, 等. 2008. 哈尔滨市辖区黑土速效养分空间异质性分析. 土壤通报, 39(6): 1277-1283.

赵军, 孟凯, 隋跃宇, 等. 2005. 海伦黑土有机碳和速效养分空间异质性分析. 土壤通报, 36(4): 487-492.

Baer S G, Church J M, Williard K W, et al. 2006. Changes in intrasystem N cycling from N2-fixing shrub encroachment in grassland: multiple positive feedbacks. Agriculture, ecosystems & environment, 115(1): 174-182.

Berman T, Bronk D A. 2003. Dissolved organic nitrogen:a dynamic participant in aquatic ecosystems. Aquatic Microbial Ecology Aquat Microb Ecol, 31(3): 279-305.

Blair GJ, Lefroy R D B, Singh B P, et al. 1997. Development and use of a carbon management index to monitor changes in soil C pool size and turnover rate.*In*: Cadisch G, Giller KE. Driven by nature: plant litter quality and decomposition. Wallingford: CAB International: 273-281.

Chen M, Maie N, Parish K, et al. 2013. Spatial and temporal variability of dissolved organic matter quantity and composition in an oligotrophic subtropical coastal wetland. Biochemistry, 115(1-3): 167-183.

Drenovsky R E, Richards J H. 2004. Critical N：P values: predicting nutrient deficiencies in desert shrublands. Plant and Soil, 259(1-2): 59-69.

Evans C D, Jones T G, Burden A, et al. 2012. Acidity controls on dissolved organic carbon mobility in organic soils. Global Change Biology, 18(11): 3317-3331.

Finstad A G, Helland I P, Ugedal O, et al. 2013. Unimodal response of fish yield to dissolved organic carbon. Ecology Letters, 17(1): 36-43.

Jiao Y, Hendershot W H, Whalen J K. 2004. Agricultural Practices Influence Dissolved Nutrients Leaching through Intact Soil Cores. Soil Science Society of America Journal, 68(6): 2058-2068.

Johnston K, Ver Hoef J M, Krivoruchko K, et al. 2001. Using ArcGIS geostatistical analyst. Redlands: Esri Press.

Kalbitz K, Geyer S. 2002. Different effects of peat degradation on dissolved organic carbon and nitrogen. Organic Geochemistry, 33(3): 319-326.

Kalbitz K, Solinger S, Park J H, et al. 2000. Controls on the dynamics of dissolved organic matter in soils: a review. Soil Science, 165(4): 277-304.

Krivoruchko K. 2011. Spatial statistical data analysis for GIS users. Redlands: Esri Press.

Liu Y, Lv J, Zhang B, et al. 2013. Spatial multi-scale variability of soil nutrients in relation to environmental factors in a typical agricultural region, Eastern China. Science of The Total Environment, 450: 108-119.

Lupwayi N Z, Haque I. 1998.Mineralization of N,P,K,Ca and Mg from sesbania and leucaenal eaves varying in chemical composition. Soil Biology and Biochemistry, 30:337.

Lutz B D, Bernhardt E S, Roberts B J, et al. 2011. Examining the coupling of carbon and nitrogen cycles in Appalachian streams: the role of dissolved organic nitrogen. Ecology, 92(3): 720-732.

Neal C, Robson A J, Neal M, et al. 2005. Dissolved organic carbon for upland acidic and acid sensitive catchments in mid-Wales. Journal of Hydrology, 304(1-4): 203-220.

Purvina S, Béchemin C, Balode M, et al. 2010. Release of available nitrogen from river discharged dissolved organic matter by heterotrophic bacteria associated with the cyanobacterium Microcystis aeruginosa. Estonian Journal of Ecology, 59(3): 184-196.

Rosenqvist L, Kleja D B, Johansson M. 2010. Concentrations and fluxes of dissolved organic carbon and nitrogen in a Picea abies chronosequence on former arable land in Sweden. Forest Ecology and Management, 259(3): 275-285.

Sommer M. 2006. Influence of soil pattern on matter transport in and from terrestrial biogeosystems——A new concept for landscape pedology. Geoderma, 133(1-2): 107-123.

Stanley E H, Powers S M, Lotting N R, et al. 2012. Contemporary changes in dissolved organic carbon (DOC) in human-dominated rivers: is there a role for DOC management? Freshwater Biology, 57(1): 26-42.

Stephan J. Köhler D, Futter M N, et al. 2013. In-Lake Processes Offset Increased Terrestrial Inputs of Dissolved Organic Carbon and Color to Lakes. Plos One, 8(8): 70598.

Temmingho E J M, van der Zee A T M, Haan F A M D. 2000. Copper mobility in a copper-contaminated sandy soil as affected by pH and solid and dissolved organic matter. Environmental Science and Technology, 31(1997): 1109-1115.

van Kessel C, Clough T, van Groenigen J W. 2009. Dissolved organic nitrogen: an overlooked pathway of nitrogen loss from agricultural system? Journal of Environmental Quality, 38(2): 393-398.

van Kessel C, Clough T, van Groenigen J W. 2009. Dissolved organic nitrogen: an overlooked pathway of nitrogen loss from agricultural systems? Journal of Environmental Quality, 38(2): 393-401.

Wang J, Song C, Wang X, et al. 2012. Changes in labile soil organic carbon fractions in wetland ecosystems along a latitudinal gradient in Northeast China. Catena, 92:83-89.

Wang W J, Smith C J, Chen D. 2004. Predicting soil nitrogen mineralization dynamics with a modified double exponential model. Soil Science Society of America Journal, 68(4): 1256-1265.

Xu X, Cheng X, Zhou Y, et al. 2010. Variation of soil labile organic carbon pools along an elevational gradient in the Wuyi Mountains, China. Journal of Resources and Ecology, 1(4):368-374.

Yang Y, Guo J, Chen G, et al. 2009. Effects of forest conversion on soil labile organic carbon fractions and aggregate stability in subtropical China. Plant and Soil, 323(1-2): 153-162.

Zhang J, Song C, Yang W. 2006. Land use effects on the distribution of labile organic carbon fractions through soil profiles. Soil Sciences Society of American Journal, 70:660-667.

Zheng Y, Chen T, He J. 2008. Multivariate geostatistical analysis of heavy metals in topsoils from Beijing, China. Journal of Soils and Sediments, 8(1): 51-58.

6 纳帕海湿地区植物群落特征及与环境因子关系

6.1 研 究 方 法

6.1.1 湿地区植物群落调查和景观制图

本研究于 2012 年 7~8 月在纳帕海湿地区开展植物群落调查。在湿地区明水面和农田之外的区域均匀布点，在景观较一致且植物群落类型较单一的区域适当减少布点，靠近明水面且不易通行区域不布点(图 6-1)。

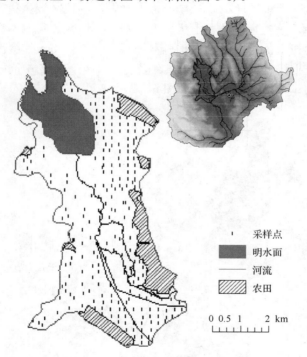

图 6-1 纳帕海湿地和样方调查点位置示意图

本研究共计调查 251 个植物群落样方(1m×1m)，记录各样方的种名、平均高度、盖度、多度、群集度、物候相、样方总盖度等，同时记录样方位置和基本生境特征等信息。本次调查共记录植物物种 131 个，植物物种及其拉丁名见附录，下文不再列出物种的拉丁名。在所有调查样方，根据野外记录的信息，共有 37 个样方为家猪翻拱形成的破坏地生境次生演替植物群落。

在植物群落调查基础上，结合 Landsat-ETM+(20110810)遥感影像的假彩色合成(RGB543)和目视解译判读,利用 ArcGIS 9.3 软件进行湿地区植物群落景观制图。

6.1.2　湿地区高强度干扰样方提取

基于 2009~2012 年多次植被调查发现,纳帕海湿地区分布有大面积的高强度人为干扰形成的次生演替植物群落,需要单独分析高强度人为干扰对湿地区植物群落演替的影响。纳帕海湿地区高强度人为干扰主要有放牧、旅游、工程建设三类。其中,家猪放养(翻拱)为放牧干扰中导致湿地植被破坏最严重的类型;旅游以马匹和游客在骑马路线沿线对湿地植物群落的践踏最典型;工程建设主要以南部河道渠化改变水文情势对湿地植物群落造成的影响最显著。

利用 ALOS(Advanced Land Observing Satellite)全色波段遥感影像(时相为 2010 年 2 月 2 日、空间分辨率为 2.5m),对纳帕海湿地区被家猪放养破坏的植被恢复地进行解译,确定重度放牧干扰样地。基于湿地区的实地调查,选取湿地区北边的春宗、达拉、依拉 3 条典型的骑马路线,并以 100m 作缓冲区,确定为旅游干扰样地。选取湿地区南边渠化后的纳赤河和郎举刷河的中间区域为工程干扰样地。三类主要干扰区的空间分布如图 6-2 所示。

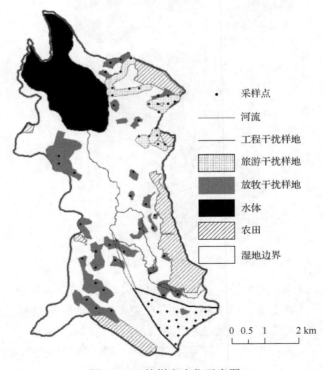

•	采样点
	河流
	工程干扰样地
	旅游干扰样地
	放牧干扰样地
	水体
	农田
	湿地边界

0　0.5　1　　　2 km

图 6-2　干扰样方点位示意图

　　将所有调查样方(点位信息)叠加到图 6-2 上，确定位于各类干扰区的样方，共计 70 个，并进行重新编号。其中，由于上述提到的 37 个家猪翻拱破坏地生境次生植物群落样方中有 6 个与工程干扰样方重叠，因此将这 6 个样方剔除，记放牧干扰样方 31 个，样方编号为 1～31；旅游干扰样方 18 个，样方编号为 32～49；工程干扰样方 21 个，样方编号为 50～70。

6.1.3　湿地区植物群落数量分析

6.1.3.1　物种多度及重要值计算

（1）物种多度(abundance)的换算

多度是群落样方内每种植物个体多少的一种目测估计，为便于数化，本研究在统计时采用分级数字代替 6 个不同的多度级(1～6)，并将其转化成百分数来表示，即(多度值/6)×100%。

（2）物种重要值(important value)的计算

重要值=(相对盖度+相对多度+相对高度)/3

6.1.3.2　物种多样性指数计算

计算调查样方植物物种的 α 多样性，相关指标及计算方法参照宋永昌(2001)。

（1）丰富度指数(R)，Patrick 丰富度指数：$R=S$。

（2）物种多样性指数(H')，香农-维纳多样性指数(Shannon-Wiener 多样性指数)：$H' = -\sum_{i=1}^{s} P_i \ln(P_i)$。

（3）优势度指数(D)，Simpson 生态优势度指数：$D = 1 - \sum_{i=1}^{s} P_i^2$。

（4）均匀度指数(E_1)，Pielou 均匀度指数：$E_1 = H'/\ln S$。

式中，S 为样方内平均物种数，P_i 为样方中物种 i 重要值占所有物种重要值之和的比例。

6.1.3.3　植物群落分类和排序

根据 Hill(1979)提出的 TWINSPAN 分类法对植物群落进行分类。该方法采用"指示法"来区分植物群落，并将指示种在每一等级都分成正负两类，分别指示相应的二元类型，可以同时将样方和种类划分成不同等级的生态类群。在执行 TWINSPAN 分析的过程中需要对一些参数进行设定，如"假种(pseudospecies)"切割水平、分类最大水平数、各假种水平加权值、指示种指示潜力等。TWINSPAN 分析的具体参数设置如下："假种"切割水平采用 6 级，各水平值分别是 0.00、0.01、0.05、0.10、0.20、0.30；其他指标采用 TWINSPAN 系统默认的参数。

采用除趋势对应分析(DCA)排序方法对样方进行排序。DCA 排序方法把第一轴分成一系列区间，在每个区间内对第二轴的坐标值进行中心化，这个除趋势过程克服了弓形效应，提高了排序精度。

DCA 和 TWINSPAN 分类均在 PCORD 软件标准程序下完成，作图采用 Excel 软件。

6.1.4　样方土壤水分含量提取

在植物群落调查同期，利用网格均匀布点法在湿地区采集了 141 个点位的分层土样(0～10cm、10～20cm、20～30cm、30～40cm)。采用烘干法(105℃、6～8h)测定并计算各土样的重量含水率(土壤的水分重量与相应固相物质重量的比值)。在 ArcGIS 中，应用 141 个点位的分层土壤重量含水率数据和克里金插值法，生成纳帕海湿地区分层土壤重量含水率图(图 6-3)，以此表征同期调查植物群落的土壤含水量空间分异。将植物调查样方点叠加到分层土壤重量含水率图上，提取各样方在影像单元或克里金插值单元的分层土壤重量含水率。

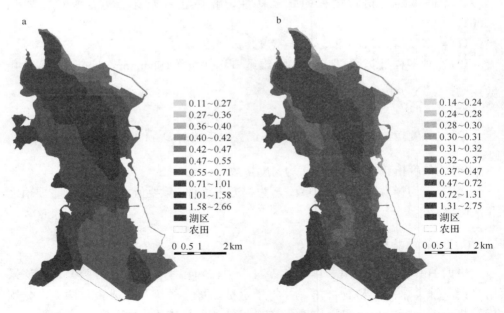

图 6-3　纳帕海湿地区土壤重量含水率空间分异图(彩图请扫封底二维码)
a、b、c、d 分别为 0～10cm、10～20cm、20～30cm、30～40cm 土层

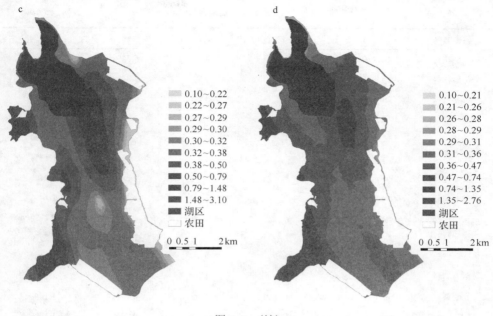

图 6-3 （续）

6.2 湿地区植物群落基本特征

6.2.1 湿地区植物物种组成

6.2.1.1 植物科属种信息

根据 2012 年 7～8 月调查，共记录物种 131 种，隶属 37 科 88 属。蕨类植物 1 科 1 属 1 种；苔藓植物 1 科 1 属 1 种；种子植物 35 科 86 属 128 种。其中，菊科和禾本科（Poaceae）植物最多，菊科 9 属 14 种，以蒿属为主；禾本科 12 属 14 种，蓼科 1 属 10 种，莎草科 7 属 11 种，毛茛科 5 属 9 种，玄参科 5 属 8 种，蝶形花科 6 属 7 种，十字花科 4 属 7 种，龙胆科 3 属 6 种，蔷薇科 2 属 5 种，其他科多为一属一种，详见表 6-1。

表 6-1 纳帕海湿地植物科、属、种统计

科中文名	科拉丁名	种数	属数	种比例	属比例
菊科	Compositae	14	9	10.69%	10.23%
禾本科	Poaceae	14	12	10.69%	13.64%
莎草科	Cyperaceae	11	7	8.40%	7.95%
蓼科	Polygonaceae	10	1	7.63%	1.14%
毛茛科	Ranunculaceae	9	5	6.87%	5.68%
玄参科	Scrophulariaceae	8	5	6.11%	5.68%

续表

科中文名	科拉丁名	种数	属数	种比例	属比例
十字花科	Cruciferae	7	4	5.34%	4.55%
蝶形花科	Papilionaceae	7	6	5.34%	6.82%
龙胆科	Gentianaceae	6	3	4.58%	3.41%
蔷薇科	Rosaceae	5	2	3.82%	2.27%
唇形科	Labiatae	4	4	3.05%	4.55%
灯心草科	Juncaceae	4	1	3.05%	1.14%
报春花科	Primulaceae	3	2	2.29%	2.27%
眼子菜科	Potamogetonaceae	3	1	2.29%	1.14%
石竹科	Caryophyllaceae	2	2	1.53%	2.27%
浮萍科	Lemnaceae	2	2	1.53%	2.27%
木贼科	Equisetaceae	2	2	1.53%	2.27%
茅膏菜科	Droseraceae	1	1	0.76%	1.14%
藜科	Chenopodiaceae	1	1	0.76%	1.14%
牻牛儿苗科	Geraniaceae	1	1	0.76%	1.14%
柳叶菜科	Onagraceae	1	1	0.76%	1.14%
小二仙草科	Haloragidaceae	1	1	0.76%	1.14%
杉叶藻科	Hippuridaceae	1	1	0.76%	1.14%
瑞香科	Thymelaeaceae	1	1	0.76%	1.14%
水马齿科	Callitrichaceae	1	1	0.76%	1.14%
大戟科	Euphorbiaceae	1	1	0.76%	1.14%
伞形科	Apiaceae	1	1	0.76%	1.14%
萝藦科	Asclepiadaceae	1	1	0.76%	1.14%
睡菜科	Menyanthaceae	1	1	0.76%	1.14%
车前科	Plantaginaceae	1	1	0.76%	1.14%
紫草科	Boraginaceae	1	1	0.76%	1.14%
水麦冬科	Juncaginaceae	1	1	0.76%	1.14%
姜科	Zingiberaceae	1	1	0.76%	1.14%
黑三棱科	Sparganiaceae	1	1	0.76%	1.14%
兰科	Orchidaceae	1	1	0.76%	1.14%
谷精草科	Eriocaulaceae	1	1	0.76%	1.14%
钱苔科	Ricciaceae	1	1	0.76%	1.14%
合计		131	88		

6.2.1.2   植物水分生态型

金振洲(2009)按水分因素将湿地植物分为 8 种水分生态型,即由湿到干分别为:①沉水生植物、②浮叶生植物、③漂浮生植物、④挺水生植物、⑤水湿生植物、⑥典湿生植物、⑦中湿生植物(湿生植物中的中湿生植物,但属于湿生植物范畴)、⑧湿中生植物(中生植物中的湿中生植物,但属于中生植物范畴),这 8 种水分生态型植物在纳帕海湿地区都存在。由于纳帕海湿地区的水文分异显著,部分调查区域长期为中旱生生境或人为干扰下的中旱生生境,纳帕海湿地区还存在⑨典中生植物和⑩中旱生植物 2 种陆生生态类型植物。其中,第 1~4 种属于水生植物,第 5~7 种属于湿生植物,第 8~10 种属于中生植物。纳帕海湿地区各类水分生态型植物所占比例见表 6-2。

表 6-2   纳帕海湿地植物生态型统计

植物生境	水分生态型	数量	比例	合计
水生	沉水生	3	2.29%	15.26%
	浮叶生	4	3.05%	
	漂浮生	3	2.29%	
	挺水生	10	7.63%	
湿生	水湿生	13	9.92%	35.11%
	典湿生	6	4.58%	
	中湿生	27	20.61%	
中生	湿中生	56	42.75%	49.62%
	典中生	1	0.76%	
	中旱生	8	6.11%	

纳帕海湿地不同草甸类型水分生态类型组成存在显著差异,其中原生沼泽水生植物的优势度最大,有一定的湿生物种,出现少量的中生种类;沼泽化草甸水生物种数量减少,湿生种类优势度增加,并达到最大,中生种类出现;草甸中生种类比例最大,存在一定比例的中旱生物种。纳帕海湿地植物演替趋势为水生、湿生向中生、旱生逐步演化,体现了湿地水环境条件不断丧失,植物适应湿地生境向陆生生境演替而逐步旱化的结果,表明湿地植物水分生态类型组成随水文情势变化而变化的紧密关系。从总体上看,纳帕海湿地植物物种以中生物种为主,占到总种数的 50%左右,其中中旱生物种为 6.11%,几乎超过了各水生植物比例,而水生植物仅占到 15.26%,说明纳帕海湿地呈现一定的退化态势。

6.2.1.3　植物生活型

植物生活型的差异可以反映群落的生境，特别是小生境、小气候的改变。根据《中国植被》（吴征镒，1980）的生活型系统，纳帕海湿地区的植物各类生活型所占比例见表 6-3。从生活型上看，多年生草本所占比例最大，一年生草本占到35.11%，纳帕海湿地区的植物生活型在不同退化演替阶段，沼泽体所占比例呈现规律性变化，一年生草本随演替所占百分比增加，陆生多年生草本比例也增加。

表 6-3　纳帕海湿地植物生活型统计

生活型	数量	比例
半灌木	1	0.76%
多年生草本	83	63.36%
一年生草本	46	35.11%
苔藓	1	0.76%

6.2.2　湿地区植物群落类型划分

本研究参照《中国湿地植被》等（朗惠卿等，1999），根据群落物种组成、生态学外貌、生态地理和动态特征等 4 个主要特征，对纳帕海湿地区调查记录251 个植物群落样方进行传统分类，并以优势种来命名群落名称，其分类结果如表 6-4 所示。

25 个群落类型中：水生生境植物群落有 6 类，样方数占调查样方数的 14.7%。湿-中生、沼（湿）生生境植物群落类型的样方数占绝大多数，其中蕨麻-木里苔草群落、木里苔草群落样方数分别占调查样方数的 17%～18%；蕨麻群落、华扁穗草群落、高原毛茛群落分别占 7%～9%。以大狼毒等为主要伴生种的中生生境群落样方有 11 个，约占 4.4%。家畜翻拱形成的严重破坏地生境调查了 37 个样方，约占 14.7%。

6.2.3　湿地区植物群落空间分布

图 6-4 为纳帕海湿地区的植物群落景观图。从图 6-4 可以看出，沼泽和湿草甸是纳帕海湿地区主要的景观类型，也是受人为扰动破坏最严重的景观类型。家猪放养翻拱形成的破坏地恢复植物群落均为沼泽和湿草甸景观，其分布在湿地区每个区域。水生植物群落主要分布在北边湖滨沼泽和湿地西南部沼泽区，其群落面积较小，均为零星分布。以狼毒群落为优势群落的中生草甸分布在湿地区南部和沿渠化后的纳赤河两侧（表 6-4）。说明纳帕海湿地区南部因地势较高，在长时间的演替下已经转变为陆生生态系统，并且随着干扰对周边湿地影响的加剧，中生草甸有向北部延伸的趋势。

表 6-4　纳帕海湿地区植被群落基本信息

生境类型	群落类型	N	TC	$\overline{IV}$	$\overline{E_1}$	$\overline{H}$	$\overline{D}$	$\overline{R}$	主要伴生种
水生生境	水葱群落 (Com. Scirpus tabernaemontani)	9	0.46	0.22	0.79	1.74	0.89	7.67	小黑三棱 (Sparganium simplex)、刘氏荸荠 (Heleocharis liouana)
	杉叶藻群落 (Com. Hippuris vulgaris)	7	0.67	0.22	0.81	1.81	0.93	7.43	刘氏荸荠 (Heleocharis liouana)、小花灯心草 (Juncus articulatus)
	浮叶眼子菜群落 (Com. Potamogeton natans)	7	0.48	0.32	0.75	1.53	0.92	5.43	穗状狐尾藻 (Myriophyllum spicatum)、看麦娘 (Alopecurus aequalis)
	睡菜群落 (Com. Menyanthes trifoliata)	6	0.57	0.27	0.76	1.54	0.97	5.17	小花灯心草 (Juncus articulatus)
	小花灯心草群落 (Com. Juncus articulatus)	4	0.64	0.28	0.76	1.64	0.92	6.5	杉叶藻 (Hippuris vulgaris)、小黑三棱 (Sparganium simplex)
	刘氏荸荠群落 (Com. Heleocharis liouana)	4	0.29	0.23	0.79	1.75	0.86	7.75	水葱 (Scirpus tabernaemontani)、菰 (Zizania latifolia)
沼(湿)生生境	木里苔草群落 (Com. Carex muliensis)	44	0.81	0.24	0.79	1.86	0.91	8.86	纤细碎米荠 (Cardamine gracili)
	华扁穗草群落 (Com. Blysmus sinocompressus)	19	0.78	0.26	0.79	1.89	0.93	9.42	纤细碎米荠 (Cardamine gracili)
湿-中生生境	蕨麻木里苔草群落 (Com. Potentilla anserina-Carex muliensis)	46	0.79	0.19	0.83	1.93	0.92	8.76	华扁穗草 (Blysmus sinocompressus)、疏花车前 (Plantago erosa)
	高原毛茛群落 (Com. Ranunculus tanguticus)	18	0.71	0.14	0.88	2.36	0.93	12.9	细叶小苦荬 (Ixeridium gracile)、木里苔草 (Carex muliensis)
	草地早熟禾群落 (Com. Poa pratensis)	5	0.79	0.16	0.84	2.03	0.92	9.6	云生毛茛 (Ranunculus nephelogenes)、纤细碎米荠 (Cardamine gracili)
	云雾苔草群落 (Com. Carex nubigena)	4	0.66	0.28	0.88	2.29	0.93	11.8	百脉根 (Lotus corniculatus)、疏花车前 (Plantago erosa)
	密穗马先蒿群落 (Com. Pedicularis densispica)	4	0.72	0.16	0.88	2.44	0.89	15.7	密穗马先蒿 (Pedicularis densispica)、百脉根 (Lotus corniculatus)

续表

生境类型	群落类型	N	TC	$\overline{IV}$	$\overline{E_1}$	$\overline{H}'$	$\overline{D}$	$\overline{R}$	主要伴生种
湿-中生生境	海仙报春群落 (Com. Primula poissonii)	2	0.6	0.16	0.86	2.16	0.95	10	之形喙马先蒿 (Pedicularis sigmoidea)
	蕨麻群落 (Com. Potentilla anserina)	23	0.71	0.17	0.86	2.17	0.91	11.2	华扁穗草 (Blysmus sinocompressus)、疏花车前 (Plantago erosa)
中生生境	狼毒群落 (Com. Stellera chamaejasme)	11	0.72	0.1	0.91	2.63	0.94	16.6	椭圆叶花锚 (Halenia elliptica)、湿地银莲花 (Anemone rupestris)
	直茎蒿群落 (Com. Artemisia edgeworthii)	1	0.84	0.18	0.87	2.3	0.87	14	梭喙毛茛 (Ranunculus trigonus)、之形喙马先蒿 (Pedicularis sigmoidea)
	浮叶眼子菜-水蓼群落 (Com. Potamogeton natans-Polygonum hydropiper)	11	0.47	0.28	0.77	1.64	0.91	6.36	看麦娘 (Alopecurus aequalis)
	水蓼群落 (Com. Polygonum hydropiper)	6	0.53	0.28	0.79	1.81	0.89	7.83	高薹菜 (Rorippa elata)、看麦娘 (Alopecurus aequalis)
	看麦娘群落 (Com. Alopecurus aequalis)	6	0.07	0.28	0.77	1.58	0.95	5.5	松叶薹草 (Carex rara)
	沼泽薹菜群落 (Com. Rorippa palustris)	4	0.26	0.3	0.59	1.32	0.68	6	尼泊尔酸模 (Rumex nepalensis)、看麦娘 (Alopecurus aequalis)
破坏地生境	鼠麴草群落 (Com. Gnaphalium affine)	4	0.44	0.32	0.81	2.01	0.85	10.8	荔枝草 (Salvia plebeia)、通泉草 (Mazus japonicus)
	荔枝草群落 (Com. Salvia plebeia)	3	0.57	0.16	0.86	2.09	0.94	9.67	鼠麴草 (Gnaphalium affine)、梭喙毛茛 (Ranunculus trigonus)
	西伯利亚蓼群落 (Com. Polygonum sibiricum)	2	0.53	0.36	0.76	1.56	0.92	5.5	蕨麻 (Potentilla anserina)
	尼泊尔酸模群落 (Com. Rumex nepalensis)	1	0.02	0.43	0.75	1.68	0.81	8	看麦娘 (Alopecurus aequalis)、沼泽薹菜 (Rorippa palustris)

注：N、TC、$\overline{IV}$、$\overline{E_1}$、$\overline{H}'$、$\overline{D}$、$\overline{R}$ 分别为各群落的调查样方数、平均总盖度 (total coverage)、平均主要伴生种重要值、平均 Pielou 均匀度指数、平均 Shannon-Wiener 多样性指数、平均 Simpson 优势度指数、平均 Patrick 丰富度指数

群落名称
- 云雾苔草
- 农田
- 刘氏荸荠
- 华扁穗草
- 密穗马先蒿
- 小花灯心草
- 尼泊尔酸模
- 木里苔草
- 杉叶藻
- 水体
- 水葱
- 水蓼
- 沼泽藨菜
- 浮叶眼子菜
- 浮叶眼子菜-水蓼
- 海仙花
- 狼毒
- 直茎蒿
- 看麦娘
- 睡菜
- 草地早熟禾
- 荔枝草
- 蕨麻
- 蕨麻-木里苔草
- 西伯利亚蓼
- 高原毛茛
- 鼠麹草

0　　　　1.5　　2.25　　　3
　　　　　　　　　　　　km

图 6-4　纳帕海湿地区植物群落景观图(彩图请扫封底二维码)

野外调查和群落类型划分表明,湿地区植被生态退化严重。首先,家畜翻拱形成大面积近似裸地的破坏地生境,其次生植物群落总盖度和物种丰富度都较低,先锋种有水蓼、看麦娘、沼生藨菜、鼠麹草、荔枝草、西伯利亚蓼等。其次,狼毒群落广泛分布在湿地区东南部,并有向北部扩展态势。最后,在湿-中生生境中,以蕨麻为主要伴生种的群落占该类生境调查群落样方的67%,而且很多群落中多出现疏花车前、之形喙马先蒿、细叶小苦荬等伴生种,这些物种生态幅广,且多与人为干扰相关。典型水生/沼生植物群落分布生境不断萎缩,主要分布在湖滨带、河滨带和一些常年淹水的低洼地。7~8月为纳帕海湿地明水面面积主要增长期,也是其植物的生长中期,由于某些区域刚淹水不久,水生群落没有完全形成,且在水深超过1.5m情况下,调查沉水植物群落比较难,因此表6-4中沉水植物群落类型和数量很少。

6.2.4　湿地区植被退化特征

6.2.4.1　典型水生植物群落生境萎缩

20 世纪 70 年代以前，杉叶藻群落是纳帕海湿地的优势群落，且为单优群落，在湿地各个沼泽区均有大面积分布，但调查研究发现（图 6-4），杉叶藻分布面积减少，仅在泉眼附近及低洼积水处有零星分布。小黑三棱群落已基本消失，只有少数种分布在各个沼泽区，这两类群落分布面积的减少或消失意味着纳帕海湿地环境的恶化。

6.2.4.2　中旱生植物群落生境明显增加

研究发现，纳帕海湿地区东南部和地形较高的区域为人为活动干扰最为强烈的区域，其形成亚高山中生杂类草草甸和以大狼毒、瑞香狼毒为主要伴生种的退化亚高山草甸，且其分布有向北边延伸的趋势。亚高山中生杂类草草甸在湿地区分布最广，其分布面积几乎占到湿地区的 50%。

6.2.4.3　出现水体污染指示植物种

调查发现，在约耐村的觉占泉、依拉神泉等村庄下水方湿地水体和达拉草原旅游景点附近湿地水体中，出现了富营养化指示植物——满江红，一些区域该物种的盖度已超过 90%；水蓼群落和浮叶眼子菜群落大面积分布在人为干扰后的浅水沼泽和暂时积水的低洼之处；耐污性的水生植物菱草、狐尾藻等大量出现。

6.2.4.4　伴人种增多

纳帕海湿地出现的伴人种主要为车前属、蒲公英属、委陵菜属、车轴草属中的一些物种，如疏花车前、藏蒲公英、西南委陵菜、蕨麻、莓叶委陵菜等。研究发现，这些物种在旅游干扰强度大的区域呈优势群落分布。

6.3　湿地区植物群落分类、演替与主要驱动因子及生态效应

6.3.1　湿地区植物群落 TWINSPAN 分类

基于 2009 年 6~8 月和 2012 年 7~10 月纳帕海湿地区的景观、植被及土壤调查发现，纳帕海湿地区存在较大面积的破坏地景观，为大型家畜直接破坏后形成的次生演替群落，共计 37 个样方。因该类次生演替植物群落形成的特殊性，在进行湿地区植物群落 TWINSPAN 分类时，将这 37 个样方剔除，余下 214 个样方进

行 TWINSPAN 分类，共 128 个物种，即 128×214 物种重要值矩阵，并结合研究区情况选用各个参数值进行分析。通过 4 级分划，共得到 16 个草本群落类型(图 6-5)，基本反映出不同水分生境条件下的植被群落特征。

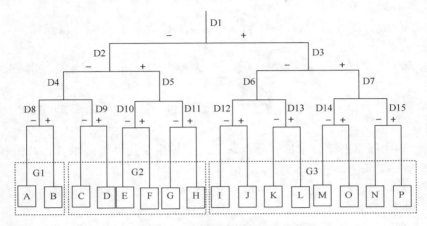

图 6-5　纳帕海湿地区植物群落 TWINSPAN 分类图

图中"−"表示与分类聚组为负相关；"+"表示与分类聚组为正相关

图 6-5 中各级分类的指示种分别如下。

D1：疏花车前 1(−) 木里苔草 1(−) 蕨麻 1(−) 草地早熟禾 1(−) 华扁穗草 1(−)。

D2：纤细碎米荠 1(+)。

D3：浮叶眼子菜 1(+) 看麦娘 1(+)。

D4：大狼毒 1(−)。

D5：木里苔草 1(−) 华扁穗草 5(+) 蕨麻 4(−) 疏花车前 1(−) 鼠麴草 1(−)。

D6：小花灯心草 4(+)。

D7：水蓼 1(−) 刘氏荸荠 1(−) 西伯利亚蓼 2(+) 浮萍 1(−) 沼泽蒳菜 3(+)。

D8：棱喙毛茛 1(−)。

D9：鼠麴草 1(+) 棱喙毛茛 1(−) 百脉根 1(−) 曲升毛茛 1(−) 蕨麻 4(+)。

D10：蕨麻 4(−) 鼠麴草 3(+) 西伯利亚蓼 1(+)。

D11：曲升毛茛 1(+)。

D12：华扁穗草 1(−)。

D13：睡菜 1(−)。

D14：沼泽蒳菜 1(+)。

D15：早熟禾 1(+)。

根据图 6-5，可将 214 个调查样方分为如下 16 个植物群落类型。

A：大狼毒群落，主要伴生种为椭圆叶花锚、短葶飞蓬、百脉根等，样方 2 个。

B：大狼毒群落、蕨麻群落，主要伴生种为椭圆叶花锚、短葶飞蓬、百脉根等，样方 9 个。

C：棱喙毛茛群落、曲升毛茛群落，主要伴生种为密穗马先蒿、百脉根、云生毛茛等，样方 56 个。

D：高原毛茛群落、蕨麻群落，主要伴生种为髯毛龙胆、鼠麹草等，样方 47 个。

E：木里苔草群落、蕨麻群落，主要伴生种为华扁穗草、纤细碎米荠等，样方 39 个。

F：鼠麹草群落、蛇莓委陵菜群落，主要伴生种为草地早熟禾、西伯利亚蓼等，样方 11 个。

G：华扁穗草群落、木里苔草群落，主要伴生种为纤细碎米荠、西伯利亚蓼等，样方 15 个。

H：海仙报春群落，主要伴生种为展苞灯心草、之形喙马先蒿等，样方 1 个。

I：睡菜群落，主要伴生种为水毛茛、滇西泽芹等，样方 2 个。

J：菰群落、刘氏荸荠群落，主要伴生种为水朝阳旋覆花、紫萍等，样方 6 个。

K：睡菜群落、水葱群落，主要伴生种为水毛茛、波叶眼子菜、刘氏荸荠等，样方 3 个。

L：小花灯心草群落，主要伴生种为小黑三棱、篦齿眼子菜、北水苦荬等，样方 3 个。

M：浮叶眼子菜群落、杉叶藻群落，主要伴生种为水毛茛、篦齿眼子菜等，样方 10 个。

N：发草群落、刘氏荸荠群落，主要伴生种为水蓼、浮苔、浮萍等，样方 2 个。

O：浮叶眼子菜群落、水葱群落，主要伴生种为水蓼、浮苔、浮萍等，样方 5 个。

P：杉叶藻群落、早熟禾群落，主要伴生种为沼泽薹草、狐尾藻等，样方 3 个。

根据上述植物群落的 TWINSPAN 分类结果，结合水分生态型，可将 16 类群落归并为三大类（G1～G3）。

G1：中生植物群落，包括 A、B，主要优势种为大狼毒、狼毒，含 11 个样方，基本对应表 6-4 中的中生生境植物群落类型。

G2：湿生植物群落，包括 C～H，主要优势种为木里苔草（Carex muliensis）、华扁穗草、蕨麻等，含 169 个样方，基本对应表 6-4 中的沼（湿）生生境、湿-中生生境植物群落类型。

G3：水生植物群落，包括 I～P，主要优势种为杉叶藻、浮叶眼子菜、睡菜、水葱等，含 34 个样方，基本对应表 6-4 中的水生生境植物群落类型。

6.3.2 湿地区植物群落演替及主要环境驱动因子

6.3.2.1 植物群落演替阶段

与前述 TWINSPAN 分类一致，从 251 个调查样方中剔除 37 个被家猪翻拱的破坏地生境次生演替植物群落样方，对余下的 214 个样方进行 DCA 排序。DCA 排序前 3 个轴的特征值分别为 0.85、0.47、0.37，利用前两轴作 DCA 排序二维散点图(图 6-6)，以反映湿地区植物群落演替阶段的生态关系。表 6-4 中对应的群落生境类型在 DCA 第一排序轴上的分布：水生生境植物群落(Ⅰ)分布在右端，而中生生境植物群落(Ⅲ)分布在左端，沼(湿)生生境和湿-中生生境的植物群落(Ⅱ)居间，湿-中生植物群落在第一排序轴上的分布十分集中并偏向中生生境植物群落，可见 DCA 第一排序轴很好地反映了纳帕海湿地区植物群落的基本演替阶段。

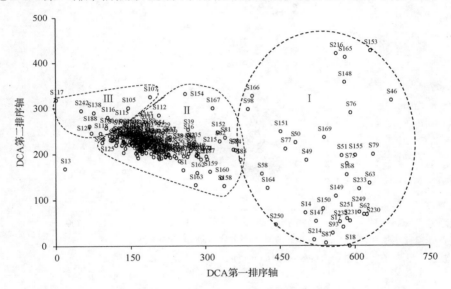

图 6-6 群落样方 DCA 排序二维散点图

图中 S 数据为某样方物种重要值排序所在的位置

6.3.2.2 植物群落演替主要环境驱动因子

图 6-6 同时也表明，湿地区植物群落演替的主控环境因子为水文。为量化揭示两者之间的关系，本研究将样方 DCA 第一排序轴与样方的淹水频率、分层土壤重量含水率作散点图并进行回归分析(图 6-7)。相关系数显著性检验表明，DCA 第一排序轴明确反映了水文因子对湿地植物群落空间分异和演替阶段的控制($P<0.01$，$n=214$)。结合表 6-4，沿 DCA 第一排序轴自右至左，可将本次调查的 214 个样方划分为水生生境、湿-中生生境和中生生境三类植物

群落，即 3 个演替阶段；未纳入 DCA 排序的破坏地生境次生植物群落单列为一类。表 6-4 中的沼（湿）生和湿-中生生境植物群落在 DCA 排序图中的区分不明显，可能是因为沼（湿）生生境和湿-中生生境植物群落中的诸多物种生态幅较宽。

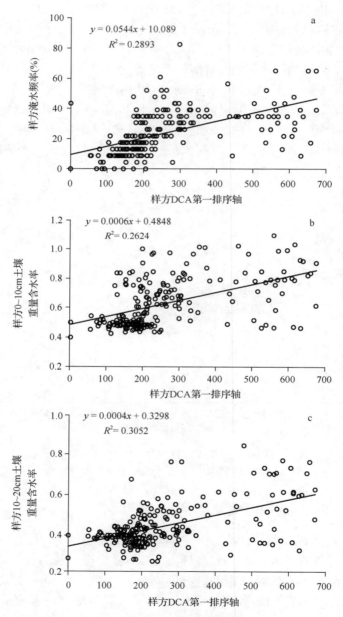

图 6-7　群落样方 DCA 第一排序轴与水文因子的关系

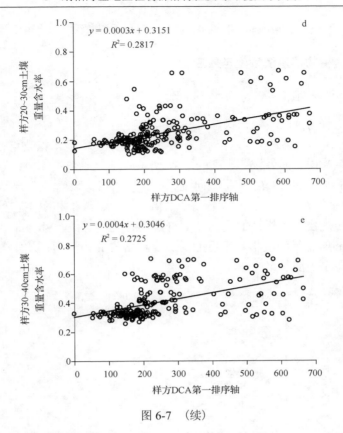

图 6-7 （续）

　　水生生境植物群落：主要分布在湖/河滨带、低洼沼泽和部分低洼积水区，年内淹水时间相对较长，淹水深度为 10～100cm，底质一般为泥炭土或沼泽土。该类群落的平均总盖度一般能达 50%以上，优势种重要值变化于 0.22～0.32；群落在垂向结构上可分为挺水植物层、浮水植物层和沉水植物层，挺水植株高度为 50～100cm。

　　湿-中生生境植物群落：在湿地区分布广，生境往往为季节性淹水。群落平均总盖度均达 60%以上，优势种重要值变化于 0.14～0.28。其中，偏湿(沼)生的植物群落以华扁穗草和木里苔草为主要优势种，其伴生植物以杂类草为主，如纤细碎米荠、通泉草等；土壤多为沼泽土或沼泽化草甸土。偏中生的植物群落形成杂类草中生草甸，群落外貌鲜艳，其优势种有密穗马先蒿、高原毛茛、海仙报春等；土壤基本为(湿)草甸土。

　　中生生境植物群落：主要分布在湿地区东南部和地形较高的区域，年内地表渍水时间相对较短，土壤以亚高山草甸土为主。大狼毒、瑞香狼毒等为优势种或建群种，其伴生物种丰富，如椭圆叶花锚、髯毛龙胆、蕨麻等；群落盖度达到 70%以上。

　　破坏地生境次生植物群落：主要分布在家畜放养翻拱而形成的破坏地生境。这类群落的平均总盖度一般都较低，如看麦娘群落和尼泊尔酸模群落总盖度不到 10%，其先锋种大多为具有很广生态幅(广布种)的杂类草，如蓼科蓼属的水蓼和西伯利亚蓼、十字花科葶菜属的沼生葶菜、菊科鼠麴草属的鼠麴草等。

6.3.3 湿地区植物群落演替生态效应

6.3.3.1 植物群落演替与物种多样性

图 6-8 为样方 DCA 第一排序轴与样方物种多样性指数(R、H'、D、E_1)的关系。从图 6-8 来看，水生、湿(沼)生、湿-中生至中生生境，植物群落的 R、H' 和 D 指数均表现为中、低、较高、高的态势，而 E_1 变化趋势不明显。这表明，当纳帕海湿地区的水生和湿(沼)生生境向湿-中生、中生生境演替时，不但会带来植物群落物种类型的改变，如水生和湿(沼)生物种减少、湿生和中生物种增加；而且会带来植物群落物种多样性的变化，如群落物种类型总数、Shannon-Wiener 多样性指数和 Simpson 优势度指数都可能增加，群落中的物种则更加均匀，向亚高山中生草甸生态系统演替。

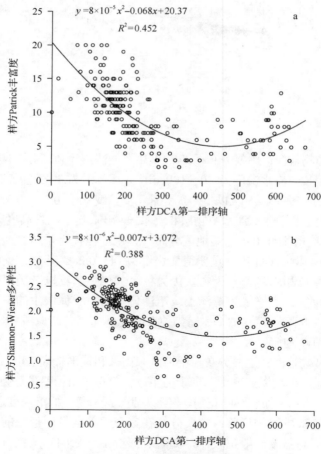

图 6-8　群落样方 DCA 第一排序轴与物种多样性指数的关系

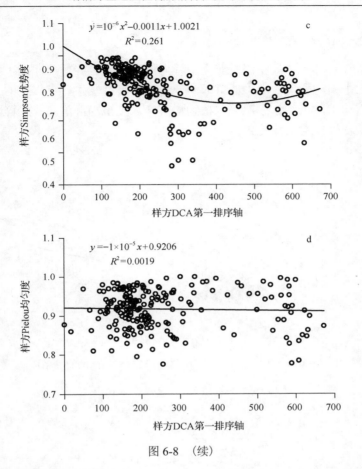

图 6-8 （续）

水生植物群落因处于常年淹水或年内大部分时间淹水的生境，且受外界人为干扰相对较小，植物群落相对比较稳定，因此 H'、D、E_1 等多样性指数相对中生植物群落较低；而水生生境水文情势变幅通常较典型的湿生生境要小，长时间演替也使得水生植物群落的物种多样性指数较典型的湿生植物群落略高。

典型湿生植物群落所处生境的年内季节性水位波动大，一定时间的季节性积水使得短命植物和中生植物逐渐消失（Brock，1994），而枯水季节非淹水情势使得一些水生植物的萌发也受到影响（Fennessy et al.，1994），在这种特殊生境下新物种也难以定植或发展成优势物种，从而形成以一种或少数几种植物物种为主要伴生种的群落，物种多样性和丰富度低。

中生植物群落所处生境为湿地和陆（高）地之间的过渡带，为湿地和陆地生态系统之间的生态交错带，边缘效应明显，其植物物种多样性明显增加。而且纳帕海湿地区的中生生境也是人为活动干扰最为强烈的区域，形成亚高山中生杂类草草甸和以瑞香狼毒为主要伴生种的退化亚高山草甸。

6.3.3.2　植物群落演替与外貌特征

从图 6-9 可知，由典型湿（沼）生生境向偏中生生境演替，即纳帕海湿地区植物群落从水生植物群落向中生群落的演替，植物高度发生一定程度的下降。从图 6-10 可以看出，随着纳帕海湿地区植物群落从水生植物群落向中生群落演替的进行，植物盖度呈一定上升趋势。

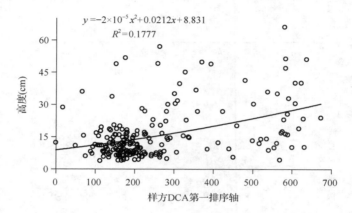

图 6-9　群落样方 DCA 第一排序轴与植物高度的关系

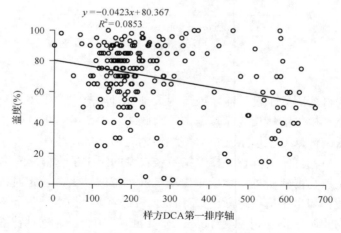

图 6-10　群落样方 DCA 第一排序轴与植物盖度的关系

6.4　湿地区干扰对植物群落演替的影响

6.4.1　高强度干扰植物群落 TWINSPAN 分类

针对 6.1.2 节所筛选出的 70 个高强度干扰植物群落样方（重新编号）进行

TWINSPAN 分类，分类结果见图 6-11。从该图可以看出，70 个群落样方在第 4 级划分水平上分为 13 类群落类型。

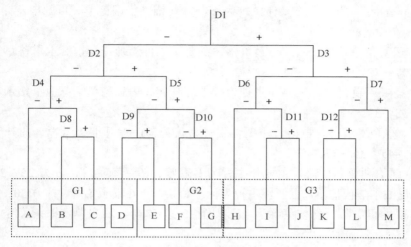

图 6-11 不同干扰类型群落 TWINSPAN 分类图

图中"–"表示与分类聚组为负相关；"+"表示与分类聚组为正相关

图 6-11 中各级分类水平上的指示植物种分别如下。

D1：看麦娘 1(+) 华扁穗草 1(–) 水蓼 1(+)。

D2：大狼毒 1(–) 湿地银莲花 1(–) 云南高山豆 1(–) 夏枯草 1(–)。

D3：水蓼 3(+) 鼠麴草 1(–) 浮叶眼子菜 4(+) 沼泽荸荠 1(–)。

D4：棱喙毛茛 1(–)。

D5：纤细碎米荠 1(+) 细叶小苦荬 1(–) 木里苔草 4(+) 百脉根 1(–)。

D6：蕨麻 3(–)。

D7：松叶苔草 1(+)。

D8：藏象牙参 1(–)。

D9：通泉草 1(+)。

D10：棱喙毛茛 1(–)。

D11：草地早熟禾 1(+) 西伯利亚蓼 1(+)。

D12：高蕈菜 1(+) 水毛茛 3(+)。

基于图 6-11 的 TWINSPAN 分类结果，结合 70 个样方调查记录的优势种和主要伴生种等信息，我们发现，除个别样方(样方 36)的分类不理想外，其他都与实际情况一致。在 TWINSPAN 分类基础上，再利用样方的主要伴生种信息，对分类不理想的样方进行调整归并，最终确定以下 13 类群落。

A、B：大狼毒群落，主要伴生种为椭圆叶花锚、百脉根、短葶飞蓬等，样方 70、50、66、58。

　　C：大狼毒群落，主要伴生种为蕨麻、高原毛茛、椭圆叶花锚、木里苔草、百脉根等，样方 68、67、65、54～57。

　　D：高原毛茛群落，主要伴生种为椭圆叶花锚、华扁穗草、百脉根，样方 69、60～64、59、51～53。

　　E：云雾苔草群落、高原毛茛群落，主要伴生种为疏花车前、木里苔草等，样方 40、47～49、42～44、34、32、26、9。

　　F：棱喙毛茛群落，主要伴生种为纤细碎米荠、华扁穗草、草地早熟禾等，样方 41、38、39。

　　G：蕨麻-木里苔草群落，主要伴生种为疏花车前、纤细碎米荠、曲升毛茛，样方 46、45、35～37。

　　H：西伯利亚蓼群落，主要伴生种为看麦娘、沼泽薄菜等，样方 25、28。

　　I：尼泊尔酸模群落，主要伴生种为沼泽薄菜、浮叶眼子菜等，样方 30、13、8。

　　J：鼠麴草群落、荔枝草群落，主要伴生种为水蓼、通泉草、银条菜等，样方 31、24、23、20、18、15。

　　K：水蓼群落，主要伴生种为浮叶眼子菜、杉叶藻等，样方 33、29、19、17、16、1～7。

　　L：浮叶眼子菜群落，主要伴生种为水毛茛、水马齿等，样方 27、22、21、14、11、10。

　　M：辣蓼群落，主要伴生种为松叶苔草、看麦娘等，样方 12。

　　同样，根据上述 TWINSPAN 分类结果，结合三类干扰类型，可将 13 类群落归并为三大类（G1～G3）。

　　G1：包含植被群落 A～D，为工程干扰下形成的群落类型。

　　G2：包含植物群落 E～G，为旅游干扰下形成的群落类型。

　　G3：包含植物群落 H～M，为放牧干扰下形成的群落类型。

6.4.2　高强度干扰植物群落样方 DCA 排序

　　对筛选出的 70 个高强度干扰植物群落样方进行 DCA 排序，DCA 排序前 3 个轴的特征值分别为 0.81、0.45、0.35，利用前两轴作 DCA 排序二维散点图（图 6-12），以揭示群落之间的连续性和沿某种生态梯度的分布特征。图 6-12 表明，70 个样方可分为三大类型，这与 TWINSPAN 聚类结果基本一致。结合 70 个样方的调查信息和图 6-12 可知，工程干扰群落（Ⅰ）分布在排序轴左端，重度放牧干扰群落（Ⅲ）分布在右端，旅游干扰群落（Ⅱ）居间；工程干扰群落（Ⅰ）和旅游干扰群落（Ⅱ）在第一排序轴上更为接近，但与重度放牧干扰群落（Ⅲ）区分较为明显，表明放牧（特别是家猪翻拱）对湿地区植物群落次生演替的驱动更为强烈（直接形成破坏地生境）。

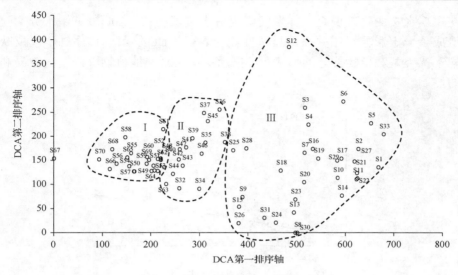

图 6-12　不同干扰类型样方 DCA 排序图

图中"S 数据"为某样方物种重要值排序所在的位置

三种干扰类型下群落特征如下。

第 I 类型为工程干扰群落：因河流渠化，水分丧失，其年内地表渍水时间短，土壤以亚高山草甸土为主，形成中生或偏中生生境。该区域以大狼毒、蕨麻、高原毛茛为优势种，以中生或偏中生群落类型为主，其伴生物种丰富，如椭圆叶花锚（*Halenia elliptica*）、髯毛龙胆（*Gentiana cuneibarba*）、短葶飞蓬等，群落盖度达到 70%以上。

第 II 类型为旅游干扰群落：该区域长期受人为扰动的影响，群落以湿中生植物群落类型为主，伴人种多，耐践踏物种多，物种高度较低。其主要优势种为蕨麻、木里苔草，伴生种为纤细碎米荠、疏花车前、云生毛茛等。在受马匹常年践踏线路形成以一种或两种耐践踏植物（疏花车前、云雾苔草）为主要伴生种的群落类型或裸地。

第 III 类型为重度放牧干扰群落：家猪放养造成的裸地和植被恢复地分布最为广泛，在沼泽附近因家猪放养翻拱形成的坑洼地带，因积水形成水生生境，水生植物成为优势种，形成浮叶眼子菜群落、水蓼群落、辣蓼群落等；地势较高区域，家猪翻拱后水分丢失，外来先锋种进入裸地并定居，其先锋种大多为具有很广生态幅（广布种）的杂类草，如鼠麹草、荔枝草、尼泊尔酸模等，这类群落平均总盖度一般都较低，如看麦娘群落和尼泊尔酸模群落总盖度不到 10%。

样方 DCA 第一排序轴与样方的淹水频率和分层土壤重量含水率作散点图并进行回归分析（图 6-13）。DCA 第一排序轴与淹水频率（$P<0.01$，$n=70$），土壤重量含水率 20~30cm、30~40cm（$P<0.05$，$n=70$）呈显著相关性，与土壤重量含水率 0~10cm、10~20cm 相关性不明显，原因是土壤表层（0~20cm）水分

反映短期水文变化，调查采样期间降雨对土壤表层(0～20cm)土壤水分实验结果造成了一定影响。相关系数显著性检验表明，DCA 第一排序轴不仅反映了不同干扰类型对植物群落的影响，还揭示了水文对湿地植物群落空间分异和演替的控制。

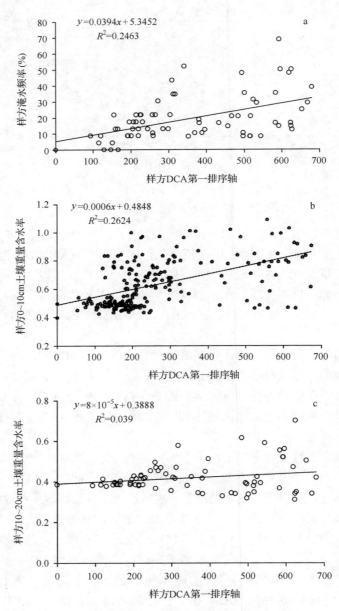

图 6-13　不同干扰类型样方 DCA 第一排序轴与水文因子的关系

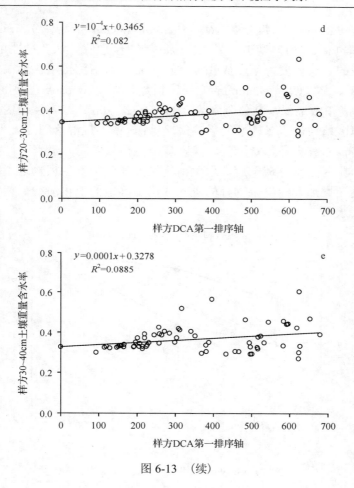

图 6-13 （续）

6.4.3 高强度干扰对群落物种组成和多样性的影响

6.4.3.1 对群落物种组成的影响

不同干扰样地的主要伴生种明显不同。3 种不同干扰样地共出现 97 种植物，分属 30 科、68 属，主要伴生种主要出现在蓼科、菊科、蔷薇科等。其中，重度放牧样方有 45 种，重要值较高的是浮叶眼子菜、沼泽荸荠、水蓼、看麦娘、鼠麴草；工程干扰样方有植物 65 种，重要值较高的是蕨麻、华扁穗草、高原毛茛、木里苔草；旅游干扰样方有植物 46 种，重要值较高的是疏花车前、蕨麻、木里苔草、高原毛茛、华扁穗草。

6.4.3.2 对群落物种多样性的影响

不同干扰类型下群落物种多样性的变化差异较大（图 6-14）。总体来看，不同干扰群落 Patrick 丰富度指数(R)、Shannon-Wiener 指数(H')、Simpson 优势度指数(D)、Pielou 均匀度指数为工程>旅游>重度放牧。从多样性角度上看，3种干扰类型的破坏程度为重度放牧>旅游>工程。家猪翻拱干扰形成的次生群落 Patrick 丰富度指数(R)、Shannon-Wiener 指数(H')、Simpson 优势度指数(D)、Pielou 均匀度指数最低，其值分别为 7.39、1.42、0.87、0.74，说明重度放牧对纳帕海湿地区植被群落多样性的影响最严重；旅游干扰群落因受人为扰动较大，伴人种增多，原有物种数量降低，其各多样性指数居间；工程干扰群落 4 种指数值最高，原因是水分疏干后，水生植物逐渐消失，湿生植物逐渐减少，而中旱生物种逐渐增加，中旱生物种的进入加快了湿地的退化演替，使物种多样性达到了最大水平。

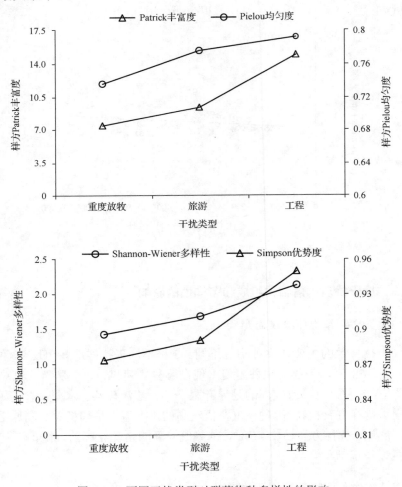

图 6-14　不同干扰类型对群落物种多样性的影响

6.4.4　高强度干扰对植物群落外貌特征的影响

6.4.4.1　对群落结构的影响

植物群落结构可以通过其高度、盖度来反映(任继周，1998)。图6-15显示，3种干扰类型样地的群落盖度为旅游＞工程＞重度放牧，分别为79.5%、71.1%、56.7%，其中重度放牧的群落盖度低于其他两类，原因是家猪干扰形成裸地后，再形成次生植物群落，群落盖度较低；重度放牧、工程、旅游干扰形成的群落高度分别为 13.29cm、12.49cm、10.01cm，其中旅游干扰下群落高度最低，一方面是由于马匹的啃食，另一方面由于人与马匹的践踏，降低了物种的高度。

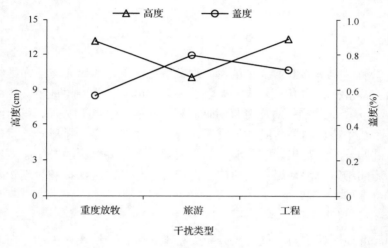

图 6-15　不同干扰类型对群落结构的影响

6.4.4.2　对群落生态型和生活型的影响

植物生活型是植物对综合生境条件长期适应而在外貌上反映出来的植物类型，而群落的生活型功能群组成则是环境因子的综合反映(Yang, 2001)。从图6-16可以看出，重度放牧群落一年生植物比例和水生植物比例最大，分别为37.78%和22.22%，因家猪翻拱后形成坑洼地带，其后浮叶眼子菜、水马齿、看麦娘等一年生水生物种进入，致使重度放牧样地群落水生植物比例最高；地势较高的区域，土壤水分丧失，荔枝草、鼠麹草等一年生先锋物种进入，形成次生群落。多年生植物比例最大的为工程干扰群落，为81.54%，由于河流渠化隔断了湿地与河流的连通性，土壤水分丧失，形成以狼毒、蕨麻等多年生物种为主要优势种的适应中旱生生境的群落类型。

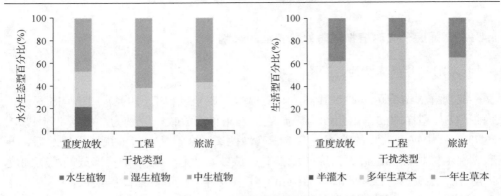

图 6-16　不同干扰类型对群落生态型和生活型的影响

6.5　小　　结

本章以淹水频率和土壤含水量表征水文情势，采用均匀布点法在纳帕海湿地区开展植被群落样方调查，并从中提取 3 种高强度干扰类型样地植被样方，应用 TWINSPAN 分类、除趋势对应分析对调查样方进行了分类和排序，得出纳帕海湿地植物群落基本特征和群落演替阶段，并将样方 DCA 第一排序轴与量化的水文因子进行回归分析，得出影响其演替的主要驱动因子并分析演替生态效应，旨在为正在实施的纳帕海湿地退化区植被生态修复工程及制定保护和管理策略提供重要依据，得出如下结果。

(1) 湿地区植物物种组成

纳帕海湿地区植物科、属、种分布类型丰富多样。属在科中的分布表现不均匀，多数属集中在少数几个科中，单属科在科的数量上占优势；种属分布表现为单种属的数量相对较多，接近 50%；种在科中的分布也不均衡，主要分布于几个科中，单种科在科的数量上占有一定优势。从水分生态型上看，纳帕海湿地植物物种以中生物种为主，少数中旱生物种出现，水生植物比例仅占 15.26%。从生活型上看，多年生草本占 63.36%，但一年生草本占 35.11%，纳帕海湿地区的植物生活型在不同退化演替阶段沼泽体所占比例呈现规律性变化，一年生草本随演替所占百分比增加，陆生多年生草本比例也增加。

(2) 湿地区植物群落类型及其空间分布格局

群落类型：纳帕海湿地区共 25 个群落类型，水生生境植物群落有 6 类，样方数占调查样方数的 14.7%；湿-中生生境、沼(湿)生生境植物群落类型的样方数占绝大多数，超过 60%；以大狼毒等为主要伴生种的中生生境群落样方有 11 个，约占 4.4%；家畜翻拱形成的严重破坏地生境调查有 37 个样方，约占 14.7%。

空间分布格局：家畜放养翻拱造成大面积近似裸地的破坏地生境，均为沼泽和湿草甸景观，其分布在湿地区各个区域；狼毒群落广泛分布在湿地区东南部，并有向北部扩展态势；在湿-中生生境中，蕨麻群落分布在受人为干扰的各个区域；典型水生/沼生植物群落分布生境不断萎缩，主要分布在湖滨带、河滨带和一些常年淹水的低洼地。

(3) 湿地区植物群落演替阶段及主要环境驱动因子

DCA 第一排序轴很好地反映了纳帕海湿地区植物群落的基本演替阶段，即水生生境植物群落、湿-中生生境植物群落和中生生境植物群落，另外家猪放养翻拱形成一类特殊的次生演替植物群落——破坏地生境次生植物群落。DCA 第一排序轴上中生生境和湿-中生生境的植物群落在 DCA 排序图中的区分不明显，可能是因为沼(湿)生和湿-中生生境植物群落中的诸多物种生态幅较宽。DCA 第一排序轴揭示出湿地区植物群落演替的主控因子为水文。

(4) 湿地区植物群落演替的群落生态效应

物种多样性：纳帕海湿地区的水生和湿(沼)生生境向湿-中生、中生生境演替时，不但会带来植物群落物种类型的改变，如水生和湿(沼)生物种减少、湿生和中生物种增加，而且会带来植物群落物种多样性的变化，如群落物种类型总数、Shannon-Wiener 多样性指数和 Simpson 优势度指数都可能增加，群落中的物种则更加均匀，向着亚高山中生草甸生态系统演替。

群落外貌：纳帕海湿地区植物群落从水生植物群落向中生群落演替时，植物高度发生一定程度的下降，植物盖度呈一定上升趋势。

(5) 湿地区干扰对植物物种组成、群落演替和多样性等的影响

群落类型和物种组成：TWINSPAN 分类清晰地反映了 3 种干扰类型对湿地区植物群落演替的影响。工程干扰形成的植物群落的优势种为大狼毒(*Euphorbia jolkinii*)、高原毛茛、蕨麻；旅游干扰形成的植物群落的优势种为云雾苔草(*Carex nubigena*)、棱喙毛茛、蕨麻、木里苔草；重度放牧干扰形成的植物群落的优势种为西伯利亚蓼、尼泊尔酸模、水蓼、浮叶眼子菜、鼠麹草、辣蓼等。

群落演替：DCA 第一排序轴上工程干扰群落分布在排序轴左端，重度放牧干扰群落分布在右端，旅游干扰群落居间。DCA 第一排序轴不仅反映了不同干扰类型对植物群落演替的影响，还揭示了水文对湿地植物群落空间分异和演替的控制。

物种多样性：不同干扰类型下群落物种多样性的变化差异较大。从多样性指数来看，3 种干扰群落的多样性指数为工程>旅游>重度放牧。

群落外貌：3 种干扰类型样地的群落盖度为旅游＞工程＞重度放牧；重度放牧群落一年生植物比例和水生植物比例最大，多年生植物比例最大的为工程干扰群落。

参 考 文 献

金振洲. 2009. 云南高原湿地植物的分类与地理生态特征汇编. 北京: 科学出版社.

朗惠卿, 赵魁义, 陈克林, 等. 1999. 中国湿地植被. 北京: 科学出版社.

任继周. 1998. 草业科学研究方法. 北京: 中国农业出版社.

宋永昌. 2001. 植被生态学. 上海: 华东师范大学出版社.

吴征镒. 1980. 中国植被. 北京: 科学出版社.

Brock M A. 1994. Aquatic vegetation of inland wetlands. Australian vegetation. 2nd ed. Cambridge: Cambridge University Press: 437-466.

Fennessy M S, Cronk J K, Mitsch W J. 1994. Macrophyte productivity and community development in created freshwater wetlands under experimental hydrological conditions. Ecological Engineering, 3(4): 469-484.

Hill M O. 1979. TWINSPAN: a FORTRAN program for arranging multivariate data in an ordered two-way table by classification of the individuals and attributes. Cornell University: Section of Ecology and Systematics.

Yang L M, Han M, Li J D. 2001. Plant diversity change in grassland communities along a grazing disturbance gradient in the Northeast China transect. Acta Phytoecologica Sinica, 25(1): 110-114.

7 纳帕海退化区土壤种子库与地面植被关系

7.1 湿地土壤种子库调查实验方法

7.1.1 样地布设与植物群落特征

受疏干开垦、过度放牧和旅游开发等人类活动的强烈干扰，本湿地区的植被退化极为严重。根据 2009～2010 年多次湿地区的植被生态调查，退化区地表植被可以划分为以下 6 类代表群落类型：灰叶蕨麻群落、水蓼群落、通泉草群落、湿地千里光群落、荠群落及大狼毒群落。选取代表纳帕海湿地区 6 类典型退化群落及其邻近的对照群落(表 7-1)进行地表植被调查和土壤种子库采样,各样地植被的群落特征如表 7-2 所示。前 5 类植物群落代表退化模式 1，第 6 类植物群落代表退化模式 2(图 7-1)。

表 7-1　典型退化植被样地名称

退化样地	缩写	样地号	对照样地	缩写	样地号
灰叶蕨麻群落 Com. *Potentilla anserina* var. *sericea*	PA	1	灰叶蕨麻对照群落	CPA	2
水蓼群落 Com. *Polygonum hydropiper*	PH	3	水蓼对照群落	CPH	4
通泉草群落 Com. *Mazus pumilus*	MJ	5	通泉草对照群落	CMJ	6
千里光属一种群落 Com. *Senecio* sp.	SS	7	千里光属一种对照群落	CSS	8
荠群落 Com. *Capsella bursa-pastoris*	PB	9	荠对照群落	CPB	10
大狼毒群落 Com. *Euphorbia jolkinii*	EJ	11	大狼毒对照群落	CEJ	12

注：以下所有图表中的 6 类退化及其对照群落样地的名称都采用本表缩写形式

7.1.2 土壤种子库取样和地上植被调查方法

土壤种子库取样分别于 2009 年 11 月下旬、2010 年 6 月下旬共取样 2 次。每样地取样 5 个，随机分布，样方大小为 10cm×5cm×20cm(图 7-2)，各样地取样面积为 250cm^2。用取土铲取土，取土时小心防止周围土壤落入样品中，然后分 3 层(0～5cm、5～10cm、10～20cm)装入自封袋中，标上标签，带回实验室备用。

表 7-2　各样地植被群落特征

退化样地	植被状况	对照样地	植被状况
PA	以灰叶蕨麻(*Potentilla anserina* var. *sericea*)为绝对优势物种,总盖度达50%,秃斑地占10%	CPA	以木里苔草(*Carex muliensis*)、车前(*Plantago asiatica*)为优势物种,总盖度达85%,无秃斑地
PH	以水蓼(*Polygonum hydropiper*)、棉毛酸模叶蓼(*Polygonum lapathifolium* var. *salicifolium*)为优势物种,总盖度达40%,秃斑地占30%	CPH	以木里苔草(*Carex muliensis*)、早熟禾(*Poa annua*)及三裂碱毛茛(*Halerpestes tricuspis*)为优势物种,总盖度达90%,无秃斑地
MJ	以通泉草(*Mazus pumilus*)、看麦娘(*Alopecurus aequalis*)为优势物种,总盖度达35%,秃斑地占85%	CMJ	以木里苔草(*Carex muliensis*)、华扁穗草、三裂碱毛茛(*Halerpestes tricuspis*)为优势物种,总盖度75%,无秃斑地
SS	以千里光一种(*Senecio* sp.)、通泉草(*Mazus pumilus*)为优势物种,总盖度达30%,秃斑地占80%	CSS	以木里苔草(*Carex muliensis*)、灰叶蕨麻 *Potentilla anserina* var. *sericea*)及华扁穗草(*Blysmus sinocompressus*)为优势物种,总盖度达90%,无秃斑地
PB	以荠(*Capsella bursa-pastoris*)、看麦娘(*Alopecurus aequalis*)为优势物种,总盖度达20%,秃斑地占50%	CPB	以木里苔草(*Carex muliensis*)、华扁穗草(*Blysmus sinocompressus*)及灰叶蕨麻(*Potentilla anserina* var. *sericea*)为优势物种,总盖度达85%,无秃斑地
EJ	以毒草大狼毒(*Euphorbia jolkinii*)、狼毒(*Stellera chamaejasme*)为优势物种,莎草科(Cyperaceae)、毛茛科(Ranunculaceae)、玄参科(Scrophulariaceae)及菊科(Compositae)植物次优,物种丰富,外观绚丽,总盖度达75%,无秃斑地	CEJ	以禾本科(Poaceae)、莎草科(Cyperaceae)植物为优势物种,毛茛科(Ranunculaceae)、玄参科(Scrophulariaceae)、蝶形花科(Papilionaceae)植物较多,物种丰富次于前者,外观绚丽,总盖度达80%,是典型的五花草甸,无秃斑地

图 7-1　纳帕海湿地区退化群落及其对照群落样地照片(彩图请扫封底二维码)

图 7-1　（续）

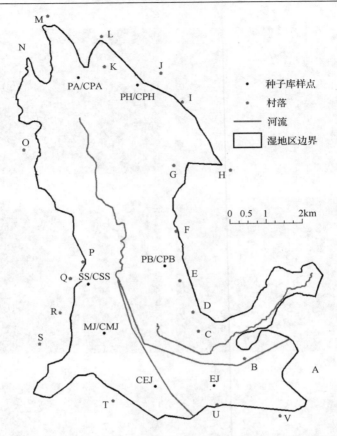

图 7-2　纳帕海湿地区种子库采样点分布图（彩图请扫封底二维码）

图中 A～V 为纳帕海湿地区沿边一带的城镇及村落，依次为：A.香格里拉市区；B.开那；C.康机；D.下学；E.布谷；F.约耐；G.依拉；H.乃日；I.宗达拉；J.比浪；K.共比；L.益司；M.腊浪；N.塔；O.纳帕；P.儿墓；Q.独若；R.觉乍；S.哈木谷；T.布伦；U.从古；V.吓土

在纳帕海湿地区植物生长的高峰期（7～8 月）对样地植被进行调查（吕宪国等，2005），调查植物物种数、多度（个体数量）、高度、盖度。盖度估计使用 Braun-Blanquet 尺度（Westhoff and Van Der Maarel，1978）。调查中不认识的植物采集标本、编号、带回鉴定。调查样方大小为 50cm×50cm（大狼毒群落样方大小为 100cm×100cm），每个样地 5 个样方，随机分布，共 70 个样方。

7.1.3　土壤种子库萌发实验方法

第一次冬季采集的土样置于冰箱内 3～5℃直至翌年 4 月，以防止种子萌发，又可进行春化作用。第二次采集的土样已在野外度过春化阶段，野外采集带回实验室后直接进行幼苗萌发实验。土样预处理首先将同一样地、同一层次的 5 个土样混合，用木棒压散铺于楼顶露台风干（图 7-3）。风干后再用木棒破碎土样中的土块，尽量保持土壤原状，以防损坏种子，将石块、枯枝落叶捡出，同时均匀混合土样。之后进行土样浓缩，即将充分混合后的样品过筛，依次经过孔径为 4mm、0.2mm 的土壤分样筛，将通过 4mm 孔径而截留在 0.2mm 孔径的土样留下进行实验。这样经 4mm 孔径分样筛滤除了根系、茎段等有机质残体，也筛除了小石块，并且经过 0.2mm 孔径分样筛滤除了土壤成分中的黏粒，因此土样减量明显，为后续萌发实验节省了大量空间、时间及实验消耗。

图 7-3　种子库预处理风干照片(彩图请扫封底二维码)

可萌发的种子才具有现实意义，因此本研究采用土壤种子库幼苗萌发实验方法(Fenner and Thompson，2005)。将浓缩后的土样立即装盘开始萌发实验，采用塑料育苗盆培养方法。底土铺设厚 3cm，选用进口加拿大泥炭育苗土(已经过消毒无种子，经预实验证明可行)比只采用灭活的沙土更具营养且适于育苗。萌发实验设两个处理，一为湿润处理(图 7-4a)，从土样上方给水，每天早晚各浇水一次，保持土壤湿润；二为涝渍处理(图 7-4b)，由下向上给水，模拟湿地涝渍条件，将育苗盒置于水池中，水位高 4cm。将土样铺于底土上(厚 1cm)，每个处理随浓缩

a 湿润处理　　　　　　　　　　　　　　　　b 涝渍处理

图 7-4　种子库两种萌发水处理方式(彩图请扫封底二维码)

后土样的多少设置重复，一般 0～5cm、5～10cm 的土样每个处理重复 2 次，10～20cm 的土样每个处理重复 3 次。设空白对照共 40 个。将育苗盆放在楼顶露台上进行萌发实验，实验地点为昆明云南大学文津楼露台。实验条件需尽量模拟野外生长期的环境条件，即光周期为 12h、温度为 10～25℃、土壤保持湿润。

　　将育苗盒随机分组摆放，每 65 盒为一组(含 4 个空白对照以检测排出外来种子)，用 PVC 管自制夏季遮阴棚(图 7-5a)及冬季单层温棚(图 7-5b)，建成可活动的小温室，置于每组育苗盒上方，挂设温度计，每天进行温度观察、浇水等实验管理。夏季光周期适宜，在秋冬季日照缩短、气温降低后选择每种幼苗种类的代表育苗盒，搬入实验室进行室内升温补光实验(图 7-5c)，以促进幼苗开花便于物种鉴定；室外的实验继续进行，并在最冷月于每个温棚内再搭建一个小温棚进行双层温棚防寒(图 7-5d)，所有措施使种子萌发实验顺利持续了 12 个月(2010 年 4 至 2011 年 4 月)。每周记录一次发芽数量，将鉴别过的幼苗拔出，不能鉴别的幼苗继续培养，待长大后鉴定物种。每周更换水池以防藻类滋生影响实验，顺时针旋转育苗盒位置以消除不同地点的阴影的影响。持续 4 周再无新的幼苗出现时结束种子库的萌发实验。

a 夏季遮阴棚

b 冬季单层温棚

c 冬季室内补光温棚

d 冬季室外双层温棚

图 7-5　冬(保温)夏(遮阴)萌发处理方式(彩图请扫封底二维码)

7.1.4 数据分析方法

7.1.4.1 数据处理方法

土壤种子库萌发实验获得了种子库数量、种子物种组成数据；地面植被调查获得了地面植被物种多度、盖度、高度数据。植物物种的确定按《云南植物志》、《Flora of China》、《中国植物志》描述。植物生活型分析根据丹麦学者 Ranvkiaer 的划分方法(金振洲，2009)。

六类退化样地和对照样地的种子库密度(或储量)差异、种子库幼苗萌发实验两个水分处理间的种子库密度差异、两次取样间土壤种子库平均种子库密度差异、α 物种多样性退化及对照群落两两差异采用独立样本 t 检验；各样地土壤种子库垂直分层差异、α 物种多样性差异采用单因素方差分析(one-way ANOVA 检验)。样本差异显著性检验、物种 α 多样性、物种 β 多样性分析均采用 Windows 2.12.2 版本的 R 程序来完成(Ihaka and Gentleman，1996)，R 程序及应用数据包由 http://cran.r-project.org/免费提供。原始数据整理分析应用 Excel 软件。

7.1.4.2 α 物种多样性指数

方法同 6.1.3.2 节。

7.1.4.3 β 相似性指数

测度土壤种子库与地上植被的相似性采用马克平(1994)、陈圣宾等(2010)推荐的指数，即 Jaccard 相似性系数、Sørenson 相似性指数，以及 NMDS(nonmetric multidimensional scaling，非度量多维尺度分析)排序。

Jaccard 相似性系数 C_j 计算方法为

$$C_j = j\Big/(a+b-j) \tag{7-1}$$

式中，a、b 分别为样地 A 和样地 B 的物种数；j 为两个样地共有的物种数。Sørenson(Bray-Curtis coefficient)相似性指数 C_s 计算方法为

$$C_s = 2jN\Big/(aN+bN) \tag{7-2}$$

式中，aN、bN 分别为样地 A 和样地 B 的个体数，jN 为两个样地共有种个体数较小者之和。

NMDS 排序：采用 Sørensen 相似性指数来计算相似性矩阵。NMDS 排序能很好地反映生态学数据的非线性结构，对数据不做假设(Faith et al.，1987)，而

且被认为是以图示代表群落之间相似性的最好的方法(Clarke，1993)。NMDS 排序中，每个点之间的距离代表二者之间的相似性，若物种组成相似，二者之间的距离靠近。NMDS 假定了关于生态学距离的单一性，因此比线性方法更有优势。Sørenson 指数被认为是生态学距离方面最适合的测度(Faith et al.，1987)，因此采用该系数计算相似性矩阵。用胁强系数(stress)来衡量 NMDS 分析结果的优劣，当 stress<0.05，表示排序结果很好；stress<0.10，表示排序结果较好；stress<0.20，表示排序结果尚可；stress>0.20，则表示排序结果较差(钱迎倩和马克平，1994)。

7.2　群落土壤种子库数量特征

7.2.1　不同群落土壤种子库储量特征

　　土壤种子库平均储量的分异，是多方面因素综合影响的反映，如生境水文情势的年内和年际变化(Stromberg et al.，2008；Capon and Brock，2006；Vécrin et al.，2007；Norbert and Annette，2001)；植物类型及其生活型的分异，如一年生、多年生(王增如等，2008；张玲和方精云，2004)；干扰类型与程度等(Ma et al.，2009；Zobel et al.，2007；Webb et al.，2006；王正文和祝廷成，2002；李吉玫等，2008)。

　　本次研究表明，纳帕海湿地区 6 类退化植物群落(0~20cm)在不同采样时间、不同萌发水分处理下的土壤种子库储量为 880~35 600ind./m²，6 类对照植物群落样地(0~20cm)的土壤种子库储量为 960~48 160 ind./m²(表 7-3)。

表 7-3　纳帕海湿地退化区不同植物群落土壤种子库储量(ind./m²)

时间	水分	CEJ	EJ	CMJ	MJ	CPA	PA	CPB	PB	CPH	PH	CSS	SS
11 月	M	15 360	5 680	48 160	35 600	6 960	14 560	13 360	14 160	14 400	7 440	20 960	11 200
	W	4 560	880	13 840	24 000	2 160	11 360	2 640	11 120	5 280	6 560	8 800	9 760
6 月	M	10 070	4 340	11 440	17 760	2 480	1 840	10 240	10 640	2 800	10 880	14 400	10 880
	W	3 120	1 000	7 840	30 400	960	1 040	4 480	18 400	2 400	5 600	3 280	23 840

　　注：M.湿润萌发；W.涝渍萌发；CEJ……SS 等群落类型简称缩写见表 7-1

　　对 12 类群落土壤种子库(0~20cm)的平均储量差异进行了方差显著性检验(P<0.1，Tukey 检验)，结果如图 7-6 所示。该图表明，6 类退化群落之间，在 0.1 显著性水平上，MJ(通泉草退化群落)高于 EJ(狼毒退化群落)、PA(灰叶蕨麻退化群落)、PH(水蓼退化群落)，其他各类退化群落之间的差异不明显。6 类对照群落之间，仅 CMJ(通泉草对照群落)在 0.1 显著性水平上高于 CPA(灰叶蕨麻对照群落)，其他各类对照群落之间的分异不显著。各退化及其对照群落之间的分异都不

显著。尽管如此，根据方差检验结果和各群落种子库平均储量大小，仍可将 12 类群落划分为高、中、低 3 组。平均种子库储量高的包括：通泉草退化群落(MJ)及其对照群落(CMJ)、千里光退化群落(SS)及其对照群落(CSS)和荸退化群落(PB)，其中最高的 MJ 群落平均种子库储量达到(26 940.00±2605.24)ind./m²。平均种子库储量低的为灰叶蕨麻对照群落(CPA)和狼毒退化群落(EJ)，如 EJ 群落的平均种子库储量仅为(2975.00±1095.03)ind./m²。平均种子库储量居中的包括狼毒对照群落(CEJ)、荸对照群落(CPB)、水蓼退化群落(PH)及其对照群落(CPH)、灰叶蕨麻退化群落(PA)，储量范围变化于(5000~10 000)ind./m²。图 7-6 还表明，尽管退化群落和对照群落之间的平均种子库储量差异并未通过 0.1 水平显著性检验，但除了狼毒对照群落(CEJ)平均种子库储量略高于狼毒退化群落外，其他 5 组都表现为退化群落略高于对照群落。

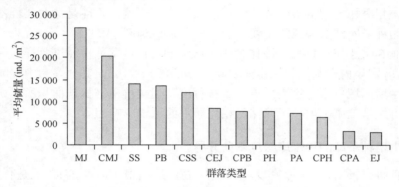

图 7-6 纳帕海湿地区不同植物群落土壤种子库平均储量差异

平均种子库储量较高的 5 类群落样地位于湿地区破坏地面积最大的区域(毗邻湿地西侧村庄哈木谷、觉岞、独若和儿墓的大面积破坏区，裸地面积占 80%~85%，MJ、CMJ、SS、CSS 样地)和毗邻湿地东侧村庄布谷的退化区域(裸地面积约占 50%，PB 样地)。这两类破坏区生境(土壤)在年内都表现出明显的水文情势分异，即丰水期土壤水分能达到饱和甚至地表有浅积水，而枯水季节土壤偏干。为适应这一水文情势，上述破坏区的地表植物以一年生类型为主，形成大量的种子雨(邓自发等，2003；Du et al.，2007)。在湿季，由于地表土壤偏湿或形成浅积水，该区域成为大型家畜良好的取食生境，如散养的家猪基本都在这些区域翻拱土壤(深度可达 20~30cm)获取植物根茎。家猪等大型家畜的长期严重干扰(翻拱、践踏等)一方面会直接改变土壤种子库的空间(如土壤剖面垂向上)分布，另一方面可能会对地表植物类型产生明显的影响(苏德毕力格等，2000；詹学明等，2005)。因此，年内水文情势的显著分异、湿季大型家畜长期频繁的严重干扰，可能是这类破坏区土壤种子库平均储量相对较高的重要影响因素。

平均种子库储量较低的为 EJ 群落和 CPA 群落。EJ 群落位于湿地区南部的大面积狼毒退化群落区，该区为长期疏干开垦后的弃耕地中旱生草甸，目前也依然受到大型家畜放养和旅游（马匹、游客践踏）等的影响；由于地势较高，该区域在年内较长时间基本都处在中旱生状态，而且该区狼毒广布成为建群种（或优势种），并形成稳定的群落类型，大型家畜都不喜在这一区域摄食，大型家畜散养对这一区域干扰的影响相较上述 5 类群落区要小；而年内长时期偏中生的土壤生境，也使得适宜水生而不适宜中旱生的植物在这一区域生存的机会较小。CPA 群落位于湿地区北部，在雨季一般都成为纳帕海湖水的洪泛区，一般每年都有长达 4～6 个月的涝渍期；该区因位于保护区的核心区附近，周边也无紧邻的村落分布，大型家畜（尤其是家猪）散养的干扰较轻，破坏裸地所占面积比例低于 10%，对照群落也较为稳定。年内长期偏干（EJ 群落样地区）或长期涝渍（PA 群落样地区）的水文情势、相对稳定的群落生境、较低的大型家畜干扰，可能是这两类群落样地区土壤平均种子库储量偏低的重要影响因素（Thompson，1992）。

其他 5 类土壤平均种子库储量相对居中的退化群落或对照群落样地区，除了 PA 群落区在年内丰水期长期涝渍（与 CPA 群落一致）外，其他多为中生或丰水期偏湿的生境区域；大型家畜放养的干扰程度、退化群落区裸地面积所占比例都居间。这可能是土壤平均种子库储量相对居中的重要影响因素。

7.2.2　土壤种子库的种子库密度垂向分异

已有研究表明，种子库密度（或储量）在土壤剖面的垂向分布特征是有分异的。相对自然状态下的土壤种子库密度由表层向下呈递减态势，表层（0～2cm 或 0～5cm）极为富集、5～10cm 相较表层则有所下降，至 10cm 以下种子库密度则剧降（Gonzalez-Andujar，1997；Boudell et al.，2002；Willms and Quinton，1995）。在受到强烈外来因素扰动的情形下，其垂向分布与外来因素对土壤剖面的扰动深度相关联，不同层位的垂向分布可能表现为分异不明显、向下递增等特征（Funes et al.，1999；Norbert and Annette，2004）。

湿润和涝渍处理方式下，11 月和 6 月的纳帕海湿地区各退化群落及其对照群落土壤不同层位种子库密度如图 7-7 所示。图 7-7 表明，退化群落和对照群落的土壤种子库垂向剖面的分布有着明显的分异。对照群落样地中，6 月 CSS 群落-涝渍处理方式，土壤种子库密度表现出由上至下逐渐增加；其他都为由上至下递减、上层（0～5cm）全部显著高于下层（10～20cm）（$P<0.05$），而且大多数的上层也显著或略高于中层。退化群落样地中，两个时间点所采的狼毒退化群落（EJ）仍表现为由上至下递减，而 6 月灰叶蕨麻退化群落（PA）也表现为由上至下递减；其他退化群落样地的土壤种子库在垂向各层的分异不显著，并出现下中层高于上层、下层高于中层的现象。

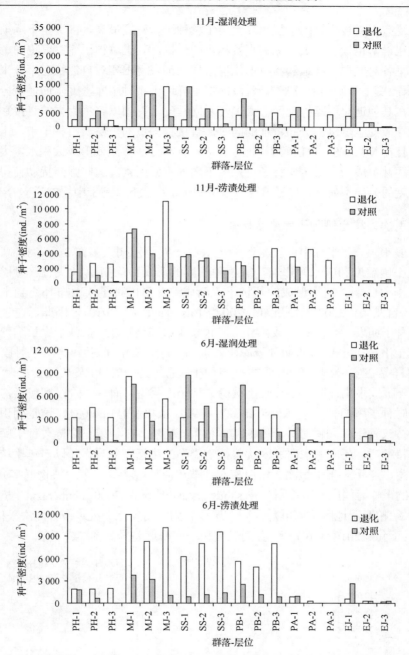

图 7-7 同一采样时间和水处理方式下土壤种子库密度垂向分异特征

11 月、6 月分别表示 2009 年 11 月、2010 年 6 月采样时间，以下各图相同；PH-1、PH-2、PH-3
表示 PH 群落的第 1(0~5cm)、第 2(5~10cm)、第 3(10~20cm)层，其他类推

对照群落和退化群落样地的土壤种子库在垂向剖面分布上的差异，明确地反映
出大型家畜干扰(以家猪的土壤翻拱、大型家畜的长期践踏为主)的影响。对照群落

基本未受家畜直接翻拱的干扰，其表层土壤种子库密度最高，由上至下逐渐降低；狼毒退化群落也极少受大型家畜直接翻拱的干扰，其土壤种子库密度也由上至下递减。可见各对照群落样地和狼毒退化群落样地都表现出相对自然状态、外来强烈扰动小(未改变土壤剖面层位基本属性)的群落样地土壤种子库密度垂向递减分布的特征。而在其他退化群落样地区，大多在不同程度上受到以家猪为主的直接翻拱，这一扰动在改变土壤剖面分布特征的同时，直接将大量的土壤表层种子带入土壤中下层；而且在 MJ、SS、PH 群落样地分布区，湿季土壤偏湿或形成浅积水，大型家畜的直接践踏也成为土壤表层种子进入中下层的重要因素。这些强烈扰动使得各层间种子密度的分异不显著，甚至出现中下层高于上层、下层高于中层的逆向分布现象。

7.2.3　两次采样土壤种子库密度比较

　　一般来说，北半球中纬度地区的土壤种子库萌发期大多在 3～5 月，高寒海拔地区受土壤温度和降水等影响，土壤种子库的萌发可能稍晚(4 月至 6 月初)；而在生长季中后期，植物形成的新种子逐渐成熟并形成种子雨散布补充到土壤种子库中(邓自发等，2003；Du et al.，2007；Bastida et al.，2010)。因此，在生长季初期大量种子萌发后至新种子成熟并形成种子雨散布前(6 月前后)、生长季种子雨散布结束至下一个生长季初期种子库萌发前(10 月至翌年 3 月)，这两个时段所采集的土壤样品在实验中萌发出现的植物种子类型(优势成分)及其数量必然有所不同。前一阶段采集样品主要反映土壤持久种子库类型，而后一阶段则包括持久种子库和瞬时种子库两种类型(Russi et al.，1992；王相磊等，2003)，这是判识土壤种子库中持久种子库和瞬时种子库的基本依据。当然，在判识土壤持久种子库和瞬时种子库特征时，还应考虑研究区优势植物类型的生活型差异，如以多年生植物、夏季一年生、冬季一年生植物、年内相应季节短命型植物等为主的植物群落分布区，其相应的采样时间应有所不同(Vleeshouwers and Kropff，2000；Fenner and Thompson，2005)。纳帕海湿地区不同群落在同一层位和同一萌发水分处理下，两次采样(2009年 11 月下旬、2010 年 6 月下旬)间土壤种子库密度差异如图 7-8 所示。

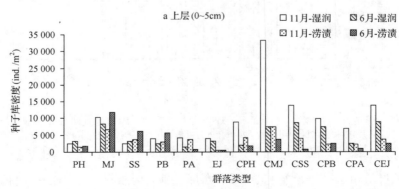

图 7-8　不同采样时间(同一层位、相同处理方式)土壤种子库密度特征比较

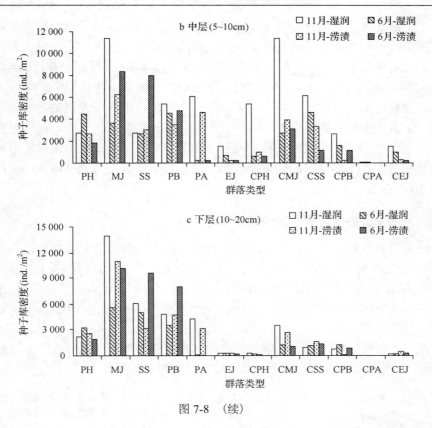

图 7-8 （续）

上层(0～5cm，图 7-8a)：①对照群落，11 月高于 6 月，但湿润处理方式下的分异更为显著。②退化群落，EJ 和 PA 表现出与对照群落类似的分异特征(11 月高于 6 月)；其他退化群落 11 月和 6 月的分异无规律性、不显著，甚至出现与对照群落明显不同的分异现象，如 MJ、SS、PB 的 6 月样品-涝渍处理下的种子库密度最高。

中层(5～10cm，图 7-8b)：①对照群落，除 CPB-涝渍处理外，其他都仍为 11 月高于 6 月，而且湿润处理方式下的分异更为显著。②退化群落，EJ 和 PA 也表现出与对照群落类似的分异特征(11 月高于 6 月)；其他 4 类退化群落 11 月和 6 月的分异特征也无明显的规律性。

下层(10～20cm，图 7-8c)：①对照群落，部分(CMJ、CPH、CEJ)仍为 11 月略高于 6 月，部分(CSS-湿润处理、CPB)相反，CPA 未出现种子萌发，两个时间点间的分异不显著。②退化群落，种子库密度显著高于对照群落；EJ 分异极小，PA 仍为 11 月高于 6 月；其他 4 类退化群落 11 月和 6 月的分异特征也无明显的规律性。

纳帕海湿地为典型的低纬度高海拔(27°48′N～27°55′N、3260m 左右)湖沼及其洪泛湿地，湿地区植物以夏季一年生植物和多年生植物为主。因此，在 10 月至翌年 4 月前(如本研究中 11 月)所采样品，体现湿地区土壤持久种子库和瞬时种子库特征；而在 6 月前后所采样品，则体现湿地区土壤持久种子库特征。①对照群落、受干扰程度相对较低的灰叶蕨麻退化群落(PA)、已进入次生演替较为稳定的狼毒退化群落(EJ)，在同一萌发水分处理方式下基本为 11 月高于 6 月，这表明生长季初期大量的瞬时种子萌发，使得土壤中的种子库数量明显减少。②对于 4 类严重退化群落而言，同一萌发水分处理下两个时间点间所萌发出的种子库数量高低不一，且大多没有明显分异，这与大型散养家畜强烈干扰有关。翻拱摄食和践踏等强烈干扰除可能影响地表植物及种子雨类型外，还会带来土壤中瞬时种子库和持久种子库在不同层位间的重新分布，上层种子库数量急剧下降、中下层则明显增加(图 7-7)。

7.2.4　不同水分处理方式土壤种子库密度特征

野外自然环境下，水分条件的不同直接影响土壤种子的萌发态势，人为控制实验中的土壤种子萌发态势自然也与萌发水分处理方式直接相关(王增如等，2008)。尽管是同一时期采集的土壤样品，在长期湿润和长期涝渍等水分处理方式下，实际萌发的种子类型及其数量(或密度)可能存在显著差异(Boedeltje et al.，2002；王增如等，2008)。

在同一采样时间、同一土壤层位，湿润和涝渍两种萌发水分条件下，纳帕海湿地区 12 类群落样地的土壤种子库密度差异如图 7-9 所示。

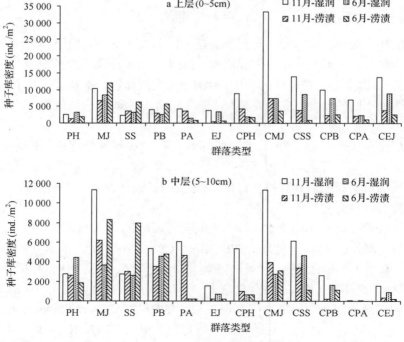

图 7-9　不同水分处理下(同一层位和采样时期)的土壤种子库密度特征

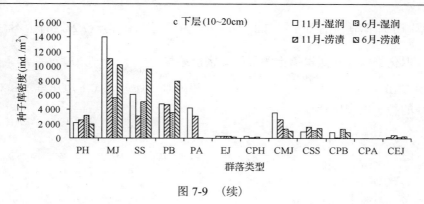

图 7-9 （续）

上层（0～5cm，图 7-9a）：①11 月所采样品基本表现为湿润处理方式高于涝渍处理方式（除 SS 外），部分分异显著（如 CMJ、CSS、CEJ）。②6 月所采对照群落全部为湿润处理高于涝渍处理，但退化群落有所不同，MJ、SS、PB 表现出涝渍处理高于湿润处理。

中层（5～10cm，图 7-9b）：①11 月所采样品仍表现为湿润处理高于涝渍处理（除 SS 外）。②6 月所采对照群落两种处理方式无明显分异（除 CSS 外），但退化群落中的 MJ、SS 为涝渍处理明显高于湿润处理、PH 为湿润处理高于涝渍处理，而其他两种处理方式下差异不明显。

下层（10～20cm，图 7-9c）：①11 月所采各类土壤样品在两种处理方式下都无显著性分异。②6 月所采样品中，仅 MJ、SS、PB 退化群落的湿润处理低于涝渍处理。其他 CPA 群落在两种处理方式下、PA 群落在涝渍处理下都未出现种子萌发。

不同层位、不同采样时间两种水分处理下的土壤种子库密度分异表明：①6 类对照样地、退化严重但次生演替已进入相对稳定阶段的狼毒群落 EJ 及 PA 退化群落（家猪翻拱干扰明显低于其他退化群落而且在雨季有 4 个月以上的深积水期），在外来直接扰动小、相对自然状况下，11 月所采的上层（0～5cm）、中层（5～10cm）土壤样品在湿润处理方式下种子萌发数量一般显著高于涝渍处理方式；6 月所采的上层和中层土壤样品大多仍为湿润处理高于涝渍处理，但两种方式下萌发种子库数量分异不如 11 月所采样品的分异显著，这与 6 月所采土壤样品（特别是上层）瞬时种子库已经在野外样地中于 4～5 月大量萌发直接有关；下层（10～20cm）因种子数量自身较少等，相较于上中层而言，两种水分处理方式未表现出显著分异。这些表明，湿润处理更有利于纳帕海湿地区"受干扰小的相对自然群落样地"土壤种子库中的种子萌发，在其他案例研究中也发现类似的现象（Lundholm and Stark，2007）。②其他 4 类退化群落（MJ、SS、PH、PB）每一层位，无论是 11 月还是 6 月所采样品，两种萌发水分处理方式之间大多无明显分异，湿润处理高于或低于涝渍处理的两种现象都有发生。该现象的发生与这些退化样地区大型家畜（特别是家猪）散养的严重干扰（翻拱、践踏等）有关，这些干扰会导致各退化群落样地土壤种子库在垂向剖面分异(7.2.2 节)和年内不同季节分异(7.2.3 节)上不显著。

7.2.5　退化群落和对照群落土壤种子库密度差异

图 7-10 为同一层位、同一采样时间的相同水分处理方式下退化群落和对照群落样地的种子库密度特征。

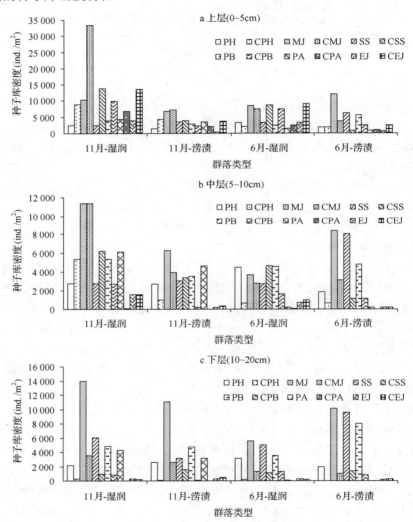

图 7-10　退化群落和对照群落(同一层位、采样时间和相同水处理方式)土壤种子库密度差异

上层(0～5cm, 图 7-10a)：①11 月所采样品基本表现为退化群落低于对照群落, 仅涝渍-PB、涝渍-PA 略高于(不显著)涝渍-CPB、涝渍-CPA。②6 月所采样品有所不同, 出现退化群落显著高于对照群落(涝渍-MJ>涝渍-CMJ、涝渍-SS>涝渍-CSS、涝渍-PB>涝渍-CPB)、退化群落显著低于对照群落(湿润-SS<湿润-CSS、

湿润-PB<湿润-CPB、湿润-EJ<湿润-CEJ)两种现象并存。

中层(5～10cm,图 7-10b):①11 月所采中层样品退化群落和对照群落之间的分异与上层样品(0～5cm)不同,不同群落类型的两者之间高低分异无一致性。②6 月所采样品大多退化群落高于对照群落,也出现湿润-SS<湿润-CSS、湿润-EJ<湿润-CEJ,但分异不显著。

下层(10～20cm,图 7-10c):①11 月所采样品退化群落和对照群落之间的分异显著,基本都为退化群落高于对照群落(除 EJ 和 CEJ 群落外),这与上层样品(0～5cm)正好相反。②6 月所采样品也表现为退化群落高于对照群落,PA 和 CPA、EJ 和 CEJ 差异极小。

上述表明,上层土壤样品,同一采样时间、湿润处理(利于本湿地区的土壤种子萌发)下,大多表现为退化群落低于相邻的对照群落;但在中层大多表现为退化群落和相邻的对照群落间无明显分异(11 月样品)、退化群落大多高于相邻的对照群落(6 月样品);至下层大多表现为退化群落显著高于相邻的对照群落。

7.3　群落土壤种子库物种多样性特征

7.3.1　种子库科、属、种组成

纳帕海湿地区 6 类退化群落及其对照群落土壤种子库植物共 60 种,隶属 20 科 47 属,其中,退化群落种子库物种 53 种,隶属 19 科 43 属;对照群落种子库物种 44 种,隶属 16 科 37 属(表 7-4)。在退化群落及其对照群落中,科、属、种数量相对较高的为 EJ、CEJ,相对较少的为 PB、CPB。各退化群落及其相邻的对照群落之间,土壤种子库科、属、种组成的数量没有明显分异。两次采样、两种萌发水分处理下,退化群落及其对照群落土壤种子库各科所含的物种数量如表 7-5 所示。无论是退化群落还是对照群落,同一时间采集的样品,湿润处理萌发的种子库各科所含的物种总数都高于涝渍处理萌发;但相同水分处理下,无论是退化群落还是对照群落,11 月和 6 月两次采样萌发的种子库,各科所含的物种总数差异相对小。11 月所采样品种子库的物种总数(51 种)高于 6 月所采样品(42 种)。

表 7-4　土壤种子库中物种组成的科、属、种统计

退化群落	科	属	种	对照群落	科	属	种
EJ	15	29	33	CEJ	14	23	26
PA	14	22	24	CSS	14	22	25
SS	13	19	21	CMJ	14	20	23
MJ	13	19	20	CPA	13	18	20
PH	12	20	21	CPH	12	20	20
PB	13	18	20	CPB	10	17	19
合计	19	43	53	合计	16	37	44

表 7-5　土壤种子库中植物科所含物种数变化

科名	学名	11月-湿润萌发		11月-涝渍萌发		11月总种数	6月-湿润萌发		6月-涝渍萌发		6月总种数	总种数
		退化	对照	退化	对照		退化	对照	退化	对照		
莎草科	Cyperaceae	5	5	4	4	9	8	6	6	4	8	10
毛茛科	Ranunculaceae	3	6	2	3	6	2	5	1	3	5	7
菊科	Compositae	2	4	3	2	5	4	3	3	1	4	5
玄参科	Scrophulariaceae	4	4	4	4	4	3	3	3	3	3	4
禾本科	Poaceae	3	2	3	1	4	3	2	1	1	3	5
蔷薇科	Rosaceae	4	2	0	1	4	0	1	1	1	1	4
十字花科	Cruciferae	2	2	2	1	3	2	2	1	1	2	3
灯心草科	Juncaceae	2	1	1	1	2	0	0	0	0	1	3
蝶形花科	Papilionaceae	1	0	0	0	1	3	3	3	1	3	3
水马齿科	Callitrichaceae	2	2	2	2	2	1	2	2	2	2	2
石竹科	Caryophyllaceae	1	1	1	1	1	1	1	1	1	1	2
唇形科	Labiatae	1	1	2	1	2	1	1	1	1	1	2
车前科	Plantaginaceae	1	1	1	1	1	1	1	1	1	1	1
龙胆科	Gentianaceae	1	1	1	1	1	1	1	0	1	1	1
眼子菜科	Potamogetonaceae	1	0	0	1	1	1	1	1	1	1	1
蓼科	Polygonaceae	2	0	0	0	2	2	0	1	0	2	3
报春花科	Primulaceae	1	0	0	0	1	0	0	0	0	0	1
藜科	Chenopodiaceae	1	0	0	0	0	1	0	0	0	0	1
柳叶菜科	Onagraceae	0	0	0	0	0	1	0	0	0	0	1
牻牛儿苗科	Geraniaceae	0	1	1	0	1	0	0	0	0	0	1
合计		37	33	27	24	51	36	34	25	21	42	60

两组(退化、对照)群落共有优势科为莎草科、毛茛科、菊科、玄参科、禾本科、蔷薇科,各科所含物种总数为:莎草科 10 种、毛茛科 7 种、菊科 5 种、禾本科 5 种、玄参科 4 种、蔷薇科 4 种,从优势科所含物种数量来看,11 月和 6 月所采样品对照群落和退化群落间的差异小,但湿润处理高于涝渍处理,仅出现在退化群落的科为报春花科、藜科、蓼科及柳叶菜科,仅出现在对照群落的为牻牛儿苗科。

总体来看,退化群落的科、属、种在数量上略高于对照群落,两个时间点采集的样品在优势科及其所含的物种数量上没有明显差异,但各科所含的物种数量湿润处理略高于涝渍处理。

7.3.2　种子库物种组成

表 7-6 列出了纳帕海湿地区 6 类退化群落及其对照群落(共 12 类)的土壤种子库物种组成、隶属科属、生活型等基本特征。本次试验研究中共鉴定记录了 60 种植物,其中一年生植物 24 种(占 40%),多年生植物 36 种(占 60%)。湿润条件萌发的有 59 种,仅夏枯草没有出现,可见湿润处理有利于纳帕海湿地区土壤(仅就本次采样群落样地而言)种子库中的绝大多数物种萌发;涝渍条件萌发的有 44 种,有萹蓄、长尖莎草等 16 种植物没有出现。

11 月采样种子库物种有 53 种,6 月采样种子库有 43 种。仅在 11 月出现的物种是柳叶鬼针草、尼泊尔蓼、蚊母草、早熟禾、白叶山莓草、多育星宿菜、莓叶委陵菜、尼泊尔老鹳草、蛇含委陵菜、疏齿银莲花、水葱、松叶苔草、西南野古草、夏枯草、纤细碎米荠、云生毛茛和展苞灯心草共 17 种;而仅在 6 月出现的物种有 7 种,分别是萹蓄、长尖莎草、石龙芮、毛果胡卢巴、纤毛卷耳、小花灯心草和沼生柳叶菜。

6 类退化群落土壤种子库萌发出现的 53 种植物中,一年生植物有 23 种(约占 43%),多年生植物 30 种(占 57%)。湿润萌发的有 52 种,涝渍萌发的有 42 种。11 月采样萌发的有 48 种,6 月采样萌发的有 40 种。仅在退化群落出现的物种是萹蓄、藜、尼泊尔蓼、千里光属一种、水蓼、丝叶球柱草、早熟禾、多育星宿菜、莓叶委陵菜、蛇含委陵菜、松叶苔草、西南野古草、夏枯草、展苞灯心草、沼生柳叶菜和知风草共 16 种。

6 类对照群落土壤种子库萌发出现的 44 种植物中,一年生植物为 17 种(约占 38.6%),多年生植物 27 种(约占 61.4%)。湿润萌发的有 43 种,涝渍萌发的有 35 种。11 月采样萌发的有 39 种,6 月采样萌发的有 36 种。仅在对照群落出现的物种有石龙芮、高原毛茛、尼泊尔老鹳草、水葱、疏齿银莲花、纤毛卷耳、云生毛茛共 7 种。

总的来看:本次试验记录了 60 种植物,其中多年生植物与一年生植物比例为 3:2,退化群落一年生植物数量略高于对照群落。11 月所采样品物种数略高于 6 月。湿润处理方式下萌发的物种数高于涝渍处理;相同萌发水分处理方式下,退化群落土壤种子库的物种总数高于对照群落。这与前述的土壤种子库数量分析结果大体一致。

表7-6 纳帕海湿地区12类植物群落土壤种子库物种类型

物种	科	属	LF	M	W	11月	6月	退化群落	对照群落
丝叶球柱草 Bulbostylis densa	Cyperaceae	Bulbostylis	A	+	+	+	+	EJ、PH	—
松叶苔草 Carex rara	Cyperaceae	Carex	P	+	+	+	-	EJ	—
苔草一种 Carex sp.	Cyperaceae	Carex	P	+	+	+	+	EJ、SS	CSS
云雾苔草 Carex nubigena	Cyperaceae	Carex	P	+	+	+	+	EJ、MJ、PA、PB、PH、SS	CEJ、CMJ、CPA、CPB、CPH、CSS
长尖莎草 Cyperus cuspidatus	Cyperaceae	Cyperus	A	+	-	-	+	EJ	CEJ
刘氏荸荠 Eleocharis liouana	Cyperaceae	Eleocharis	P	+	+	+	+	PB、PH、SS	CEJ、CMJ、CPB、CPH、CSS
细莞 Isolepis setacea	Cyperaceae	Isolepis	A	+	+	+	+	EJ、PA、PH	CEJ、CPH
四川嵩草 Kobresia setschwanensis	Cyperaceae	Kobresia	P	+	+	+	+	MJ、PA、SS	CPA
红鳞扁莎 Pycreus sanguinolentus	Cyperaceae	Pycreus	A	+	+	+	+	EJ、PB、PH、SS	CEJ、CMJ、CPB、CPH、CSS
水葱 Scirpus tabernaemontani	Cyperaceae	Scirpus	P	+	+	+	+	—	CPH
疏齿银莲花 Anemone obtusiloba	Ranunculaceae	Anemone	P	+	-	+	+	—	CSS
水毛茛 Batrachium bungei	Ranunculaceae	Batrachium	P	+	+	+	+	MJ、PA、PB、PH、SS	CMJ、CPB、CPH、CSS
三裂碱毛茛 Halerpestes tricuspis	Ranunculaceae	Halerpestes	P	+	+	+	+	PH	CEJ、CPA、CPB、CPH
石龙芮 Ranunculus sceleratus	Ranunculaceae	Ranunculus	A	+	-	-	+		CPA
高原毛茛 Ranunculus tanguticus	Ranunculaceae	Ranunculus	P	+	+	+	+		CEJ、CMJ
棱喙毛茛 Ranunculus trigonus	Ranunculaceae	Ranunculus	P	+	+	+	+	EJ、PA	CEJ、CMJ、CPA、CPB、CSS
云生毛茛 Ranunculus nephelogenes	Ranunculaceae	Ranunculus	P	+	+	+	+		CEJ
西南牡蒿 Artemisia parviflora	Compositae	Artemisia	P	+	+	-	-	EJ	CEJ
柳叶鬼针草 Bidens cernua	Compositae	Bidens	A	+	+	+	+	PH	CSS
鼠麴草 Gnaphalium affine	Compositae	Gnaphalium	A	+	+	+	+	EJ、MJ、PA、PB、SS	CEJ、CMJ、CPA、CPB、CPH、CSS

续表

物种	科	属	LF	M	W	11月	6月	退化群落	对照群落
细叶小苦荬 *Ixeridium gracile*	Compositae	*Ixeridium*	P	+	+	+	+	EJ, PB	CEJ, CPA, CPB
千里光属一种 *Senecio sp.*	Compositae	*Senecio*	A	+	+	+	+	MJ, PB, SS	—
水苦荬 *Limosella aquatica*	Scrophulariaceae	*Limosella*	A	+	+	+	+	EJ, MJ, PA, PB, PH, SS	CEJ, CMJ, CPA, CPB, CPH, CSS
通泉草 *Mazus pumilus*	Scrophulariaceae	*Mazus*	A	+	+	+	—	MJ, PA, PH	CEJ, CMJ, CPA, CPB, CPH, CSS
蚊母草 *Veronica peregrina*	Scrophulariaceae	*Veronica*	A	+	+	+	—	MJ, PA, PH	CMJ, CPB, CSS
北水苦荬 *Veronica anagallis-aquatica*	Scrophulariaceae	*Veronica*	P	+	+	+	+	EJ, PA, PH	CEJ, CMJ, CPA, CPB, CPH, CSS
看麦娘 *Alopecurus aequalis*	Poaceae	*Alopecurus*	A	+	+	+	+	MJ, PA, PB, PH, SS	CSS
西南野古草 *Arundinella hookeri*	Poaceae	*Arundinella*	P	+	—	+	—	EJ	—
知风草 *Eragrostis ferruginea*	Poaceae	*Eragrostis*	P	+	+	+	+	EJ	—
锡金早熟禾 *Poa sikkimensis*	Poaceae	*Poa*	A	+	+	+	+	EJ, MJ, PA, PH, SS	CEJ, CMJ, CPA, CPB, CPH, CSS
早熟禾 *Poa annua*	Poaceae	*Poa*	A	+	—	+	—	EJ	—
莓叶委陵菜 *Potentilla fragarioides*	Rosaceae	*Potentilla*	P	+	—	+	—	EJ	—
蛇含委陵菜 *Potentilla kleiniana*	Rosaceae	*Potentilla*	P	+	—	+	—	EJ	—
矮地榆 *Sanguisorba filiformis*	Rosaceae	*Sanguisorba*	P	+	+	+	+	PA, PB	CEJ, CMJ, CPA, CPB, CPH, CSS
白叶山莓草 *Sibbaldia micropetala*	Rosaceae	*Sibbaldia*	P	+	+	+	+	EJ	CMJ
荠 *Capsella bursa-pastoris*	Cruciferae	*Capsella*	A	+	+	+	+	MJ, PA, PB	CPH
纤细碎米荠 *Cardamine gracilis*	Cruciferae	*Cardamine*	P	+	+	+	+	PA	CPA
沼泽蔊菜 *Rorippa palustris*	Cruciferae	*Rorippa*	A	+	+	+	+	EJ, MJ, PA, PB, PH, SS	CEJ, CMJ, CPA, CPB, CPH, CSS
小花灯心草 *Juncus articulatus*	Juncaceae	*Juncus*	P	+	+	—	+	SS	CEJ
星花灯心草 *Juncus diastrophanthus*	Juncaceae	*Juncus*	P	+	+	+	—	MJ, PA, PH	CEJ, CMJ, CPH
展苞灯心草 *Juncus thomsonii*	Juncaceae	*Juncus*	P	+	+	+	—	EJ	—

续表

物种	科	属	LF	M	W	11月	6月	退化群落	对照群落
百脉根 Lotus corniculatus	Papilionaceae	Lotus	P	+	-	-	+	EJ	CPA
云南高山豆 Tibetia yunnanensis	Papilionaceae	Tibetia	P	+	+	+	+	EJ	EJ、CMJ
毛果胡卢巴 Trigonella pubescens	Papilionaceae	Trigonella	P	+	-	-	+	EJ	CSS
水马齿属一种 Callitriche sp.	Callitrichaceae	Callitriche	A	+	+	+	+	EJ、MJ、PA、PB、SS	CMJ、CPA、CPB、CSS
沼生水马齿 Callitriche palustris	Callitrichaceae	Callitriche	A	+	+	+	+	MJ、PA、PB、PH、SS	CMJ、CPA、CPB、CPH、CSS
纤毛卷耳 Cerastium rubescens	Caryophyllaceae	Cerastium	P	+	-	+	+	—	CPH
漆姑草 Sagina japonica	Caryophyllaceae	Sagina	A	+	+	+	+	MJ、PA、PB、SS	CEJ、CMJ、CPA、CSS
夏枯草 Prunella vulgaris	Labiatae	Prunella	P	-	+	+	-	EJ	—
荔枝草 Salvia plebeia	Labiatae	Salvia	A	+	+	+	+	MJ、PA、PH	CEJ、CMJ、CPA、CPH、CSS
车前 Plantago asiatica	Plantaginaceae	Plantago	P	+	+	+	+	EJ、MJ、PA、PB、PH、SS	CEJ、CMJ、CPA、CPB、CPH、CSS
龙胆一种 Gentiana sp.	Gentianaceae	Gentiana	P	+	+	+	+	EJ、PA	CEJ、CPA、CPB、CSS
浮叶眼子菜 Potamogeton natans	Potamogetonaceae	Potamogeton	P	+	+	+	+	MJ、PB、PH、SS	CMJ、CSS
萹蓄 Polygonum aviculare	Polygonaceae	Polygonum	A	+	-	-	+	PB	—
尼泊尔蓼 Polygonum nepalense	Polygonaceae	Polygonum	A	+	-	+	-	EJ	—
水蓼 Polygonum hydropiper	Polygonaceae	Polygonum	A	+	+	+	+	MJ、PA、PB、PH、SS	—
多育星宿菜 Lysimachia prolifera	Primulaceae	Lysimachia	P	+	-	+	-	EJ	—
藜 Chenopodium album	Chenopodiaceae	Chenopodium	A	+	+	+	+	MJ、PB、PH、SS	—
沼生柳叶菜 Epilobium palustre	Onagraceae	Epilobium	P	+	-	-	+	EJ	—
尼泊尔老鹳草 Geranium nepalense	Geraniaceae	Geranium	P	+	+	+	-	—	CEJ

注：LF. 生活型；M. 湿润处理；W. 涝渍处理；A. 一年生草本；P. 多年生草本；+. 有该种植物；—. 无该种植物

7.3.3 　种子库优势物种

土壤种子库优势种是指对种子库储量具有较大贡献的物种，群落样地地表植物类型(Thompson，1992；张玲和方精云，2004)、样地分布区环境(徐海量等，2008；张玲和方精云，2004)、所受干扰类型和程度(Ma et al.，2009；Zobel et al.，2007；Webb et al.，2006；王正文和祝廷成，2002；李吉玫等，2008)、种子库采样时间(Fenner and Thompson，2005；王相磊等，2003)、种子萌发处理方式(Boedeltje et al.，2002；王增如等，2008；徐海量等，2008)等不同，都会影响到土壤种子库萌发出的物种类型及其优势成分。表 7-7 列出了退化群落及其对照群落样品在湿润、涝渍两种萌发处理下土壤种子库的优势物种，即种子个体数量上占总种子库储量 5%以上的物种。

为进一步分析各退化群落及其对照群落优势物种的分异，基于表 7-7 中的每一群落类型(如 EJ)，归并其不同采样时间、不同萌发水分处理方式下同一物种的种子库储量，如 EJ-11-M——红鳞扁莎($400ind./m^2$)、EJ-6-M——红鳞扁莎($1040ind./m^2$)、EJ-6-W——红鳞扁莎($240ind./m^2$)，以其近似表征红鳞扁莎对 EJ 群落的总种子贡献量($1680ind./m^2$)，分析每一群落类型优势物种总种子库数量分异特征，如图 7-11 所示。

共记录 60 种植物中，一年生植物和多年生植物分别占 40%、60%；6 类退化群落土壤种子库共记录 53 种植物，一年生植物和多年生植物分别约占 43%、57%；6 类对照群落土壤种子库共记录 44 种植物，一年生植物和多年生植物分别约占 38.6%、61.4%。由此可见，本次采样萌发所记录的多年生植物类型占优势。但从各群落的优势物种来看，除狼毒退化群落(EJ)、灰叶蕨麻对照群落(CPA)中多年生植物的种子总量(11-M、11-W、6-M、6-W 合计)高于一年生植物的种子总量外，其他群落中一年生植物的种子总量占绝对优势(表 7-7，图 7-11)，可见在纳帕海湿地区 6 类退化群落及其对照群落样地中，一年生植物种子对土壤种子库(储量)的贡献明显偏高。

对照群落中，多年生植物中云雾苔草和车前对土壤种子库(储量)的贡献较大，其次有三裂碱毛茛、龙胆一种及刘氏荸荠等；一年生植物中，种子库数量占优的有通泉草、锡金早熟禾、沼泽薹菜、鼠麴草、沼生水马齿等。退化群落中，多年生植物中数量占优的主要有水毛茛、四川嵩草、车前等，其次有北水苦荬、云雾苔草、松叶苔草等；一年生植物中种子库数量占优的有沼泽薹菜、沼生水马齿、通泉草、水茫草及水马齿一种等，其次有漆姑草、锡金早熟禾、鼠麴草、红鳞扁莎等。

从优势物种生活型来看，一年生植物对湿地区土壤种子库(储量)的贡献整体上高于多年生植物。在退化群落和对照群落中，对土壤种子库(储量)贡献较大的优势一年生植物和优势多年生植物类型既有相似性又有明显的差异。

表 7-7 土壤种子库中数量占优势的物种

退化群落	优势种	LF	种子储量(ind./m²)	占总量比例(%)	对照群落	优势种	LF	种子储量(ind./m²)	占总量比例(%)
EJ-11-M	北水苦荬(Veronica anagallis-aquatica)	P	1 120	20.6	CEJ-11-M	通泉草(Mazus pumilus)	A	6 560	42.7
	丝叶球柱草(Bulbostylis densa)	A	640	11.8		鼠麴草(Gnaphalium affine)	A	2 160	14.1
	车前(Plantago asiatica)	P	480	8.8		车前(Plantago asiatica)	P	1 440	9.4
	松叶苔草(Carex rara)	P	480	8.8		龙胆一种(Gentiana sp.)	P	1 360	8.9
	红鳞扁莎(Pycreus sanguinolentus)	A	400	7.4		云雾苔草(Carex nubigena)	P	1 120	7.3
EJ-11-W	北水苦荬(Veronica anagallis-aquatica)	P	240	27.3	CEJ-11-W	通泉草(Mazus pumilus)	A	1 360	29.3
	沼泽蔊菜(Rorippa palustris)	A	160	18.2		车前(Plantago asiatica)	P	1 120	24.1
	松叶苔草(Carex rara)	P	80	9.1		云雾苔草(Carex nubigena)	P	560	12.1
	西南野古草(Arundinella hookeri)	P	80	9.1		鼠麴草(Gnaphalium affine)	A	400	8.6
	水苋草(Limosella aquatica)	A	80	9.1					
	夏枯草(Prunella vulgaris)	P	80	9.1					
EJ-6-M	红鳞扁莎(Pycreus sanguinolentus)	A	1 040	28.3	CEJ-6-M	云雾苔草(Carex nubigena)	P	3 520	34.6
	云雾苔草(Carex nubigena)	P	480	13.0		红鳞扁莎(Pycreus sanguinolentus)	A	2 640	26.0
	车前(Plantago asiatica)	P	320	8.7		长尖莎草(Cyperus cuspidatus)	A	1 520	15.0
	细莞(Isolepis setacea)	A	320	8.7		通泉草(Mazus pumilus)	A	1 360	13.4
EJ-6-W	红鳞扁莎(Pycreus sanguinolentus)	A	240	27.3	CEJ-6-W	红鳞扁莎(Pycreus sanguinolentus)	A	960	30.1
	细叶小苦荬(Ixeridium gracile)	P	160	18.2		云雾苔草(Carex nubigena)	P	480	15.4
	细莞(Isolepis setacea)	A	160	18.2		通泉草(Mazus pumilus)	A	480	15.4
	云雾苔草(Carex nubigena)	P	80	9.1		刘氏荸荠(Heleocharis liouana)	P	320	10.3
	沼泽蔊菜(Rorippa palustris)	A	80	9.1		水苋草(Limosella aquatica)	A	240	7.7
	通泉草(Mazus pumilus)	A	80	9.1					
	水苋草(Limosella aquatica)	A	80	9.1					

续表

退化群落	优势种	LF	种子储量(ind./m²)	占总量比例(%)	对照群落	优势种	LF	种子储量(ind./m²)	占总量比例(%)
MJ-11-M	沼生水马齿 (Callitriche palustris)	A	14 240	40.0	CMJ-11-M	锡金早熟禾 (Poa sikkimensis)	A	11 280	23.4
	水毛茛 (Batrachium bungei)	P	5 360	15.1		通泉草 (Mazus pumilus)	A	10 080	20.9
	沼泽荸荠 (Rorippa palustris)	A	3 200	9.0		沼生水马齿 (Callitriche palustris)	A	8 480	17.6
	水茫草 (Limosella aquatica)	A	2 560	7.2		沼泽荸荠 (Rorippa palustris)	A	4 320	9.0
	漆姑草 (Sagina japonica)	A	2 320	6.5		漆姑草 (Sagina japonica)	A	3 600	7.5
	通泉草 (Mazus pumilus)	A	1 920	5.4		鼠麴草 (Gnaphalium affine)	A	2 720	5.6
MJ-11-W	沼生水马齿 (Callitriche palustris)	A	11 680	50.2	CMJ-11-W	沼生水马齿 (Callitriche palustris)	A	4 320	31.2
	水马齿一种 (Callitriche sp.)	A	3 600	15.5		锡金早熟禾 (Poa sikkimensis)	A	2 800	20.2
	水茫草 (Limosella aquatica)	A	2 240	9.6		通泉草 (Mazus pumilus)	A	1 440	10.4
	水毛茛 (Batrachium bungei)	P	1 440	6.2		漆姑草 (Sagina japonica)	A	1 200	8.7
	通泉草 (Mazus pumilus)	A	1 200	5.0					
MJ-6-M	沼泽荸荠 (Rorippa palustris)	A	7 200	40.5	CMJ-6-M	锡金早熟禾 (Poa sikkimensis)	A	2 880	25.2
	四川嵩草 (Kobresia setschwanensis)	P	6 560	36.9		沼泽荸荠 (Rorippa palustris)	A	2 320	20.3
	通泉草 (Mazus pumilus)	A	1 840	10.4		云雾苔草 (Carex nubigena)	P	2 240	19.6
						通泉草 (Mazus pumilus)	A	1 360	11.9
MJ-6-W	沼泽荸荠 (Rorippa palustris)	A	6 640	21.8	CMJ-6-W	通泉草 (Mazus pumilus)	A	1 440	18.4
	四川嵩草 (Kobresia setschwanensis)	P	5 680	18.7		沼泽荸荠 (Rorippa palustris)	A	1 360	17.3
	沼生水马齿 (Callitriche palustris)	A	5 040	16.6		水马齿一种 (Callitriche sp.)	A	1 360	17.3
	通泉草 (Mazus pumilus)	A	4 480	14.7		沼生水马齿 (Callitriche palustris)	A	960	12.2
	水马齿一种 (Callitriche sp.)	A	3 600	11.8		锡金早熟禾 (Poa sikkimensis)	A	640	8.2
PA-11-M	沼泽荸荠 (Rorippa palustris)	A	3 280	22.5	CPA-11-M	车前 (Plantago asiatica)	P	1 840	25.6
	鼠麴草 (Gnaphalium affine)	A	2 160	14.8		鼠麴草 (Gnaphalium affine)	A	1 680	23.3
	车前 (Plantago asiatica)	P	1 920	13.2		通泉草 (Mazus pumilus)	A	1 120	15.6
	漆姑草 (Sagina japonica)	A	1 920	13.2		龙胆一种 (Gentiana sp.)	P	640	8.9

续表

退化群落	优势种	LF	种子储量 (ind./m²)	占总量比例 (%)	对照群落	优势种	LF	种子储量 (ind./m²)	占总量比例 (%)
PA-11-W	沼泽荸荠 (Rorippa palustris)	A	1 680	20.1	CPA-11-W	车前 (Plantago asiatica)	P	1 120	51.9
	沼生水马齿 (Callitriche palustris)	A	1 200	14.9		鼠麴草 (Gnaphalium affine)	A	240	11.1
	通泉草 (Mazus pumilus)	A	1 200	14.9		沼生水马齿 (Callitriche palustris)	A	160	7.4
	水苋草 (Limosella aquatica)	A	800	9.9		通泉草 (Mazus pumilus)	A	160	7.4
	漆姑草 (Sagina japonica)	A	800	9.9		水马齿一种 (Callitriche sp.)	A	160	7.4
PA-6-M	车前 (Plantago asiatica)	P	640	34.8	CPA-6-M	云雾苔草 (Carex nubigena)	P	1 120	45.2
	四川嵩草 (Kobresia setschwanensis)	P	320	17.4		通泉草 (Mazus pumilus)	A	720	29.0
	沼泽荸荠 (Rorippa palustris)	A	320	17.4		鼠麴草 (Gnaphalium affine)	A	320	12.9
	鼠麴草 (Gnaphalium affine)	A	240	13.0		车前 (Plantago asiatica)	P	160	6.5
PA-6-W	漆姑草 (Sagina japonica)	A	480	46.1	CPA-6-W	车前 (Plantago asiatica)	P	320	33.3
	车前 (Plantago asiatica)	P	240	23.1		锡金早熟禾 (Poa sikkimensis)	A	320	33.3
	矮地榆 (Sanguisorba filiformis)	P	80	7.7		通泉草 (Mazus pumilus)	A	160	16.7
	荔枝草 (Salvia plebeia)	A	80	7.7					
	鼠麴草 (Gnaphalium affine)	A	80	7.7					
	云雾苔草 (Carex nubigena)	P	80	7.7					
PB-11-M	水毛茛 (Batrachium bungei)	P	5 200	36.9	CPB-11-M	通泉草 (Mazus pumilus)	A	3 920	29.9
	沼泽荸荠 (Rorippa palustris)	A	2 800	19.9		车前 (Plantago asiatica)	P	2 960	22.6
	沼生水马齿 (Callitriche palustris)	A	2 320	16.5		鼠麴草 (Gnaphalium affine)	A	2 640	20.1
	水苋草 (Limosella aquatica)	A	1 520	10.8					
PB-11-W	水马齿一种 (Callitriche sp.)	A	3 120	29.5	CPB-11-W	车前 (Plantago asiatica)	P	1 200	45.5
	水毛茛 (Batrachium bungei)	P	2 320	22.0		沼生水马齿 (Callitriche palustris)	A	480	18.2
	水苋草 (Limosella aquatica)	A	1 840	17.4		沼泽荸荠 (Rorippa palustris)	A	320	12.1
	沼生水马齿 (Callitriche palustris)	A	1 600	15.1		鼠麴草 (Gnaphalium affine)	A	160	6.0

续表

退化群落	优势种	LF	种子储量(ind./m²)	占总量比例(%)	对照群落	优势种	LF	种子储量(ind./m²)	占总量比例(%)
PB-6-M	沼泽荸荠 (Rorippa palustris)	A	7 520	71.2	CPB-6-M	云雾苔草 (Carex nubigena)	P	1 840	18.0
	沼生水马齿 (Callitriche palustris)	A	880	8.3		沼泽荸荠 (Rorippa palustris)	A	1 760	17.2
	藜 (Chenopodium album)	A	640	6.1		水马齿一种 (Callitriche sp.)	A	1 360	13.3
PB-6-W	水茫草 (Limosella aquatica)	A	6 000	32.6	CPB-6-W	锡金早熟禾 (Poa sikkimensis)	A	1 280	12.5
	沼泽荸荠 (Rorippa palustris)	A	5 840	31.7		刘氏荸荠 (Heleocharis liouana)	P	1 280	28.6
	沼生水马齿 (Callitriche palustris)	A	2 640	14.3		沼泽荸荠 (Rorippa palustris)	A	880	19.6
	水马齿一种 (Callitriche sp.)	A	2 400	13.0		沼生水马齿 (Callitriche palustris)	A	640	14.3
						水马齿一种 (Callitriche sp.)	A	480	10.7
PH-11-M	水毛茛 (Batrachium bungei)	P	3 360	45.7	CPH-11-M	沼泽荸荠 (Rorippa palustris)	A	9 440	65.2
	沼泽荸荠 (Rorippa palustris)	A	1 360	18.5		三裂碱毛茛 (Halerpestes tricuspis)	P	2 080	14.5
	北水苦荬 (Veronica anagallis-aquatica)	P	480	6.5		锡金早熟禾 (Poa sikkimensis)	A	1 360	9.4
PH-11-W	沼泽荸荠 (Rorippa palustris)	A	1 040	31.7	CPH-11-W	沼泽荸荠 (Rorippa palustris)	A	4 080	77.3
	水毛茛 (Batrachium bungei)	P	960	29.3		锡金早熟禾 (Poa sikkimensis)	A	480	9.1
	北水苦荬 (Veronica anagallis-aquatica)	P	640	19.5					
PH-6-M	沼泽荸荠 (Rorippa palustris)	A	6 480	59.6	CPH-6-M	沼泽荸荠 (Rorippa palustris)	A	960	35.3
	水蓼 (Polygonum hydropiper)	A	1 520	14.0		云雾苔草 (Carex nubigena)	P	800	29.4
	水毛茛 (Batrachium bungei)	P	1 200	11.4		锡金早熟禾 (Poa sikkimensis)	A	560	20.6
PH-6-W	沼泽荸荠 (Rorippa palustris)	A	2 800	50.0	CPH-6-W	沼泽荸荠 (Rorippa palustris)	A	1 120	46.7
	刘氏荸荠 (Heleocharis liouana)	P	1 600	28.6		通泉草 (Mazus pumilus)	A	640	26.7
						云雾苔草 (Carex nubigena)	P	240	10.0

续表

退化群落	优势种	LF	种子储量 (ind./m²)	占总量比例 (%)	对照群落	优势种	LF	种子储量 (ind./m²)	占总量比例 (%)
SS-11-M	水毛茛 (Batrachium bungei)	P	2 880	25.9	CSS-11-M	锡金早熟禾 (Poa sikkimensis)	A	6 960	33.2
	沼生水马齿 (Callitriche palustris)	A	1 760	15.8		鼠麴草 (Gnaphalium affine)	A	4 080	19.5
	沼泽蒌菜 (Rorippa palustris)	A	1 600	14.4		车前 (Plantago asiatica)	P	3600	17.2
	云雾苔草 (Carex nubigena)	P	1 200	10.8					
	锡金早熟禾 (Poa sikkimensis)	A	1 120	10.1					
	水茫草 (Limosella aquatica)	A	1 120	10.1					
SS-11-W	水茫草 (Limosella aquatica)	A	2 800	28.7	CSS-11-W	锡金早熟禾 (Poa sikkimensis)	A	2 480	28.4
	沼生水马齿 (Callitriche palustris)	A	2 080	21.3		车前 (Plantago asiatica)	P	1 520	17.4
	水毛茛 (Batrachium bungei)	P	1 200	12.3		鼠麴草 (Gnaphalium affine)	A	1 200	13.8
	四川嵩草 (Kobresia setschwanensis)	P	1 040	10.7		沼生水马齿 (Callitriche palustris)	A	960	11.0
SS-6-M	沼泽蒌菜 (Rorippa palustris)	A	3 680	34.1	CSS-6-M	云雾苔草 (Carex nubigena)	P	5 760	40.2
	通泉草 (Mazus pumilus)	A	2 160	20.0		锡金早熟禾 (Poa sikkimensis)	A	2 880	20.1
	锡金早熟禾 (Poa sikkimensis)	A	1 280	11.9		鼠麴草 (Gnaphalium affine)	A	1 280	8.9
	四川嵩草 (Kobresia setschwanensis)	P	1 360	12.6					
SS-6-W	通泉草 (Mazus pumilus)	A	8 560	35.9	CSS-6-W	水马齿一种 (Callitriche sp.)	A	560	17.0
	水茫草 (Limosella aquatica)	A	2 720	11.4		云雾苔草 (Carex nubigena)	P	480	14.6
	沼生水马齿 (Callitriche palustris)	A	2 560	10.7		车前 (Plantago asiatica)	P	480	14.6
	沼泽蒌菜 (Rorippa palustris)	A	2 480	10.4		沼泽蒌菜 (Rorippa palustris)	A	480	14.6
	浮叶眼子菜 (Potamogeton natans)	P	2 240	9.4					

注：各物种类型的种子储量为 3 层合计，只列出种子储量比例高于 5%的物种类型；EJ-11-M、EJ-11-W. 分别为 EJ 群落 11 月采样湿润萌发、资渍萌发种子库；EJ-6-M、EJ-6-W. 分别为 EJ 群落 6 月采样湿润萌发、资渍萌发种子库；其他依此类推。LF. 生活型；A. 一年生草本；P. 多年生草本

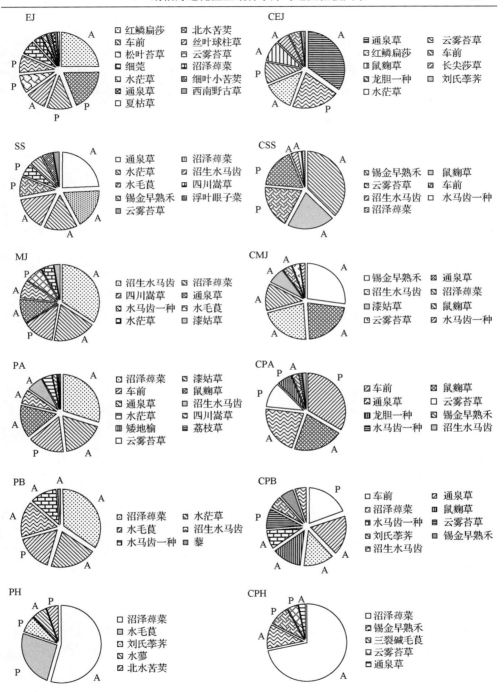

EJ
红鳞扁莎　北水苦荬
车前　丝叶球柱草
松叶苔草　云雾苔草
细莞　沼泽薹菜
水茫草　细叶小苦荬
通泉草　西南野古草
夏枯草

CEJ
通泉草　云雾苔草
红鳞扁莎　车前
鼠麹草　长尖莎草
龙胆一种　刘氏荸荠
水茫草

SS
通泉草　沼泽薹菜
水茫草　沼生水马齿
水毛茛　四川嵩草
锡金早熟禾　浮叶眼子菜
云雾苔草

CSS
锡金早熟禾　鼠麹草
云雾苔草　车前
沼生水马齿　水马齿一种
沼泽薹菜

MJ
沼生水马齿　沼泽薹菜
四川嵩草　通泉草
水马齿一种　水毛茛
水茫草　漆姑草

CMJ
锡金早熟禾　通泉草
沼生水马齿　沼泽薹菜
漆姑草　鼠麹草
云雾苔草　水马齿一种

PA
沼泽薹菜　漆姑草
车前　鼠麹草
通泉草　沼生水马齿
水茫草　四川嵩草
矮地榆　荔枝草
云雾苔草

CPA
车前　鼠麹草
通泉草　云雾苔草
龙胆一种　锡金早熟禾
水马齿一种　沼生水马齿

PB
沼泽薹菜　水茫草
水毛茛　沼生水马齿
水马齿一种　藜

CPB
车前　通泉草
沼泽薹菜　鼠麹草
水马齿一种　云雾苔草
刘氏荸荠　锡金早熟禾
沼生水马齿

PH
沼泽薹菜
水毛茛
刘氏荸荠
水蓼
北水苦荬

CPH
沼泽薹菜
锡金早熟禾
三裂碱毛茛
云雾苔草
通泉草

图 7-11　各群落优势物种总种子库数量分异

A. 一年生植物；P. 多年生植物；标注种子库数量前 6 位的物种，图中各物种总种子库储量单位为 ind./m²

7.3.4　种子库 α 物种多样性

　　纳帕海湿地区 6 类退化群落及其对照群落土壤种子库的平均物种丰富度（richness）、Pielou 均匀度指数、Simpson 优势度指数和 Shannon-Wiener 多样性指数变化如图 7-12 所示。对各指数进行方差分析及 Tukey 检验，发现各群落间的物种丰富度差异不显著（$P>0.05$），其余三个指数在部分群落两两间的差异极显著（$P<0.01$）。

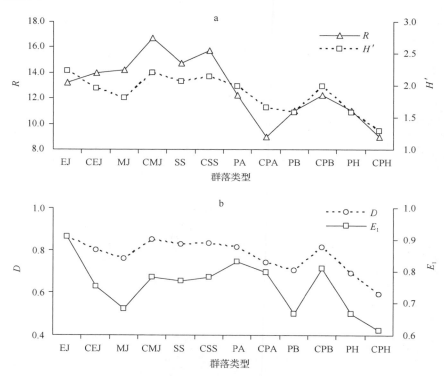

图 7-12　土壤种子库物种多样性指数

R. 丰富度指数；H'. Shannon-Wiener 多样性指数；D. Simpson 优势度指数；E_1. Pielou 均匀度指数

7.3.4.1　物种丰富度指数（R）

　　丰富度指数反映群落物种数量上的特征（马克平，1994）。图 7-12 表明，12 类群落土壤种子库中，对照群落 CPA、CPH 的平均物种丰富度较低，分别为 9（±2.48）、9（±1.73），平均物种丰富度较高的为 CMJ、CSS，分别为 16.75（±0.75）、15.75（±1.11），均为对照群落。退化群落土壤种子库的物种丰富度变化范围为 11（±1.22）～14.75（±1.18）。但各退化群落间或对照群落间差异不显著，退化群落略高（低）于对照群落的现象都有出现。

7.3.4.2　Shannon-Wiener 多样性指数(H')

该指数综合反映群落物种丰富度和均匀度两方面信息,物种数越多且越均匀,则 H' 越高,H' 值一般变化于 1.5～3.5(Magurran,1988)。图 7-12a 表明,Shannon-Wiener 多样性指数(H')变化于 1.290(±0.14)～2.234(±0.19),可见纳帕海湿地区土壤种子库的物种多样性并不高。H' 值在退化群落及其邻近对照群落之间无显著差异,退化群落略高(低)于对照群落的现象都有出现。狼毒退化群落(EJ)土壤种子库物种多样性显著($P<0.05$)高于莎退化群落(PB)、水蓼退化群落(PH)及其对照群落(CPH)。

7.3.4.3　Simpson 优势度指数(D)

图 7-12b 表明,12 类群落土壤种子库物种优势度指数变化于 0.59(±0.08)～0.86(±0.02);优势度指数在退化群落及其邻近的对照群落之间无显著差异,但水蓼对照群落(CPH)土壤种子库的物种优势度指数显著($P<0.05$)低于狼毒退化群落(EJ)。因此,除了 EJ-CPH 群落之间有明显分异外,其他两两群落之间土壤种子库的物种优势度没有明显分异。

7.3.4.4　Pielou 均匀度指数(E_1)

图 7-12b 表明,12 类群落土壤种子库物种的均匀度指数变化于 0.62(±0.09)～0.91(±0.02);6 类退化群落与其邻近的对照群落两两之间的差异不显著,但 EJ 群落(最高)极显著($P<0.01$)高于 CPH 群落(最低),EJ 群落也显著($P<0.05$)高于 PB 和 PH 群落,其他两两之间无显著差异。

由此可见,退化群落与邻近的对照群落之间土壤种子库物种组成的 α 多样性均无显著差异。12 类群落土壤种子库的物种丰富度(R)均无显著差异;其他三个多样性指数(H'、E_1、D)都为 EJ 群落最高,即 EJ 群落土壤种子库的物种多样性最大且最均匀;而 CPH 群落三个多样性指数都最低,即 CPH 群落土壤种子库的物种多样性最小且集中度高(优势物种所占比例相对较高)。

7.3.5　种子库物种组成 β 多样性

β 多样性可用于分析不同生境间的梯度变化,也可以定义为群落间的多样性,它可以较直观地反映不同群落间物种组成的差异。不同群落或某环境梯度上不同点之间的共有种越少,β 多样性越大(Magurran,1988)。本研究用 Jaccard 相似性系数测度不同退化群落及其对照群落土壤种子库的物种组成多样性。

本次研究所采集纳帕海湿地区的群落共有 12 类,主要针对 6 类典型退化群落及其邻近对照群落。不同的退化群落及其对照群落样地(如 EJ-CEJ、MJ-EMJ 之间)在空间上并不相邻(图 7-2)。先将 12 类群落划分成对照组、退化组两类,分别进行土壤种子库相似性分析(表 7-8)。对照群落两两间土壤种子库的物种组成相似性系数变化于 0.37~0.66,除 CPA-CPH 相似性在 0.37 外,其他两两之间都高于 0.40;退化群落两两间土壤种子库的物种组成相似性变化于 0.18~0.69,MJ-PA、PB-SS、MJ-PB、PH-SS 物种组成相似性高于 0.5,其他都低于 0.45,特别是 EJ 群落和其他各退化群落间土壤种子库的物种组成相似性全部低于 0.28。整体上,对照群落两两间土壤种子库的物种组成相似性(均值 0.5040)要高于退化群落(均值 0.4093)。

表 7-8　对照群落间、退化群落间的土壤种子库物种组成相似性系数

对照群落	CEJ	CMJ	CPA	CPB	CPH	退化群落	EJ	MJ	PA	PB	PH
CMJ	0.52					MJ	0.18				
CPA	0.42	0.43				PA	0.27	0.69			
CPB	0.52	0.59	0.54			PB	0.18	0.54	0.42		
CPH	0.50	0.52	0.37	0.58		PH	0.22	0.43	0.42	0.39	
CSS	0.41	0.66	0.45	0.61	0.44	SS	0.22	0.62	0.44	0.62	0.5
均值			0.5040			均值			0.4093		

纳帕海湿地区 6 组退化群落和对照群落之间的土壤种子库物种组成相似性如表 7-9 所示。退化群落及其邻近对照群落两两之间(表 7-9 阴影部分),土壤种子库物种相似性最高的是 PA-CPA(0.57),相似性系数最低的是 EJ-CEJ(0.36)。可以看出,与 EJ-CEJ 比较,5 类家畜翻拱干扰的退化群落与其邻近对照群落种子库物种组成更相似,曾经翻垦并长期疏干的 EJ 群落与从未翻垦疏干的对照群落物种组成相似性较小,说明干扰对种子库物种组成有影响,EJ 受到翻垦和疏干两种干扰,其和对照群落间的种子库相似性更低。整体来看,各退化群落与其邻近的对照群落(表 7-9 阴影部分)相似性最高,如 EJ-CEJ 相似性要高于 EJ 和其他对照群落(CMJ、CPA、CPB、CPH、CSS)。但在 PA-CSS 相似性要略高于 PA-CPA、PB-CSS 相似性要略高于 PB-CPB。

表 7-9　退化群落和对照群落间的土壤种子库物种组成相似性系数

退化群落 ＼ 对照群落	CEJ	CMJ	CPA	CPB	CPH	CSS
EJ	0.36	0.30	0.29	0.33	0.23	0.32
MJ	0.27	0.54	0.43	0.38	0.41	0.50
PA	0.41	0.57	0.57	0.52	0.50	0.58
PB	0.27	0.43	0.33	0.43	0.37	0.45
PH	0.35	0.44	0.23	0.48	0.52	0.45
SS	0.32	0.45	0.35	0.45	0.38	0.52

7.4 群落地面植被基本特征

7.4.1 地面植被科、属、种组成

湿地区 12 类群落的地面植被共有植物 77 种，隶属 25 科 54 属，其中退化群落地面植被有物种 71 种，隶属 25 科 51 属；对照群落地面植被有物种 39 种，隶属 12 科 28 属。各退化群落及其对照群落地面植被物种组成的科、属、种数量见表 7-10，在退化群落中，科、属、种数量相对较高的为狼毒群落(EJ)、相对较少的为莎退化群落(PB)；在对照群落中，数量相对较高的为狼毒对照群落(CEJ)、相对较少的为灰叶蕨麻对照群落(CPA)。总体来看，两组(退化和对照)群落中，地面植被科、属、种数量高的为狼毒退化群落、数量低的为莎退化群落及灰叶蕨麻对照群落。

表 7-10 地面植被物种组成的科、属、种数量统计

退化群落	科	属	种	对照群落	科	属	种
EJ	17	28	42	CEJ	10	18	23
PA	13	18	21	CMJ	8	14	21
PH	10	13	16	CSS	8	14	19
MJ	9	13	15	CPB	9	12	17
SS	8	9	9	CPH	8	10	10
PB	6	8	9	CPA	7	7	9
合计	25	51	71	合计	12	28	39

7.4.2 地面植被物种组成

退化群落及对照群落地面植被各科所含的物种数如表 7-11 所示。两组(退化、对照)群落地面植被共有优势科为毛茛科、菊科、莎草科、蔷薇科、玄参科、蓼科和禾本科，各科所含物种数分别为：毛茛科 11 种、菊科 9 种、莎草科 8 种、蔷薇科 6 种、玄参科 6 种、蓼科 6 种及禾本科 5 种。地面植被中仅出现在退化群落的科多达 13 个，分别是报春花科、柳叶菜科、藜科、唇形科、石竹科、眼子菜科、大戟科、浮萍科、黑三棱科、兰科、瑞香科、萝摩科和水马齿科。

表 7-11 还表明，12 类群落的 77 种地面植物中，一年生植物 23 种(约占 30%)、多年生植物 54 种(约占 70%)。6 类退化群落地面植被共有 71 种植物，其中一年生植物有 21 种(约占 30%)、多年生植物 50 种(约占 70%)。6 类对照群落地面植被共有 39 种植物，其中一年生植物为 11 种(约占 28%)，多年生植物 28 种(约占 72%)。

表 7-11　地面植被中植物科所含物种数变化

科名	学名	退化群落	对照群落	总物种数	种子库总物种数
毛茛科	Ranunculaceae	9	7	11	7
菊科	Compositae	9	4	9	5
莎草科	Cyperaceae	8	4	8	10
蔷薇科	Rosaceae	6	5	6	4
玄参科	Scrophulariaceae	6	3	6	4
蓼科	Polygonaceae	5	3	6	3
禾本科	Poaceae	4	4	5	5
蝶形花科	Papilionaceae	2	3	3	3
十字花科	Cruciferae	2	2	3	3
龙胆科	Gentianaceae	2	2	2	1
唇形科	Labiatae	2	0	2	2
石竹科	Caryophyllaceae	2	0	2	2
眼子菜科	Potamogetonaceae	2	0	2	1
车前科	Plantaginaceae	1	1	1	1
灯心草科	Juncaceae	1	1	1	3
报春花科	Primulaceae	1	0	1	1
藜科	Chenopodiaceae	1	0	1	1
柳叶菜科	Onagraceae	1	0	1	1
水马齿科	Callitrichaceae	1	0	1	2
大戟科	Euphorbiaceae	1	0	1	0
浮萍科	Lemnaceae	1	0	1	0
黑三棱科	Sparganiaceae	1	0	1	0
兰科	Orchidaceae	1	0	1	0
萝藦科	Asclepiadaceae	1	0	1	0
瑞香科	Thymelaeaceae	1	0	1	0
合计		71	39	77	60

　　另外，仅在退化群落地面植物中出现的物种达 35 种（隶属 13 科）。这些物种主要可分为两类：一类是适应于退化地湿生环境的玄参科、眼子菜科、石竹科等科的物种，另一类是适应于弃耕地中湿生环境的毛茛科、莎草科、禾本科等科的物种。从表 7-12 看出，仅在对照群落出现的物种有酸模叶蓼、毛果高原毛茛、纤细碎米荠、藺草、冻地银莲花和白花三叶草 6 种（隶属 5 科）。

表 7-12 纳帕海湿地退化区不同植物群落地面植被物种组成

物种	学名	科	属	LF	退化群落	对照群落
冻地银莲花	Anemone rupestris subsp. gelida	Ranunculaceae	Anemone	P		CEJ
高原毛茛	Ranunculus tanguticus	Ranunculaceae	Ranunculus	P	EJ、PA	CEJ、CMJ、CPA、CPB、CSS
棱喙毛茛	Ranunculus trigonus	Ranunculaceae	Ranunculus	P	EJ、SS	CEJ、CMJ、CPB、CSS
毛果高原毛茛	Ranunculus tanguticus var. dasycarpus	Ranunculaceae	Ranunculus	P		CPA、CPB
三裂碱毛茛	Halerpestes tricuspis	Ranunculaceae	Halerpestes	P	PA、PH	CMJ
湿地银莲花	Anemone rupestris	Ranunculaceae	Anemone	P	EJ	—
疏齿银莲花	Anemone obtusiloba ssp. ovalifolia	Ranunculaceae	Anemone	P	EJ	CSS
水毛茛	Batrachium bungei	Ranunculaceae	Batrachium	P	MJ、PA、PB、PH	—
云生毛茛	Ranunculus nephelogenes	Ranunculaceae	Ranunculus	P	EJ	CEJ、CMJ、CPA、CPB、CSS
展毛银莲花	Anemone demissa	Ranunculaceae	Anemone	P	EJ	—
直梗高山唐松草	Thalictrum alpinum var. elatum	Ranunculaceae	Thalictrum	P	EJ	—
匙叶千里光	Senecio spathiphyllus	Compositae	Senecio	P	EJ	—
短亭飞蓬	Erigeron breviscapus	Compositae	Erigeron	P	EJ	—
美头火绒草	Leontopodium calocephalum	Compositae	Leontopodium	P	EJ	—
千里光一种	Senecio sp.	Compositae	Senecio	A	MJ、PA、PB、SS	—
鼠麴草	Gnaphalium affine	Compositae	Gnaphalium	A	MJ、PA	CMJ、CSS
西南牡蒿	Artemisia parviflora	Compositae	Artemisia	P	EJ	CEJ
细叶小苦荬	Ixeridium gracile	Compositae	Ixeridium	P	EJ	CEJ、CPB、CSS
直茎蒿	Artemisia edgeworthii	Compositae	Artemisia	A	EJ	—

续表

物种	学名	科	属	LF	退化群落	对照群落
藏蒲公英	Taraxacum tibetanum	Compositae	Taraxacum	P	EJ	CEJ、CMJ、CPB、CSS
华扁穗草	Blysmus sinocompressus	Cyperaceae	Blysmus	P	EJ	CEJ、CMJ、CPB、CPH、CSS
刘氏荸荠	Eleocharis liouana	Cyperaceae	Eleocharis	P	MJ、PH	CEJ、CMJ、CSS
木里苔草	Carex muliensis	Cyperaceae	Carex	P	PA	CEJ、CMJ、CPA、CPB、CPH、CSS
四川嵩草	Kobresia setschwanensis	Cyperaceae	Kobresia	P	PA	—
松叶苔草	Carex rara	Cyperaceae	Carex	P	EJ、PA	—
苔草一种	Carex sp.	Cyperaceae	Carex	P	EJ	—
细莞	Isolepis setacea	Cyperaceae	Isolepis	A	PH	—
云雾苔草	Carex nubigena	Cyperaceae	Carex	P	EJ	CMJ、CPB、CSS
白叶山莓草	Sibbaldia micropetala	Rosaceae	Sibbaldia	P	EJ	CEJ、CMJ、CSS
灰叶蕨麻	Potentilla anserina var. sericea	Rosaceae	Potentilla	P	EJ、PA	CEJ、CMJ、CPA、CPB、CPH、CSS
莓叶委陵菜	Potentilla fragarioides	Rosaceae	Potentilla	P	EJ	—
蛇含委陵菜	Potentilla kleiniana	Rosaceae	Potentilla	P	EJ	CEJ、CMJ、CSS
条裂委陵菜	Potentilla lancinata	Rosaceae	Potentilla	P	EJ	CPB
西南委陵菜	Potentilla fulgens	Rosaceae	Potentilla	P	EJ	CEJ、CMJ
北水苦荬	Veronica anagallis-aquatica	Scrophulariaceae	Veronica	P	PH	—
密穗马先蒿	Pedicularis densispica	Scrophulariaceae	Pedicularis	A	EJ	CEJ
肉果草	Lancea tibetica	Scrophulariaceae	Lancea	P	EJ	CEJ、CPB
水茫草	Limosella aquatica	Scrophulariaceae	Limosella	A	PA	—
通泉草	Mazus pumilus	Scrophulariaceae	Mazus	A	MJ、SS	CMJ、CSS

续表

物种	学名	科	属	LF	退化群落	对照群落
小婆婆纳	*Veronica serpyllifolia*	Scrophulariaceae	*Veronica*	P	MJ	—
扁蓄	*Polygonum aviculare*	Polygonaceae	*Polygonum*	A	MJ、PB、SS	—
两栖蓼	*Polygonum amphibium*	Polygonaceae	*Polygonum*	P	PH	—
棉毛酸模叶蓼	*Polygonum lapathifolium* var. *salicifolium*	Polygonaceae	*Polygonum*	A	MJ、PA、PB、PH	CPH
水蓼	*Polygonum hydropiper*	Polygonaceae	*Polygonum*	A	PA、PH	—
酸模叶蓼	*Polygonum lapathifolium*	Polygonaceae	*Polygonum*	A	—	CEJ
西伯利亚蓼	*Polygonum sibiricum*	Polygonaceae	*Polygonum*	P	PA	CPB
看麦娘	*Alopecurus aequalis*	Poaceae	*Alopecurus*	A	MJ、PB、PH	CMJ
菵草	*Beckmannia syzigachne*	Poaceae	*Beckmannia*	A	—	CMJ、CSS
锡金早熟禾	*Poa sikkimensis*	Poaceae	*Poa*	A	EJ、MJ	CMJ、CSS
早熟禾	*Poa annua*	Poaceae	*Poa*	A	MJ、PA、PB、PH、SS	CMJ、CPA、CPB、CPH、CSS
紫穗鹅观草	*Roegneria purpurascens*	Poaceae	*Roegneria*	P	EJ	CPA
白花三叶草	*Trifolium repens*	Papilionaceae	*Trifolium*	P	—	CEJ、CPB
百脉根	*Lotus corniculatus*	Papilionaceae	*Lotus*	P	EJ	CEJ、CPB
云南高山豆	*Tibetia yunnanensis*	Papilionaceae	*Tibetia*	P	EJ	CEJ、CPB
荠	*Capsella bursa-pastoris*	Cruciferae	*Capsella*	A	MJ、PB	—
纤细碎米荠	*Cardamine gracilis*	Cruciferae	*Cardamine*	P	—	CMJ、CPA、CPH、CSS
沼泽蔊菜	*Rorippa palustris*	Cruciferae	*Rorippa*	A	MJ、PA、PB、PH、SS	CPH
龙胆一种	*Gentiana* sp.	Gentianaceae	*Gentiana*	P	EJ	CEJ
椭圆叶花锚	*Halenia elliptica*	Gentianaceae	*Halenia*	A	EJ	CEJ

续表

物种	学名	科	属	LF	退化群落	对照群落
荔枝草	*Salvia plebeia*	Labiatae	*Salvia*	A	PA	—
夏枯草	*Prunella vulgaris*	Labiatae	*Prunella*	P	EJ	—
漆姑草	*Sagina japonica*	Caryophyllaceae	*Sagina*	A	PA	—
无心菜	*Arenaria serpyllifolia*	Caryophyllaceae	*Arenaria*	A	PA	—
篦齿眼子菜	*Potamogeton pectinatus*	Potamogetonaceae	*Potamogeton*	P	PH	—
浮叶眼子菜	*Potamogeton natans*	Potamogetonaceae	*Potamogeton*	P	PH	—
车前	*Plantago asiatica*	Plantaginaceae	*Plantago*	P	EJ、MJ、PA、SS	CEJ、CMJ、CPA、CPB、CPH、CSS
星花灯心草	*Juncus diastrophanthus*	Juncaceae	*Juncus*	P	PA、PH	CPH
多育星宿菜	*Lysimachia prolifera*	Primulaceae	*Lysimachia*	P	EJ	—
大狼毒	*Euphorbia jolkinii*	Euphorbiaceae	*Euphorbia*	P	EJ	—
紫萍	*Spirodela polyrhiza*	Lemnaceae	*Spirodela*	P	PH	—
小黑三棱	*Sparganium simplex*	Sparganiaceae	*Sparganium*	P	PH	—
绶草	*Spiranthes sinensis*	Orchidaceae	*Spiranthes*	P	EJ	—
瑞香狼毒	*Stellera chamaejasma*	Thymelaeaceae	*Stellera*	P	EJ	—
藜	*Chenopodium album*	Chenopodiaceae	*Chenopodium*	A	MJ、PB、SS	—
沼生柳叶菜	*Epilobium palustre*	Onagraceae	*Epilobium*	P	EJ	—

注：LF. 生活型；M. 湿润处理；W. 旁读处理；A. 一年生草本；P. 多年生草本；—. 无该种植物

7.4.3　地面植被 α 物种多样性

对 12 类退化群落及其对照群落地面植被的平均物种丰富度(richness)、Pielou 均匀度指数、Simpson 优势度指数和 Shannon-Wiener 多样性指数进行方差分析及 Tukey 检验，结果显示，各地表群落间 Simpson 优势度指数无显著差异($P>0.05$)，其余三个指数在多个群落两两之间呈显著差异($P<0.05$)。各群落的物种多样性指数如图 7-13 所示。

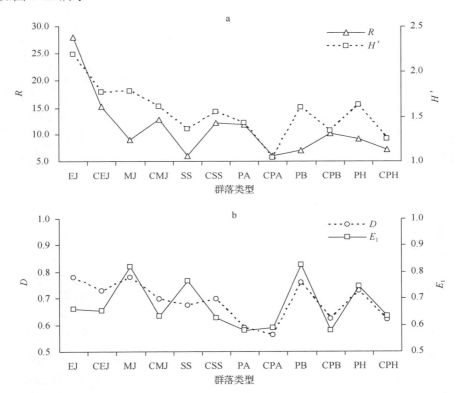

图 7-13　植物群落物种多样性指数

R. 丰富度指数；H'. Shannon-Wiener 多样性指数；D. Simpson 优势度指数；E_1. Pielou 均匀度指数

7.4.3.1　物种丰富度(R)

丰富度反映群落物种的数量特征。退化群落物种丰富度最高的是 EJ 群落(28.00 ± 0.71)，最低的是 SS 群落(6.00 ± 0.58)；对照群落最高的是 CEJ(15.20 ± 0.58)，最低的是 CPA(6.00 ± 0.45)，综合来看 EJ 最高，SS、CPA 最低。退化群落与其邻近的对照群落之间，仅 PB-CPB、PH-CPH 物种丰富度无显著差异，其余 4 类退化群落及其邻近对照群落两两之间差异显著($P<0.05$)；EJ 与 PA 群落表现为退化大

于对照（即 EJ>CEJ、PA>CPA），而 MJ 和 SS 群落则相反，为 CMJ>MJ、CSS>SS。

　　形成上述差异的原因与群落所处退化区域环境条件及干扰强度等相关，CPA 群落处于北部湿地核心区湖滨带，年内淹水时段较其他群落明显偏长，稳定的周期性淹水使得 CPA 群落物种类型单一，物种数最低；当该区植被遭到破坏形成退化群落（如 PA）后，存在于土壤种子库适于湿生或水生的物种都可萌发，因此其退化群落（如 PA）的物种丰富度高于邻近的对照群落（如 CPA）。EJ 群落处于湿地区多年疏干弃耕地，原来的湿生生境逐步向中生偏干转变，但在雨季部分低洼地也形成湿生环境，使得该区域生态幅较其他群落更广，物种丰富度也是 12 类群落中最高的，EJ 群落和其他 11 类群落物种丰富度差异显著（$P<0.05$）。而 MJ、SS 退化群落处于湿地区破坏最为严重的区域，地表植被盖度最低（10%～30%），大型家畜干扰强烈，群落物种主要为适应于湿生环境及强度干扰的一年生植物，如通泉草、千里光一种、沼生水马齿、沼泽荸荠等少数几种，因此这两类退化群落的地面植物物种丰富度显著低于各自邻近的对照群落。其余两个群落 PB、PH 退化程度介于中间，物种丰富度在退化群落、对照群落之间无显著差异。

7.4.3.2　Shannon-Wiener 多样性指数（H'）

　　纳帕海湿地区 12 个群落 H' 值变化于 1.03（±0.08）～2.20（±0.17），表明物种多样性并不高。退化群落及其邻近对照群落两两之间 H' 值无显著差异，但退化群落 H' 值略高于对照群落 H' 值（除 SS-CSS 外）。由于 H' 值包含物种丰富度和均匀度两方面的信息，物种丰富度越大、越均匀，则 H' 值必然高；当丰富度没有显著差异甚至略低、但物种均匀度偏高时，H' 值也可能会高。丰富度指数表明 MJ<CMJ（显著）、PB<CPB（不显著）和 PH>CPH（不显著），但 H' 值都表现为 MJ>CMJ、PB>CPB、PH>CPH（尽管均不显著），可见这三类退化群落的物种均匀度要高于其邻近的对照群落，图 7-13b 中这三类退化群落的均匀度指数（E_1）也的确表明如此。12 类群落中，EJ 群落 H' 值最高，因为其物种丰富度最高，且较为均匀（E_1 排第四位）；CPA 群落 H' 值最低，因为其物种丰富度（R）最低，且均匀度（E_1）也最低。

7.4.3.3　Simpson 优势度指数（D）

　　物种 Simpson 优势度指数同样也暗含物种丰富度和均匀度两方面信息，当群落物种类型越多、越均匀，则物种 Simpson 优势度指数越高；当两个群落的物种丰富度没有显著差异，物种均匀度高的群落其 Simpson 优势度指数也会高。本次调查的 12 类群落（无论退化群落还是对照群落）两两之间 Simpson 优势度指数的差异都不显著。尽管如此，除了 SS 退化群落外，其他退化群落的物种 Simpson 优势度指数都略高于对照群落，即意味着退化群落的物种要相对均匀。同样以 MJ、

PB、PH 退化群落为例，丰富度指数表明，MJ<CMJ(显著)、PB<CPB(不显著)和 PH>CPH(不显著)，但均匀度都表现为 MJ>CMJ(不显著)、PB>CPB(显著)、PH>CPH(不显著)，从而导致这三类退化群落的物种 Simpson 优势度指数高于其邻近的对照群落。这反映出湿地区干扰对群落的影响，未受强烈干扰的对照样地优势物种的优势度(所占比例)可能更高、物种的均匀度相对要低，而受强烈干扰发生退化的样地区处在次生演替初期阶段，优势物种的优势度相对要低、物种也相对均匀。

7.4.3.4 Pielou 均匀度指数(E_1)

12 类群落两两之间，仅 MJ、PB 显著($P<0.05$)高于 PA、CPA、CPB，其余两两之间差异不显著。EJ 和 PA 退化群落与紧邻的对照群落 CEJ、CPA 的物种 Pielou 均匀度指数差异略低(接近)，表明这两类退化群落与对照群落的物种均匀度较一致。而其他 4 类退化群落地面植被物种均匀度指数略高于邻近对照群落，其中 PB 群落显著高于 CPB 群落($P<0.05$)，表明这 4 类退化群落的物种均匀度比各自邻近的对照群落要略高，这与 H' 和 D 所揭示的现象基本一致。

在退化群落中，EJ 和 PA 物种均匀度相对低于其他 4 类退化群落，且略低于各自相邻对照群落，因为 EJ 为无家畜翻拱多年弃耕地、进入次生演替较为稳定的群落；PA 为家畜翻拱干扰最低的退化地，且在年内较长时间为持续淹水生境，生境较稳定，有利于群落中优势物种的定植。其他 4 类退化群落受到的家猪等翻拱干扰强度大、干扰频度高、持续时间长，这 4 类退化群落物种均匀度不仅高于 EJ 和 PA 退化群落，而且还略高于各自相邻的对照群落。因此，本区高强度的家猪翻拱干扰促进了群落物种分布的均匀度；而相对干扰强度低且生境较为稳定时，群落物种分布则可能更趋于集中。

综合 α 物种多样性指数来看，3 个受到家猪高强度翻拱干扰的退化群落(MJ、SS、PB)地面植物丰富度(R)相对低于各自相邻的对照群落、均匀度(E_1)相对高于各自相邻的对照群落。这一现象也表明，高强度家猪翻拱干扰降低了地面植被群落物种丰富度，但增加了这类退化群落的物种均匀度(E_1)，而对物种多样性(H')、物种优势度(D)无显著影响。比较 CPA 群落和其他群落的 α 物种多样性指数表明，年内长时段淹水环境(且干扰较低)，降低了 CPA 群落地面植被的物种丰富度(R)、Shannon-Wiener 多样性(H')、Simpson 多优势度(D)、物种均匀度(E_1)。

7.4.4 地面植被组成 β 多样性

将 12 类群落划分成对照组、退化组两类分别进行地面植被物种相似性分析(表 7-13)。对照群落两两间地面植被物种组成相似性系数变化于 0.14～0.74，相似性最高为 CMJ-CSS，这两类群落同位于湿地退化最严重的区域；相似性最低为 CEJ-CPA，两类群落分别位于湿地区南、北两端，CPA 淹水时段最长，CEJ 基本无淹水，水文情势的显著差异导致了物种相似性最低。退化群落两两之间地面植

被的物种组成相似性变化于 0.00～0.60，EJ 群落和其他各退化群落地面植被的物
种组成相似性全部低于 0.10，体现了两种完全不同退化模式的结果；退化群落两
两间相似性较高的包括 MJ、PB、SS，均为纳帕海湿地区退化最严重的区域。整
体上，退化群落和对照群落地面植被各自间的物种相似性都不高，但对照群落两
两间的物种组成相似性（均值 0.3573）要略高于退化群落（均值 0.2133）。

表 7-13　对照群落间、退化群落间的地表植被组成相似性系数

对照群落	CEJ	CMJ	CPA	CPB	CPH	退化群落	EJ	MJ	PA	PB	PH
CMJ	0.42					MJ	0.04				
CPA	0.19	0.30				PA	0.07	0.24			
CPB	0.48	0.36	0.37			PB	0.00	0.60	0.20		
CPH	0.14	0.29	0.36	0.23		PH	0.00	0.24	0.23	0.25	
CSS	0.45	0.74	0.33	0.44	0.26	SS	0.04	0.50	0.15	0.50	0.14
均值			0.3573			均值			0.2133		

纳帕海湿地区 6 组退化群落和对照群落之间的地面植被物种组成相似性如
表 7-14 所示。从各退化群落与其邻近的对照群落（表 7-14 阴影部分）地面植被物
种组成相似性看，EJ-CEJ 相似性要明显高于其他 5 组，体现 EJ 和其他 5 类群落
退化模式上的明显差异。狼毒退化群落及其对照群落都是亚高山草甸，相似性
更高；而其余 5 类退化群落受家畜翻拱及水淹的干扰，导致物种组成和对照群
落相似性极低。

表 7-14　退化群落和对照群落间的地面植被物种组成相似性系数

对照群落＼退化群落	CEJ	CMJ	CPA	CPB	CPH	CSS
EJ	0.41	0.23	0.09	0.28	0.06	0.24
MJ	0.09	0.24	0.09	0.07	0.19	0.21
PA	0.10	0.20	0.20	0.19	0.34	0.18
PB	0.00	0.07	0.06	0.04	0.19	0.04
PH	0.03	0.12	0.04	0.03	0.24	0.06
SS	0.07	0.20	0.13	0.13	0.19	0.17

7.5　土壤种子库与地面植被关系

7.5.1　科、属、种的对应关系

12 类群落土壤种子库科（20）、属（47）、种（60）数量（表 7-4）都明显低于地面
植物科（25）、属（54）、种（77）数量（表 7-10）。与群落地面植被相比，退化群落和

对照群落之间土壤种子库科、属、种的总数量分异不显著。退化群落地面植被的科、属、种的总数量明显大于对照群落，部分退化群落明显高于邻近的对照群落（EJ>CMJ、PA>CPA、PH>CPH），部分退化群落则低于邻近的对照群落（MJ<CMJ、SS<CSS、PB<CPB）；而在土壤种子库中，各退化群落及其相邻的对照群落之间，科、属、种的总数量没有明显分异。

7.5.2　物种组成对应关系

退化群落及对照群落地面植被各科所含的物种数（表 7-11）与土壤种子库（表7-5）相比，退化群落地面植被出现大戟科、浮萍科、黑三棱科、兰科、萝藦科和瑞香科等 6 科，无牻牛儿苗科；对照群落地面植被比对照群落的种子库减少了 4 科（唇形科、石竹科、水马齿科和眼子菜科），增加了 1 科（蓼科）。与土壤种子库相比，地面植被与土壤种子库的优势科相似，但增加了蔷薇科和蓼科两个优势科。地面植被中仅出现在退化群落的科多达 13 科，分别是报春花科、柳叶菜科、藜科、唇形科、石竹科、眼子菜科、大戟科、浮萍科、黑三棱科、兰科、瑞香科、萝藦科和水马齿科。在土壤种子库中，报春花科、柳叶菜科、藜科也仅出现在退化群落中，但不同的是，土壤种子库中蓼科只出现在退化群落，在地面植被中却是退化群落及对照群落的共有优势科；在土壤种子库中退化群落及对照群落共有的水马齿科，在地面植被中仅出现于退化群落。

土壤种子库各科所含的物种类型（表 7-6）与地面植被各科所含的物种组成（表7-12）相比有所变化。毛茛科出现了湿地银莲花、冻地银莲花、展毛银莲花、毛果高原毛茛和直梗高山唐松草，少了石龙芮。菊科出现了匙叶千里光、短亭飞蓬、美头火绒草、直茎蒿、藏蒲公英，少了柳叶鬼针草。莎草科出现了木里苔草和华扁穗草，少了长尖莎草、红鳞扁莎、丝叶球柱草和水葱。蔷薇科出现了灰叶蕨麻、条裂委陵菜和西南牡蒿，少了矮地榆。玄参科出现了密穗马先蒿、肉果草、小婆婆纳，少了北水苦荬。蓼科出现了酸模叶蓼、棉毛酸模叶蓼、两栖蓼和西伯利亚蓼，少了尼泊尔蓼。禾本科出现了菵草和紫穗鹅观草，少了西南野古草、锡金早熟禾。

12 类群落的土壤种子库中，一年生植物、多年生植物分别为 24 种（40%）、36种（60%），而 77 种地面植物中，一年生植物、多年生植物分别为 23 种（约占 30%）、54 种（约占 70%），可见土壤种子库的多年生植物比例要明显比地面植被中的多年生植物比例低。无论是退化群落还是对照群落，土壤种子库的多年生植物所占比例都要比地面植被中的多年生植物所占比例低 12%～13%。

7.5.3　土壤种子库与地面植被相似性

采用 NMDS 对土壤种子库和地面植被相似性进行分析。排序分析过程选用Sørenson（Bray-Curtis coefficient）相似性指数来计算相似性矩阵，NMDS 排序如图7-14 所示。

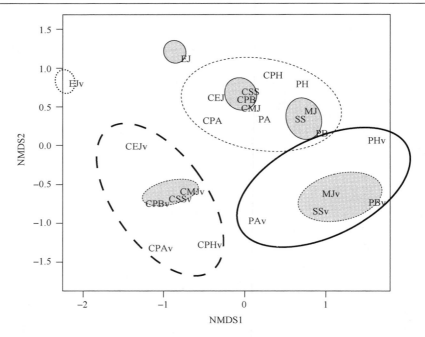

图 7-14　土壤种子库与地面植被的 NMDS 排序（stress value=0.13）

CEJ. CEJ 群落的土壤种子库；CEJv. CEJ 群落的地面植被；其他依此类推

　　第一，根据第一轴 NMDS1 可将地面植被分成两组：1 组（退化群落，MJv、PAv、PBv、PHv、SSv，粗实线框）、2 组［对照群落，CEJv、CMJv、CPAv、CPBv、CPHv、CSSv，粗虚线框；退化群落 EJv（粗虚点框）］；根据第二轴 NMDS1 可将第 2 组进一步划分为对照群落亚组、退化群落 EJv 亚组。NMDS 排序与表 7-13 和表 7-14 一致：退化群落 EJv 亚组与 1 组的 5 个退化群落（家畜强烈干扰）相似性系数全部低于 0.07（表 7-13），表明极不相似；退化群落 EJv 亚组与对照群落 CEJ、CMJ、CPB、CSS 相似性系数变化于 0.23~0.41，但与 CPA、CPH 相似性系数较低（表 7-14）。这一分组体现了湿地区两种植被生态退化模式对地表植被物种组成分异的影响，主要体现在 6 类退化群落中 EJ 群落明显不同于其他 5 类退化群落，同时 6 类对照群落中 CEJ 群落也与其他 5 类对照群落有明显不同；而且 EJ 及其对照群落 CEJ（中旱生环境）与 CPA 群落（年内较长时间的淹水环境）的分异十分明显。

　　第二，在退化群落 1 组和对照群落亚组中，CMJv、CPBv、CSSv 相距最近，MJv、SSv、PBv 相距较近（图 7-14 中的两个虚点阴影框），说明湿地区家畜干扰强烈的退化区域三类对照群落（CMJ、CPB、CSS）的地面植被物种组成相似性高，表 7-13 所示这三类群落间相似性系数变化于 0.36~0.74；退化群落（MJ、SS、PB）地面植被物种组成相似性也较高，如表 7-13 所示，这三类群落间相似性系数变化于 0.50~0.60。

　　第三，第二轴整体上将土壤种子库和地面植被分开，说明土壤种子库与地面植被相似性低，同时各群落间土壤种子库的物种组成相似性(整体距离较近)要比地面植被的相似性高，表 7-8、表 7-9、表 7-13、表 7-14 的相似性系数也表现出类似的特征。

第四，在土壤种子库内部，如图 7-14 中的 3 个细实线阴影框所示，EJ 群落明显和其他群落有分异，表 7-8 和表 7-9 也表明，EJ 群落土壤种子库的物种组成与其他 5 类退化群落、6 类对照群落的土壤种子库的物种组成相似性都较低(分别为0.18～0.27、0.23～0.36)。而 CMJ、CSS、CPB 3 类群落的土壤种子库的物种组成相似性高(0.59～0.66，表 7-8)，同样 MJ、SS、PB 3 类群落的土壤种子库的物种组成相似性较高(0.54～0.62，表 7-8)。这一特征与群落地面植被组成相似性呈现出明显的一致性，说明纳帕海湿地区家畜干扰强烈的退化区域 3 类对照群落(CMJ、CSS、CPB)间的土壤种子库、退化群落(MJ、SS、PB)间的土壤种子库都较相似。

第五，就退化群落、对照群落各自种子库与地面植被而言，退化群落种子库与地面退化植被相似性高于地面对照植被，同样的对照群落种子库与地面对照植被的相似性高于地面退化植被，其中翻拱退化严重的 MJ、SS、PB 与地面植被更接近，说明翻拱干扰使种子库对地面植被的贡献增高。

综上所述，纳帕海湿地区群落土壤种子库与地面植被的物种组成相似性低；群落土壤种子库的物种组成相似性要高于群落地面植被的物种组成相似性；3 类受强烈干扰——严重退化区(MJ、SS、PB)的退化群落及其对照群落分别在种子库上或地面植被上相似性最高；EJ 及其对照群落 CEJ 在土壤种子库和地面植被的物种组成上，都与其他 5 类退化群落及其对照群落有明显的分异，这表现出纳帕海湿地区两类典型的植被生态退化模式所带来的分异。总体来说，种子库对植被的贡献不大。

7.6 小 结

土壤种子库是地面植被的潜在组成部分，是退化植物群落恢复的主要资源，在重塑和维持物种多样性及退化生态系统的恢复与重建方面具有重要意义。对滇西北高寒湿地纳帕海植被退化的两种模式，即模式 1——家猪等大型家畜放养强烈干扰的退化区、模式 2——弃耕地形成以大狼毒和瑞香狼毒为优势的次生中生草甸退化区，进行了种子库及其与地面植被关系的研究，探讨了纳帕海湿地两类主要植被生态退化区的土壤种子库基本特征及其与地面植被的相互关系，为纳帕海湿地生物多样性保护与管理、退化生态系统恢复与重建提供了科学依据，并丰富了我国高寒湿地种群生态学的基础研究，最后得出以下结果。

(1)群落土壤种子库数量特征

种子库规模：纳帕海湿地区 6 类退化群落土壤(0～20cm)总种子库平均储量

变化于 880~35 600 粒/m²；6 类对照群落土壤种子库平均储量变化于 960~48 160 粒/m²。种子库平均储量高的群落主要位于湿地区干扰较严重、水文情势年内季节变化大的区域；种子库平均储量低的群落主要位于干扰相对较低、群落类型较为稳定的区域。

种子库垂向分异：纳帕海湿地区 12 类土壤种子库密度的垂向分异特征可以分为两类：由上向下递减型、由上向下分异不显著甚至增加型。前者包括所有 6 类对照群落及狼毒退化群落，为相对自然状态下或者较稳定次生演替阶段的群落种子库基本特征；后者包括其他 5 类退化群落，体现出严重干扰退化的群落种子库基本特征。

种子库季节变化：纳帕海湿地区的 6 类对照群落、受干扰程度相对较低的灰叶蕨麻退化群落、较稳定次生演替阶段的狼毒退化群落，基本为 11 月(瞬时种子库和持久种子库)高于 6 月(持久种子库)；4 类严重退化群落，两个时间点间萌发的种子库数量高低不一，且大多没有明显分异。

种子库萌发水处理差异：湿润处理有利于纳帕海湿地区"受干扰小的相对自然群落样地"土壤种子库中的种子萌发，包括 6 类对照群落、较稳定次生演替阶段的狼毒退化群落、PA 退化群落(干扰相对较轻)；其他 4 类严重退化群落(MJ、SS、PH、PB)两种萌发水分处理方式之间大多无明显分异。

种子库退化、对照群落密度对比：上层土壤样品，同一采样时间、湿润处理(利于本湿地区的土壤种子萌发)下大多表现为退化群落低于相邻的对照群落；但在中层大多表现为退化群落和相邻的对照群落间无明显分异(11 月样品)、退化大多高于相邻的对照群落(6 月样品)；而至下层大多表现为退化群落显著高于相邻的对照群落。

(2)群落土壤种子库物种多样性特征

种子库科、属、种组成：纳帕海湿地区 6 类退化群落及其对照群落土壤种子库植物共 60 种，隶属 20 科 47 属。退化群落土壤种子库的科、属、种在数量上略高于对照群落，两个时间点采集的样品在优势科类型及其所含的物种总数上都没有明显差异，但各科所含的物种数量在湿润处理下略高于涝渍处理。种子库退化群落与对照群落共有优势科为莎草科、毛茛科、菊科、玄参科、禾本科、蔷薇科。

种子库物种组成：本次试验记录 60 种植物，其中多年生植物与一年生植物比例为 3：2，退化群落一年生植物数量略高于对照群落。11 月所采样品物种数量略高于 6 月。湿润处理方式下萌发的物种数量高于涝渍处理；相同萌发水处理方式下，退化群落土壤种子库的物种总数高于对照群落。

种子库优势物种：从优势物种来看，一年生植物对湿地区土壤种子库(储量)的贡献整体上高于多年生植物。对照群落多年生植物(如云雾苔草和车前)对土壤种子库(储量)的贡献较大；一年生植物贡献大的为通泉草、锡金早熟禾、沼泽藓菜、鼠麹草、沼生水马齿。退化群落多年生植物贡献大的为水毛茛、四川嵩草、车前；一年生植物贡献大的为沼泽藨菜、沼生水马齿、通泉草、水茫草。

种子库 α 物种多样性：退化群落与邻近的对照群落之间，土壤种子库的 α 物种多样性均无显著差异。12 类群落土壤种子库的物种丰富度(R)均无显著差异；其他三个多样性指数(H'、E_1、D)均为 EJ 群落最高，而 CPH 群落三个多样性指数均最低。

种子库 β 相似性：退化群落与其邻近对照群落两两间土壤种子库的物种组成相似性中等。整体上，对照群落两两间土壤种子库的物种组成相似性要略高于退化群落；而各退化群落与其邻近对照群落之间土壤种子库的物种组成相似性要高于各退化群落与其他对照群落土壤种子库的物种组成相似性。

(3)群落地面植被物种多样性特征

地面植被科、属、种组成：湿地区 12 类群落的地面植被中共有植物 77 种，隶属 25 科 54 属，其中退化群落地面植被有物种 71 种，隶属 25 科 51 属；对照群落地面植被有物种 39 种，隶属 12 科 28 属。无论是整体还是在 6 类退化群落或 6 类对照群落中，一年生植物和多年生植物分别占 28%～30%、70%～72%。

地面植被优势成分：两组(退化、对照)群落地面植被共有优势科为毛茛科、菊科、莎草科、蔷薇科、玄参科、蓼科和禾本科。仅出现在退化群落的科达 13 科；仅在退化群落地面植被中出现的物种达 35 种(分别隶属 13 科)。

地面植被 α 物种多样性：综合 α 物种多样性指数来看，高强度家猪翻拱干扰降低了地面植被群落的物种丰富度(R)，但增大了这类退化群落的物种均匀度(E_1)，而对 Shannon-Wiener 多样性指数(H')、Simpson 优势度 (D)无显著影响；年内长时段淹水环境降低了群落地面植被的物种丰富度、Shannon-Wiener 多样性指数、Simpson 优势度指数、物种均匀度指数。

地面植被 β 相似性：退化群落间、对照群落间的地面植被物种组成相似性都不高，但对照群落两两间的物种组成相似性(均值 0.3573)要略高于退化群落(均值 0.2133)。退化群落和邻近对照群落间，除 EJ 和 CEJ 相似性达 0.42 外，其他 5 组的相似性均很低(低于 0.25)。

(4)土壤种子库与地面植被关系

种子库与地面植被科、属、种关系：群落土壤种子库科、属、种数量都明显低于地面植被科、属、种数量。与群落地面植被相比，退化群落和对照群落之间的土壤种子库科、属、种的总数量分异不显著。退化群落地面植被科、属、种的总数量都明显大于对照群落，部分退化群落明显高于邻近的对照群落，部分退化群落则低于邻近的对照群落；而在土壤种子库中，各退化群落及其相邻的对照群落之间，科、属、种的总数量没有明显分异。

种子库与地面植被物种组成关系：与土壤种子库相比，退化群落地面植被增 6 科、减 1 科，对照群落减 4 科、增 1 科。地面植被优势科包括毛茛科、菊科、莎草科、蔷薇科、玄参科、蓼科和禾本科，除蓼科外，其他优势科与土壤种子库的优势科基本一致。土壤种子库的多年生植物比例要明显比地面植被中的多年生植物比例低。无论是退化群落还是对照群落，土壤种子库的多年生植物所占比例要比地面植被中的多年生植物所占比例低 12%～13%。

种子库与地面植被相似性：NMDS 排序结果表明，纳帕海湿地区群落土壤种子库与地面植被的物种组成相似性低，群落土壤种子库的物种组成相似性要高于群落地面植被的物种组成相似性，3 类受强烈干扰——严重退化区（MJ、SS、PB）的退化群落及其对照群落分别在种子库上或地面植被上相似性最高；EJ 及其对照群落 CEJ 在土壤种子库和地面植被的物种组成上，与其他 5 类退化群落及其对照群落有明显的分异，对应于湿地区两类典型的植被生态退化模式。总体来说，种子库对植被的贡献不大。

参 考 文 献

陈圣宾, 欧阳志云, 徐卫华, 等. 2010. Beta 多样性研究进展. 生物多样性, 18(4): 323-335.

邓自发, 谢晓玲, 王启基, 等. 2003. 高寒小嵩草草甸种子库和种子雨动态分析. 应用于环境生物学报, 9(1): 7-10.

金振洲. 2009. 云南高原湿地植物的分类与地理生态特征汇编. 北京: 科学出版社.

李吉玫, 徐海量, 张占江, 等. 2008. 塔里木河下游不同退化区地表植被和土壤种子库特征. 生态学报, 28(8): 3626-3636.

吕宪国. 2005. 湿地生态系统观测方法. 北京: 中国环境科学出版社.

马克平. 1994. 生物群落多样性的测度方法//中国科学院生物多样性委员会. 生物多样性研究的原理与方法. 北京: 中国科学技术出版社.

钱迎倩, 马克平. 1994. 生物多样性研究的原理与方法. 北京: 中国科学出版社: 141-165.

苏德毕力格, 李永宏, 雍世鹏, 等. 2000. 冷蒿草原土壤可萌发种子库特征及其对放牧的响应. 生态学报, 20(1): 43-48.

王相磊, 周进, 李伟, 等. 2003. 洪湖湿地退耕初期种子库的季节动态. 植物生态学报, 27(3): 352-359.

王增如, 徐海量, 尹林克, 等. 2008. 不同水分处理对激活土壤种子库的影响——以塔里木河下游为例. 自然科学进展, 18(4): 389-396.

王正文, 祝廷成. 2002. 松嫩草地水淹干扰后的土壤种子库特征及其与植被关系. 生态学报, 22(9): 1392-1398.

徐海量, 叶茂, 李吉枚, 等. 2008. 不同水分供应对塔里木河下游土壤种子库种子萌发的影响. 干旱区地理, 31(5): 650-658.

詹学明, 李凌浩, 李鑫, 等. 2005. 放牧和围封条件下克氏针茅草原土壤种子库的比较. 植物生态学报, 29(5): 747-752.

张玲, 方精云. 2004. 秦岭太白山 4 类森林土壤种子库的储量分布与物种多样性. 生物多样性, 12(1): 131-136.

Bastida F, González-Andújar J L, Monteagudo F J, et al. 2010. Aerial seed bank dynamics and seedling emergence patterns in two annual MediterraneanAsteraceae. Journal of Vegetation Science, 21(3): 541-550.

Boedeltje G, ter Heerdt G N J, Bakker J P. 2002. Applying the seedling-emergence method under waterlogged conditions to detect the seed bank of aquatic plants in submerged sediments. Aquatic Botany, 72(2): 121-128.

Boudell J A, Link S O, Johansen J R. 2002. Effect of soil microtopography on seed bank distribution in the shrub-steppe. Western North American Naturalist, 62(1): 14-24.

Capon S J, Brock M A. 2006. Flooding, soil seed bank dynamics and vegetation resilience of a hydrologically variable desert floodplain. Freshwater Biology, 51(2): 206-223.

Clarke K R. 1993. Non- parametric multivariate analyses of changes in community structure. Aust J Ecol, 18: 117-143.

Du X J, Guo Q F, Gao X M, et al. 2007. Seed rain, soil seed bank, seed loss and regeneration of *Castanopsis fargesii* (Fagaceae) in a subtropical evergreen broad-leaved forest. Forest Ecology and Management, 238(1-2): 212-219.

Faith D P, Minchin P R, Belbin L. 1987. Compositional dissimilarity as a robust measure of ecological distance. Vegetatio, 69(1-3): 57-68.

Fenner M, Thompson K. 2005. The Ecology of Seeds. Cambridge: Cambridge University Press.

Funes G, Basconcelo S, Díaz S, et al. 1999. Seed size and shape are good predictors of seed persistence in soil in temperate mountain grasslands of Argentina. Seed Science Research, 9(4): 341-345.

Gonzalez-Andujar J L. 1997. A matrix model for the population dynamics and vertical distribution of weed seedbanks. Ecological Modelling, 97(1-2): 117-120.

Ihaka R, Gentleman R R. 1996. A language for data analysis and graphics. Journal of Computational and Graphical Statistics, 5(3): 299-314.

Lundholm J T, Stark K E. 2007. Alvar seed bank germination responses to variable soil moisture. Canada Journal of Botany, 85(85): 1139-1143.

Ma M J, Zhou X H, Wang G, et al. 2009. Seasonal dynamics in alpine meadow seed banksalong an altitudinal gradient on the Tibetan Plateau. Plant and Soil, 336(1-2): 291-302.

Magurran A E. 1988. Ecological Diversity and Its Measurement. New Jersey: Princeton University Press.

Norbert H, Annette O. 2001. The impact of flooding regime on the soil seed bank of flood-meadows. Journal of Vegetation Science, 12(2): 209-218.

Norbert H, Annette O. 2004. Assessing soil seed bank persistence in flood-meadows: the search for reliable traits. Journal of Vegetation Science, 15(1): 93-100.

Russi L, Cocks P S, Roberts E H. 1992. Seed bank dynanucs in a Mediterranean grassland. Journal of Applied Ecology, 29: 763-771.

Stromberg J C, Boudell J A, Hazelton1A F. 2008. Differences in seed mass between hydric and xeric plants influence seed bank dynamics in a dryland riparian ecosystem. Functional Ecology, 22(2): 205-212 .

Thompson K. 1992. The functional ecology of seed banks. *In*: Fenner M. Seeds: the Ecology of Regeneration in Plant Communities. Wallingford, Oxon: CAB International: 231-258.

Vécrin M P, Grévilliot F, Muller S. 2007. The contribution of persistent soil seed banks and flooding to the restoration of alluvial meadows. Journal for Nature Conservation, 15(1): 59-69.

Vleeshouwers L M, Kropff M. 2000. Modelling field emergence patterns in arable weeds. New Phytol, 148(3): 445-457.

Webb M, Reid M, Capon S, et al. 2006. Are flood plain–wetland plant communities determined by seed bank composition or inundation periods? Sediment Dynamics and the Hydromorphology of Fluvial Systems IAHS Publ, 306: 241-248.

Westhoff V, Van Der Maarel E. 1978. The Braun Blanquet approach. *In*: Whittaker R H. Classification of Plant Communities. Hague: Dr. W. Junk bv Pub. 297-399.

Willms W D, Quinton D A. 1995. Grazing effects on germinable seeds on the fescue prairie. Journal of Range Management, 48(5): 423.

Zobel M, Kalamees R, Pűssa K, et al. 2007. Soil seed bank and vegetation in mixed coniferous forest stands with different disturbance regimes. Forest Ecology and Management, 250(1-2): 71-76.

附录 纳帕海湿地区调查植物物种名录

编号	中文名	拉丁名
1	展毛银莲花	*Anemone demissa* Hook. f. et Thomson
2	湿地银莲花	*Anemone rupestris* Wall. ex Hook. f. et Thomson
3	水毛茛	*Batrachium bungei* (Steud.) L. Liou
4	花葶驴蹄草	*Caltha scaposa* Hook. f. et Thomson
5	变叶三裂碱毛茛	*Halerpestes tricuspis* var. *variifolia* (Tamura) W. T. Wang
6	曲升毛茛	*Ranunculus longicaulis* var. *geniculatus*
7	棱喙毛茛	*Ranunculus trigonus* Hand.-Mazz.
8	云生毛茛	*Ranunculus nephelogenes* Edgew.
9	高原毛茛	*Ranunculus tanguticus* (Maxim.) Ovcz.
10	荠	*Capsella bursa-pastoris* (L.) Medik.
11	弹裂碎米荠	*Cardamine impatiens* L.
12	纤细碎米荠	*Cardamine gracilis* (O. E. Schulz) T. Y. Cheo & R. C. Fang
13	球果蔊菜	*Rorippa globosa* (Turcz.) Hayek
14	高蔊菜	*Rorippa elata* (Hook. f. et Thomson) Hand.-Mazz.
15	沼泽蔊菜	*Rorippa palustris* (Leyss.) Bess.
16	遏蓝菜	*Thlaspi arvense* L.
17	茅膏菜	*Drosera peltata* Sm. ex Willd.
18	纤毛卷耳	*Cerastium rubescens* Mattf.
19	湿地繁缕	*Stellaria uda* F. N. Williams
20	两栖蓼	*Polygonum amphibium* L.
21	萹蓄	*Polygonum aviculare* L.
22	酸模叶蓼	*Polygonum lapathifolium* L.
23	尼泊尔蓼	*Polygonum nepalense* Meissn.
24	水蓼	*Polygonum hydropiper* L.
25	西伯利亚蓼	*Polygonum sibiricum* Laxm.
26	戟叶蓼	*Polygonum thunbergii* Sieb. et Zucc.
27	尼泊尔酸模	*Rumex nepalensis* Spreng.
28	辣蓼	*Polygonum flaccidum* Meissn.
29	圆穗蓼	*Polygonum Macrophyllum* D. Don var. *macrophyllum*
30	藜	*Chenopodium album* L.
31	尼泊尔老鹳草	*Geranium nepalense* Sweet
32	柳叶菜	*Epilobium hirsutum* L.
33	穗状狐尾藻	*Myriophyllum spicatum* L.
34	杉叶藻	*Hippuris vulgaris* L.
35	瑞香狼毒	*Stellera chamaejasme*
36	水马齿	*Callitriche stagnalis* Scop.
37	大狼毒	*Euphorbia jolkinii* Boiss.
38	蕨麻	*Potentilla anserina* L.

续表

编号	中文名	拉丁名	编号	中文名	拉丁名
39	蛇莓委陵菜	*Potentilla centigrana* Maxim.	64	浮苔	*Ricciocarpus natans* (L.) Corda.
40	莓叶委陵菜	*Potentilla fragarioides* L.	65	笔管草	*Equisetum ramosissimum* subsp. *debile* (Roxb. ex Vauch.) Hauke
41	西南委陵菜	*Potentilla fulgens* Wall. ex Hook.	66	问荆	*Equisetum arvense* L.
42	矮地榆	*Sanguisorba filiformis* (Hook.f.) Hand.-Mazz.	67	谷精草	*Eriocaulon buergerianum* Koern.
43	滇岩黄芪	*Hedysarum limitaneum* Hand.-Mazz.	68	水朝阳旋覆花	*Inula helianthus-aquatica* C. Y. Wu ex Ling
44	黑毛多枝黄芪	*Astragalus polycladus* var. *nigrescens*	69	细叶小苦荬	*Ixeridium gracile* (DC.) Shih
45	线叶山黧豆	*Lathyrus palustris* L. var. *lineariforius* Ser.	70	美头火绒草	*Leontopodium calocephalum* (Franch.) P. Beauv.
46	百脉根	*Lotus corniculatus* L.	71	藏蒲公英	*Taraxacum tibetanum* Hand.-Mazz.
47	毛果胡卢巴	*Melilotoides pubescens* (Edgew. ex Baker) Yakovl.	72	粗茎秦艽	*Gentiana crassicaulis* Duthie ex Burk.
48	云南高山豆	*Tibetia yunnanensis* (Franch.) H. P. Tsui	73	鞭毛龙胆	*Gentiana cuneibarba* Harry Smith
49	白车轴草	*Trifolium repens* L.	74	獐牙菜	*Swertia bimaculata* (Sieb. et Zucc.) Hook. f. et Thoms.
50	滇西泽芹	*Sium frigidum* Hand.-Mazz.	75	闭纹獐牙菜	*Swertia cincta* Burkill
51	大理白前	*Cynanchum forrestii* Schltr.	76	獐牙菜的一种	*Swertia* L. sp.
52	牛蒡	*Arctium lappa* L.	77	椭圆叶花锚	*Halenia elliptica* D. Don
53	沙蒿	*Artemisia desertorum* Spreng.	78	睡菜	*Menyanthes trifoliata* L.
54	西南牡蒿	*Artemisia parviflora* Buch.-Ham. ex Roxb.	79	矮星宿菜	*Lysimachia pumila* (Baudo) Franch.
55	魁蒿	*Artemisia princeps* Pamp.	80	粗状珍珠菜	*Lysimachia robusta* Hand.-Mazz.
56	蒿	*Artemisia tainingensis* Hand.-Mazz.	81	海仙报春	*Primula poissonii* Franch.
57	直茎蒿	*Artemisia edgeworthii* Balakr.	82	疏花车前	*Plantago asiatica* subsp. *erosa*
58	牛口刺	*Cirsium shansiense* Petr.	83	灰毛附地菜	*Trigonotis vestita* (Hemsl.) I. M. Johnst.
59	短葶飞蓬	*Erigeron breviscapus* (Vaniot) Hand.-Mazz.	84	短腺小米草	*Euphrasia regelii* Wettst.
60	鼠麴草	*Gnaphalium affine* D. Don	85	肉果草	*Lancea tibetica* Hook. f. et Thomson
61	泥胡菜	*Hemisteptia lyrata* (Bunge) Bunge	86	通泉草	*Mazus pumilus* (Burm. f.) Steenis
62	草地早熟禾	*Poa pratensis* L.	87	密穗马先蒿	*Pedicularis densispica* Franch. ex *Maxim.*
63	菱白	*Zizania latifolia* (Griseb.) Turcz. ex Stapf	88	之形喙马先蒿	*Pedicularis sigmoidea* Franch. ex *Maxim.*

续表

编号	中文名	拉丁名
89	台式管花马嵩	Pedicularis siphonantha D. Don var. delavayi (Franch. ex Maxim.) Tsoong
90	北水苦荬	Veronica anagallis-aquatica L.
91	小婆婆纳	Veronica serpyllifolia L.
92	薄荷	Mentha canadensis L.
93	夏枯草	Prunella vulgaris L.
94	水香薷	Elsholtzia kachinensis Prain
95	荔枝草	Salvia plebeia R. Br.
96	海韭菜	Triglochin maritimum L.
97	篦齿眼子菜	Potamogeton pectinatus L.
98	浮叶眼子菜	Potamogeton tepperi A. Benn.
99	波叶眼子菜	Potamogeton crispus L.
100	藏象牙参	Roscoea tibetica Batalin
101	浮萍	Lemna minor L.
102	紫萍	Spirodela polyrrhiza (L.) Schleiden
103	黑三棱	Sparganium simplex Huds.
104	角盘兰	Herminium monorchis (L.) R. Br.
105	小花灯心草	Juncus articulatus L.
106	小灯心草	Juncus bufonius L.
107	展苞灯心草	Juncus thomsonii Buchen.
108	星花灯心草	Juncus diastrophanthus Buchen.
109	华扁穗草	Blysmus sinocompressus T. Tang et F. T. Wang
110	溪生苔草	Carex fluviatilis Boott
111	木里苔草	Carex muliensis Hand.-Mazz.
112	松叶苔草	Carex rara Boott
113	云雾苔草	Carex nubigena D. Don ex Tilloch & Taylor
114	四川嵩草	Kobresia setschwanensis Hand.-Mazz.
115	刘氏荸荠	Eleocharis liouana T. Tang et F. T. Wang
116	卵穗荸荠	Eleocharis soloniensis (Dubois) Hara
117	飘拂草	Fimbristylis sp.
118	细莞	Isolepis setacea (L.) R. Br.
119	水葱	Scirpus tabernaemontani (Gmel.) Palla
120	匍茎剪股颖	Agrostis stolonifera L.
121	看麦娘	Alopecurus aequalis Sobol.
122	扁穗雀麦	Bromus catharticus Vahl
123	茵草	Beckmannia syzigachne (Steud.) Fernald
124	画眉草	Eragrostis pilosa (L.) P. Beauv.
125	发草	Deschampsia cespitosa (L.) P. Beauv.
126	西南野古草	Arundinella hookeri Munro ex Keng
127	紫穗鹅观草	Roegneria purpurascens Keng
128	老芒麦	Elymus sibiricus L.
129	卵花甜茅	Glyceria tonglensis C. B. Clarke
130	水甜茅	Glyceria maxima (Hartm.) Holmb.
131	早熟禾	Poa annua L.

编 后 记

《博士后文库》(以下简称《文库》)是汇集自然科学领域博士后研究人员优秀学术成果的系列丛书。《文库》致力于打造专属于博士后学术创新的旗舰品牌,营造博士后百花齐放的学术氛围,提升博士后优秀成果的学术和社会影响力。

《文库》出版资助工作开展以来,得到了全国博士后管委会办公室、中国博士后科学基金会、中国科学院、科学出版社等有关单位领导的大力支持,众多热心博士后事业的专家学者给予积极的建议,工作人员做了大量艰苦细致的工作。在此,我们一并表示感谢!

《博士后文库》编委会